配电网馈线
自动化与故障处理

刘渊　李镇春　主编

U0238382

中国水利水电出版社
www.waterpub.com.cn

·北京·

内 容 提 要

本书结合作者多年的工作实践经验，在全面总结和提炼配电自动化试点工作经验基础上，编写了本书。本书针对馈线自动化（FA），整理和收集了包括就地智能型 FA、分布智能型 FA、集中型 FA 三类十多种馈线自动化模式，对每种模式的基本原理、动作过程、技术特点做了详细分析，并通过案例进行详细说明。本书还介绍了配电自动化系统、馈线自动化常用柱上开关、故障指示器及其故障定位系统等内容。

本书致力于用案例指导实践，利用更多的案例、更全面的图形、更深刻的过程叙述，力争让本书更具有指导实践性和通俗性。

本书适合配线自动化、配电网线路设备的设计、管理、运行维护人员参考。

图书在版编目（CIP）数据

配电网馈线自动化与故障处理 / 刘渊，李镇春主编
. -- 北京：中国水利水电出版社，2019.10(2020.11重印)
ISBN 978-7-5170-8097-8

Ⅰ．①配… Ⅱ．①刘… ②李… Ⅲ．①配电系统-馈电设备-自动化技术②配电系统-馈电设备-故障修复
Ⅳ．①TM727

中国版本图书馆CIP数据核字(2019)第231316号

书　　名	**配电网馈线自动化与故障处理** PEI DIANWANG KUIXIAN ZIDONGHUA YU GUZHANGCHULI
作　　者	刘　渊　李镇春　主编
出版发行	中国水利水电出版社 （北京市海淀区玉渊潭南路1号D座　100038） 网址：www.waterpub.com.cn E-mail：sales@waterpub.com.cn 电话：（010）68367658（营销中心）
经　　售	北京科水图书销售中心（零售） 电话：（010）88383994、63202643、68545874 全国各地新华书店和相关出版物销售网点
排　　版	中国水利水电出版社微机排版中心
印　　刷	北京瑞斯通印务发展有限公司
规　　格	184mm×260mm　16开本　14.25印张　347千字
版　　次	2019年10月第1版　2020年11月第2次印刷
印　　数	2001—3000册
定　　价	**58.00元**

前　言

中低压配电网直接面向终端用户，与广大人民群众的生产生活息息相关，经济的发展与人民生活品质的提高，对供电质量和可靠性提出了更高的要求。近年来，我国配电网建设投入不断加大，配电网发展取得显著成就，但仍与人民群众对美好生活的需求和期望存在差距，供电质量和供电可靠性有待改善，配电自动化建设覆盖率低。

未来我国配电网建设改造力度将进一步加大，并持续提升配电自动化覆盖率，提高配电网运行监测、控制能力，实现配电网可观可控，变"被动报修"为"状态监控"。故障的预防和及时排除已成为配电网自动化发展的方向。及时发现故障点，快速隔离故障区域，恢复非故障区域，提升服务水平，是配网自动化发展的主流。DL/T 390—2016《县域配电自动化技术导则》强调配电自动化与配电网网架的"三个同步"，即配电自动化与配电网建设改造应同步规划，具备条件时应同步设计、同步建设、同步投运。2014 年以来，国内各供电公司纷纷建设配电自动化系统，我国配电自动化行业进入"井喷时期"。但同时配电自动化的重要功能之一馈线自动化的模式选择、实现方式等问题也显现出来。

配电自动化是智能电网的重要组成部分，是打通智能电网"最后一公里"的关键点。馈线自动化作为配电自动化的一个最重要的组成部分，它具有切除馈线故障、隔离故障、恢复非故障区段供电的功能，被称为减少馈线故障停电的"第三道防线"，是提高配网生产运行管理水平和提升供电可靠性的重要技术手段。对于减小停电面积、缩短停电时间具有重要意义。

馈线自动化的类型与实现方式多种多样，根据实际情况选择一种合适的馈线自动化至关重要。当前图书市场有关配电自动化的书较多，但大多是对配电自动化基本功能的介绍，对于只关注馈线自动化的很少。部分配电自动化书中涉及馈线自动化，但收集的馈线自动化种类较少，使读者不能全面了解馈线自动化。

作者结合自身多年的实践经验，在全面总结和提炼作者单位配电自动化试点工作经验基础上，编制了本书。本书针对馈线自动化，整理和收集了三大类十多种馈线自动化模式，对每种模式的基本原理、动作过程、技术特点做了较详细分析，以指导从业人员开展相关工作，助力配电自动化建设，为打造一流配电网奠定良好的基础。

本书致力于用案例指导实践，因此给出了更多的案例，更全的图形，更详细的过程叙述，力争让本书更具指导实践性、通俗性。因此，无论是配电自动化工作者，还是配电网 10kV 线路设备运维者、生产管理者，均可借鉴参考。让我们共同努力，不断提升我国配电自动化事业向前发展。

本书由刘渊和李镇春主编，编写过程中得到了榆林供电局各级领导的关心和支持。本书作者在编写程中查阅了大量的资料，参考和引用了有关书籍和论文的部分内容，谨向这些作者表示衷心的感谢。

由于本书涉及馈线自动化类型多，有些技术还需要实践检验，加之编者水平有限，书中难免有不妥和错误之处，恳请广大读者批评指正。

编者

2019 年 6 月

目 录

第1章 配电自动化系统

1.1 配电自动化系统

1.1.1 相关概念

（1）配电自动化相关的主要文件及标准。配电自动化方面行业指导文件及标准主要有：《配电网建设改造行动计划（2015—2020 年）》（国能电力〔2015〕290 号）、DL/T 5729—2016《配电网规划设计技术导则》、DL/T 599—2016《中低压配电网改造技术导则》、DL/T 390—2016《县域配电自动化技术导则》、DL/T 1406—2015《配电自动化技术导则》、DL/T 5709—2014《配电自动化规划设计导则》、DL/T 721—2013《配电自动化远方终端》、DL/T 814—2013《配电自动化系统技术规范》、DL/T 1157—2012《配电线路故障指示器技术条件》。

（2）配电自动化相关的主要关键词定义。依据 DL/T 390—2016《县域配电自动化技术导则》，配电自动化相关的主要关键词定义如下：

1）配电自动化（distribution automation，DA）：配电自动化以一次网架和设备为基础，综合利用计算机及通信等技术，并可通过与相关应用系统的信息集成，实现对配电网的监测、控制和快速故障隔离。

2）配电自动化系统（distribution automation system，DAS）：实现配电网运行监视和控制的自动化系统，具备配电 SCADA（super visory control and data acquisition）、故障处理、分析应用及与相关应用系统互联等功能，主要由配电自动化系统主站、配电自动化系统子站（可选）、配电自动化远方终端和通信系统等部分组成。

3）配电自动化系统主站（master station of distribution automation system）：主要实现配电网数据采集和监控等基本功能和分析应用等扩展功能，简称配电主站。

4）配电自动化远方终端（remoteter minal unit of distribution automation，RTU）：安装在配电网的各种远方监测控制单元的总称，完成数据采集、控制和通信等功能，主要包括馈线终端、站所终端、配变终端等，简称配电自动化终端、配电终端。

5）馈线终端（feeder terminal unit，FTU）：安装在配电网架空线路杆塔等处具有遥信、遥测、遥控和馈线自动化功能的配电自动化终端。

6）站所终端（distribution terminal unit，DTU）：安装在配电网开关站、配电室、环网箱、箱式变电站等处具有遥信、遥测、遥控和馈线自动化功能的配电自动化终端。

7）配变终端（tansformer terminal unit，TTU）：用于配电变压器的各种运行参数的监视、测量和保护的配电自动化终端。

8）配电自动化子站（slave station of distribution auto mation）：配电自动化系统的中间层设备，实现所辖范围内的信息汇集、处理或故障处理、通信监视等功能，简称配电子站。

9）馈线自动化（feeder auto mation，FA）：利用自动化装置或系统，监测配电网的运行状况，及时发现配电网故障，进行故障定位、隔离和恢复对非故障区域的供电。根据故障处理过程是否经配电主站参与，分为集中型馈线自动化与就地型馈线自动化两种类型。本书因篇幅等原因，将分布智能型单独列章论述。

10）信息交换总线（information exchange bus，IEB）：遵循 IEC 61968 标准、基于消息机制的中间件平台，支持安全跨区信息传输和服务。

1.1.2　系统的实现类型

突破了"配电自动化即馈线自动化"的传统思维模式，国家电网有限公司（以下简称国网公司）企业标准《配电自动化试点建设与改造技术原则》提出了适用于不同条件下的五种配电自动化实现类型，分别为简易型、实用型、标准型、集成型和智能型等。

（1）简易型配电自动化系统是基于就地检测和控制技术的一种准实时系统。常见模式采用故障指示器来获取配电线路上的故障信息，由人工现场巡视线路上的指示器翻转变色来判断故障，也可将故障指示信号上传到相关的主站，由主站来判断故障区段。新型的故障指示器还实现"两遥"，即除可上传故障翻牌遥信，还可上传电流、导线温度等遥测。

（2）实用型配电自动化系统是利用多种通信手段，如光纤、载波、无线公网/专网等，以两遥（通信、遥测）为主，并对部分具备条件的一次设备可实行单点远控的实时监控系统。它的主站具备基本的 SCADA 功能，对配电线路、开关站、环网箱等的开关、断路器以及重要的配电变压器等实现数据采集和监测，根据配电终端数量或通信方式的需要，该系统可以增加配电子站（或通信汇接站）。

（3）标准型配电自动化系统是在实用型的基础上，增加基于主站控制的馈线自动化功能，即故障定位、隔离、恢复非故障区供电，它对通信系统要求较高，一般需要采用可靠、高效的通信手段，如光纤，配电一次网架要求比较完善，相关的配电开关设备具备电动操动机构和受控功能。该类型系统的主站具备完整的 SCADA 功能和 FA 功能，当配电线路发生故障时，通过主站和终端的配合，实现故障区段的快速切除与自动恢复供电。另外可以与上级调度自动化系统和配电 GIS 应用系统实现互联，以获得丰富的配电数据，建立完整的配网模型，可以支持基于全网拓扑的配电应用功能。它主要为配网调度服务，同时兼顾配电生产和运行管理部门的应用。

（4）集成型配电自动化系统是在标准型的基础上，通过信息交换总线或综合数据平台技术，将企业里各个与配电相关的系统实现互联，最大可能地整合配电信息、外延业务流程、扩展和丰富配电自动化系统的应用功能，全面支持配电调度、生产、运行以及用电营销等业务的闭环管理，同时也为供电企业的安全和经济指标的综合分析，以及辅助决策而服务。

（5）智能型配电自动化系统是在标准型或集成型配电自动化系统基础上，扩展对于分布型电源、微网以及储能装置等设备的接入功能，实现智能自愈的馈线自动化功能，以及与智能用电系统的互动功能，并具有与输电网的协同调度功能，以及多能源互补的智能能量管理分析软件。

总结上述可知，简易型的关键特征为"一遥"、自动开关配合或故障指示器；实用型的关键特征为两遥、无 FA；标准型的关键特征为"三遥"、SACDA＋FA；集成型的关键特征为标准型＋信息交换总线；智能型的关键特征为集成型＋自愈＋经济运行（分布电源＋微网）。

建设什么类型的系统，要以实际情况为基础，选择适合自己的最关键的因素。DL/T 390—2016《县域配电自动化技术导则》已明确指出，建设配电自动化的目的是提高供电可靠性、改善供电质量、提升运行管理水平和供电服务能力。

1.1.3　系统的分层结构

配电自动化系统分为一层、两层和三层等结构模式。

一层结构模式只有终端设备层，采用开关之间相互配合，是无主站的配电自动化系统，比如就地型 FA 系统。

两层结构模式，即主站层—终端设备层模式。这种模式适用于配电网络较小，信息分散的情况，其总体建设成本较低。

三层结构模式，即主站层—子站层—终端设备层模式，如图 1.1 所示。这种模式适用于配电网络规模较大，设备相对分散集中的情况，其总体建设成本较高。集中型 FA 系统属于两层或三层结构。

1.1.4　主站的硬件配置

（1）主站大小类型：一般按照可采集处理的实时信息量，分为小、中、大型。实时信息量在 10 万点以下的为小型主站；实时信息量在 10 万～50 万点的为中型主站；实时信息量在 50 万点以上的为大型主站。

（2）系统硬件平台的选择充分考虑目前和今后硬件计算机水平的发展，以及配电网发展对配电网运行监控系统提出的要求。结构和功能上均应实现分布式部署、冗余配置，单点故障不会引起系统功能丧失和数据丢失，并达到在关键服务器硬件检修情况下的 $N-1$ 冗余配置要求。一般主站系统的硬件设备主要包括服务器、工作站、网络设备、存储设备等，根据不同的功能，服务器可分为采集服务器、SCADA 服务器、数据库服务器、分析应用服务器、总线服务器和 Web 发布服务器等；工作站可根据运行需要配置，如调配工作站、维护工作站、报表工作站、远程工作站等。

（3）主站的典型硬件配置结构如图 1.2 所示。计算机网络结构采用分布式开放局域网交换技术，双重化冗余配置，由主干局域网交换机及工作组边缘交换机的二层结构组成。主站可分为生产控制大区、管理信息大区和安全接入大区，各种应用服务器分别接入相应分区的交换机。

生产控制大区，俗称Ⅰ区，也称控制主站，主要设备包括前置服务器、数据库服务器、SCADA 服务器、应用服务器、总线服务器、调度工作站、维护工作站、运检及报表工作站等，负责完成"三遥"配电终端数据采集与处理、实时调度操作控制，进行实时告警、事故反演及馈线自动化等功能。管理信息大区，俗称Ⅲ区，也称监测主站，主要设备

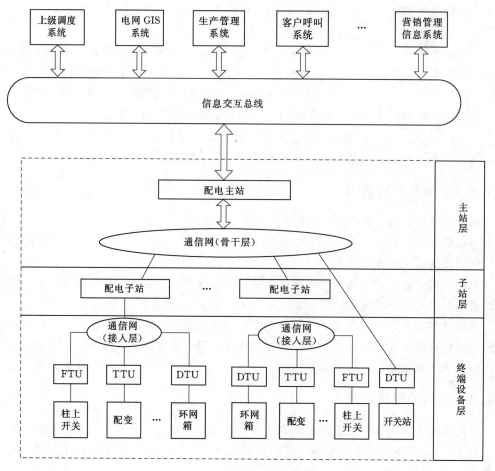

图 1.1　三层结构模式

包括 Web 服务器、总线服务器等，负责完成管理网上的 Web 服务与访问、信息共享与发布等配电运行管理功能。安全接入大区，是数据采集系统，主要设备包括数采服务器等，负责完成配电终端实时数据采集与控制命令下发。

　　硬件平台的选择应遵循的基本原则：公网数采与专网数采前置服务器满足 $N-1$ 冗余配置，应用分组集群并行方式运行，具备单组和单机接管能力。SCADA 应用满足 $N-2$ 冗余配置，其中两台 SCADA 服务器互为主备运行，并在前置服务器上部署 SCADA 应用，作为 SCADA 应用的热备用节点。配电网分析应用服务器满足 $N-1$ 冗余配置，互为主备运行。Ⅰ区配置 2 台数据库服务器，以集群方式运行。Ⅰ区和Ⅲ区配置总线服务器，对于Ⅲ区总线功能可以视需要部署在单台服务器中或集成在Ⅲ区虚拟化服务器中。Web 发布服务器满足 $N-1$ 冗余配置，互为主备方式运行。系统主干网交换机、主干网延伸交换机、公网/专网数采交换机、Ⅲ区交换机采用双网冗余配置。配备 2 套时间同步系统。

　　安全防护技术要求：系统安全要求遵循《电力二次系统安全防护总体方案》和《配电二次系统安全防护方案》的规定，配置安全防护设备如图 1.3 所示。

　　主站端生产控制大区和管理信息大区之间通过正反向物理隔离装置实现非网络方式隔

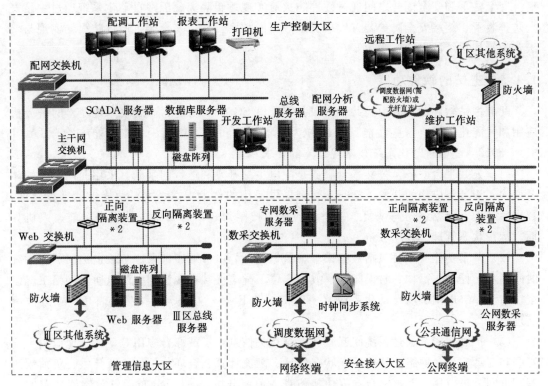

图 1.2 主站的典型硬件配置结构

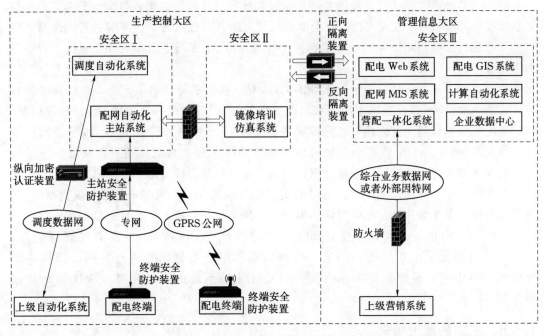

图 1.3 配网自动化系统安全防护配置图

离。安全区 Ⅰ 和安全区 Ⅱ 之间通过硬件防火墙实现逻辑隔离。配网自动化系统通过主站安全防护装置、终端安全防护装置实现配网数据的加密传输。安全区 Ⅲ 通过防火墙实现与上级营销管理系统的纵向互联。

1.1.5　主站的软件功能

配电主站软件功能分为公共平台服务、配电 SCADA 功能、馈线故障处理、网络分析应用和智能化功能。这些功能又可以分为基本功能和扩展功能。具体功能应符合 DL/T 814—2013《配电自动化系统技术规范》的要求。

（1）公共平台服务。公共平台服务是配电主站开发和运行的基础，采用面向服务的体系架构，为各类应用的开发、运行和管理提供通用的技术支撑，主要功能包括支撑软件、数据库管理、数据备份与恢复、多态多应用、权限管理、告警服务、报表功能、人机界面、运行状态管理、Web 发布等。

（2）基本功能。主要包括数据采集、数据处理、事件顺序记录、事故追忆回放、系统时间同步、控制与操作、防误闭锁、故障定位、配电终端在线管理和配电通信网络工况监视、与上一级电网调度自动化系统（一般指地调 EMS）互联、网络拓扑着色、馈线故障处理等。

（3）扩展功能。通过系统间互联、整合相关信息、扩展综合应用等，与其他应用系统互联和互动应用；网络拓扑分析、状态估计、潮流计算、合环分析、负荷转供、负荷预测等配电网分析应用；配电网自愈（快速仿真、预警分析）、计及分布型电源储能装置的运行控制及应用、经济优化运行以及与其他智能应用系统的互动等智能化功能。

（4）与其他系统的接口。配电自动化主站系统与其他系统各类数据信息的交互通过信息总线或 Web Service 方式实现。与配电自动化主站系统有数据交互需求的系统包括调度自动化系统、配电网 GIS 系统、配电网生产管理（MIS）系统、计量自动化系统、营销管理系统等。

与调度自动化系统接口：采用标准的 CIM/CIS 接口和符合 IEC 61968 总线标准接口方式，从调度 EMS 系统获取主网图形、模型及变电站 10kV 出口开关状态、保护等信息。

与配电网地理信息系统接口：采用标准的 CIM/CIS 接口和符合 IEC 61968 总线标准接口方式或 Web Service 方式与配电网地理信息 GIS 系统实现数据交互，获取馈线单线图、地理图形文件、环网图、设备数据以及电气拓扑信息、模型信息等信息。

与配电网生产管理系统接口：通过通用服务总线或 Web Service 方式实现数据交互，接受配电网设备参数信息、配电线路图形信息、网络拓扑信息、生产计划数据等信息。

与计量自动化系统接口：通过通用服务总线或 Web Service 方式实现数据交互，接收计量自动化系统中的用户信息、负荷数据、电能量数据并进行检测、分析、统计处理，其中的负荷数据可以作为配电自动化主站系统的一个实时（准实时）数据源使用。

1.1.6　主站的建设模式

配电自动化的建设模式主要分为主站模式与无主站模式。主站模式通过配电主站实现

SCADA 等基本功能及扩展功能，故障快速处理可以采用集中型或就地型馈线自动化方式实现；无主站模式不建设主站，主要通过开关终端设备的相互协调配合实现就地型馈线自动化。

依据主站的建设位置、应用覆盖地理范围，以及是否与调度系统一体等因素，主站的建设模式分为独立主站模式、地县一体化模式、调配一体化模式。

（1）独立主站模式。指由县级供电企业单独建设独立的配电自动化主站，与县级调度自动化系统平行运行，相互进行图形和数据的交互，只负责本县级供电企业范围的配电网的监控以及故障处理，如图 1.4 所示。在建设配电自动化初期，由于人员技术积累不足，维护主站的能力欠缺，接入配自的数量有限，该模式实践体现出更多的是不足。

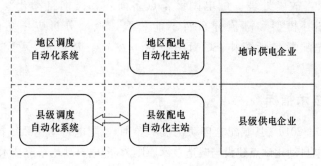

图 1.4　独立主站模式

（2）地县一体化模式。指由地市供电企业建设独立的配电自动化系统，与地区调度自动化系统平行运行，相互进行图形和数据的交互，负责地区供电企业范围的配电网数据分区分流，县级供电企业不单独建设配电主站，而是配置远程工作站，实现本县供电企业的监控以及故障处理，如图 1.5 所示。随着通信网络的不断完善，这种模式展现出了明显的优越性，得到推广应用。

（3）调配一体化模式。该模式是指县级供电企业配电自动化基于调度自动化系统建设，在调度自动化系统的基础上，增加配网功能应用，实现配电自动化功能，与调度和配自一体化运行，如图 1.6 所示。

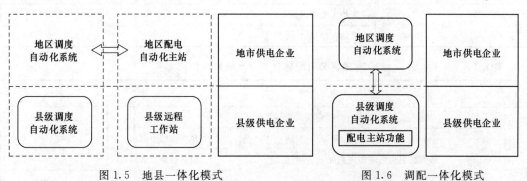

图 1.5　地县一体化模式　　　　图 1.6　调配一体化模式

主站的建设模式关系投资收益、运行维护、实用化等，中国南方电网有限责任公司

（以下简称南方电网公司）在多年的配电自动化建设方面总结出如下经验：

（1）集中采集，分区应用。在地市供电局调控中心部署配电自动化主站，集中采集、处理地区范围内所有配电网设备的运行状况。在各县（市、区）供电局部署远程工作站，实时监控所管辖区域配电网设备的运行状况。

（2）信息交互，应用集成。部分省已完成地、县两级调度自动化、计量自动化、配网 GIS、配网生产管理（配网 MIS）、营销客户等系统的建设，通过系统间的信息交互与应用集成，配电自动化主站实现了对变电站 10kV 出线开关和 10kV 配电变压器的运行状态的全面监控，主站系统的配网单线图由配网 GIS 自动生成及定时更新，有效提高了配网自动化主站维护的工作效率。另外，将主站采集的配网故障信息交互给配网生产管理和营销客服系统，也为配电网故障快速复电提供了有力的技术支持。

（3）电网监控，故障处理。配电网设备点多面广，配网自动化尚未实现全区域覆盖，全网的电网拓扑模型和潮流分布暂不能获取，电网分析应用功能并不具备应用条件，因此应优先配置包括配电 SCADA、Web 浏览、馈线故障处理（DA）等基础应用功能。

1.1.7　主要的技术指标

依据 DL/T 390—2016《县域配电自动化技术导则》，配电自动化系统技术指标见表 1.1；依据国网公司《配电自动化试点建设与改造技术原则》，配电自动化系统技术指标见表 1.2；依据 DL/T 390—2016《县域配电自动化技术导则》，配电自动化主站技术指标见表 1.3。

表 1.1　　　　　　　　　行业标准推荐配电自动化系统技术指标

内　　容		指标
模拟量	遥测综合误差	≤3%
	遥测合格率	≥98%
状态量	遥信动作正确率（年）	≥90%
遥控	遥控正确率	≥98%
系统响应时间	开关量变位传递到主站	≤30s（各种通信方式）
	遥控执行时间	≤5s
终端	平均无故障时间	≥50000h
	平均在线率	≥90%

表 1.2　　　　　　　　　国网公司配电自动化系统技术指标

内　　容			指标
遥测	遥测综合误差		≤1.5%
	遥测越限由终端传递到配电子站/主站	光纤通信方式	≤4s
		载波通信方式	≤30s
		无线通信方式	≤60s
	遥测越限由配电子站传递到配电主站		≤4s

续表

内 容			指标
遥信	遥信动作正确率（年）		≥99%
	站内事件分辨率		≤10ms
	遥信变位由终端传递到配电子站/主站	光纤通信方式	≤3s
		载波通信方式	≤30s
		无线通信方式	≤60s
遥控	遥控正确率		≥99.99%
	命令选择、执行或撤销传输时间	光纤通信方式	≤10s
		载波通信方式	≤60s
配电子站、配电终端平均无故障时间			≥26000h
系统可用率			≥99.9%

表 1.3　　　　　　　　　　配电自动化主站技术指标

内 容		指标
冗余性	热备切换时间	≤20s
	冷备切换时间	≤10min
可用性	主站系统设备年可用率	≥99.9%
计算机资源负载率	CPU 平均负载率（任意 5min 内）	≤40%
	备用空间（根区）	≥20%（或是 10G）
系统节点分布	可接入工作站数	≥40
	可接入分布型数据采集的片区数	≥6 片区
Ⅰ、Ⅲ区数据同步	信息通过正向物理隔离时的数据传输时延	<3s
	信息通过反向物理隔离时的数据传输时延	<20s
画面调阅响应时间	90%画面	<4s
	其他画面	<10s
配电 SCADA	可接入实时数据容量	≥100000
	可接入终端数（每组分布型前置）	≥2000
	可接入控制量	≥6000
	实时数据变化更新时延	≤3s
	主站遥控输出时延	≤2s
	事件记录分辨率	≤1ms
	历史数据保存周期	≥2 年
	事故推画面响应时间	≤10s
	单次网络拓扑着色时延	≤5s
馈线故障处理	系统并发处理馈线故障个数	≥20 个
	单个馈线故障处理耗时（不含系统通信时间）	≤5s
负荷转供	单次转供策略分析耗时	≤5s

1.2　配电自动化终端

1.2.1　配电终端的分类

（1）按应用场合分类。

1）架空线柱上配电终端（FTU），用于架空馈线的配电终端，单路或多路测控配置。

2）开关站、环网箱配电终端（DTU），用于配电网 10kV 开关站、开关站、电缆供电的环网箱的配电终端。

3）变压器配变终端（TTU），用于配电变压器监测和无功控制。

（2）按结构体系分类。

1）分散式配电终端。类似变电站自动化监控单元，以一次开关设备为对象进行设计，配电监控单元可分散在线路开关柜上安装，也可集中组屏。每个监控单元独立工作，单元之间通过工业现场总线与通信管理单元连接，通信管理单元完成通信协议转换、远动及配电 SCADA 功能。分散式配电终端用于开关站和大容量环网箱。

2）集中型配电终端。每个单元可以集中测控制 4 条以上线路：交流采样 4 条以上线路、12 路以上遥信信号，加上外围电路以及电源机箱组成一个配电终端，根据客户容量大小配置相应数量的单元。集中型配电终端主要用于开关站或大型环网箱。

当然，也可以按功能分类，如电流型配电终端、电压型配电终端、电压电流兼容型配电终端等。由于各个配电网的网络结构、一次设备开关、采用的通信方式千差万别，对配电终端的要求无论从功能上还是结构上也有所不同。

1.2.2　FTU 功能技术要求

（1）电源要求。装置应支持双交流供电方式，采用蓄电池或超级电容作为后备电源供电。正常情况下，由交流电源供电，支持 PT 取电。当交流电源中断时，装置应在无扰动情况下切换到另一路交流电源或后备电源供电；当交流电源恢复供电时，装置应自动切回交流供电。电源模块应能为装置及遥控、遥信、遥测单元提供电源，并为通信模块提供 DC 24V 或 DC 48V 电源，输出功率不小于 50W。装置应能实现对供电电源的状态进行监视和管理，具备后备电源低压告警、欠压切除等保护功能，并能将电源供电状况以遥信方式上传到主站系统。具有智能电源管理功能，应具备电池活化管理功能，能够自动、就地手动、远方遥控实现对蓄电池的充放电，且充放电间隔时间可进行设置。

（2）遥信功能要求。

1）状态量的采集，包括开关分/合闸位置、远方/就地操作把手位置、弹簧储能位置、接地刀闸位置、熔断器熔断信号、SF₆ 开关低气压信号、开关机构内加热器动作信号、电源失电信号、后备电源欠压信号、柜（所）门打开信号等。状态变位优先传送。双点遥信的合成：能够根据采集到的开关分闸及合闸位置信息，自动生成具有故障态、中间态、合闸及分闸表述能力的双点遥信信号。软遥信生成，包括：装置故障信号，各线路的过负荷、单相接地、过电流、相间短路、零序过电压、零序过电流信号等；故障信号优先传送。

2）遥信输入回路采用光电隔离，并具有软硬件滤波措施，防止输入接点抖动或强电磁场干扰误动。

3）具备事件顺序记录功能，并可向配电自动化主站传送。

（3）遥测功能要求。

1）采集电压、电流，实现有功功率、无功功率、功率因数的计算。

2）采集馈线故障时的短路电流、零序电流或零序电压。

3）采集蓄电池电压等值流量。

4）支持遥测越限报警功能。

（4）遥控功能要求。

1）接收并执行配电自动化主站遥控命令。

2）遥控保持时间可设置。

3）遥控应严格按照预置、返校、执行的顺序进行，具备遥控异常自诊断功能，在预置返校后，在设定时间内，由于通信中断或执行命令未下达，应自动取消本次遥控命令。

4）具备遥控防误动措施，保证控制操作的可靠性。

5）同一遥控点不能同时接收两个不同主站的遥控命令。

6）遥控指令应可记录保存。

（5）对时功能要求。具备主站时钟校时功能，支持北斗和GPS对时功能。

（6）通信功能要求（通信接口及规约）。具备RS232串口和RJ45网络接口，接口数量和类型可配置，具备专用的RS232和网络维护接口。支持光纤、载波、无线等通信方式与主站和子站进行通信，实现故障信息上报和线路设备信息的实时上送。支持DL 634.5101—2002的远动协议、DL 634.5104—2002的远动协议。支持通过硬连线或通信方式采集站端各类运行数据，包括：保护、测控数据；集抄数据；环境监测数据，如温湿度采集器数据等；设备状态监测数据，如配变温控器数据等；故障指示器数据；基础设施数据等。同时具备新数据采集的扩展能力。支持站端数据的统一远方交换功能，支持站端各专业完整数据的上传，能够传输的数据包括但不限于测控数据、保护数据、集抄数据、设备状态监测数据、环境监测数据、故障指示器数据等，能够根据不同数据的重要性和实时性的要求，通过不同的通道或者不同的通信协议，满足站端数据出站的"轻重缓急"的需求。

无线通信模块应选用工业级无线通信芯片。配套天线的阻抗应与无线通信芯片匹配，天线的增益应大于5.0dBi，天线可延伸不少于30m。可提供透明、双向、对等的数据传输通道，用户数据无需经过转换直接传输。支持永远在线：设备加电自动上线、通信链路保持。应提供配置管理接口用作本地和远程的管理，宜包括配置管理、安全管理、故障管理以及性能管理等功能。

（7）数据处理及传送功能。

1）模拟量输入信号处理应包括数据有效性判断、越限判断及越限报警、死区设置、工程转换量参数设置、数字滤波、误差补偿（含精度、线性度、零漂校正等）信号抗干扰等功能。

2）开关量输入信号处理应包括光电隔离、接点防抖动处理、硬件及软件滤波、基准时间补偿、遥信取反、计算、数据有效性判断等功能。

3）开关量输出信号应具有严密的返送校核措施，并设置专用的执行继电器，其输出触点容量应满足受控回路电流容量的要求。

4）终端在故障、重启过程中不应引起误操作及数据重发、误发。

5）支持逐点设置遥测死区值，以满足重要遥测的实时性要求。

6）具备对遥信信息的逻辑组合功能。

7）历史数据应至少保存：最新的 256 条事件顺序记录和 256 条遥信变位，最新 10 条故障电流信息，最新 50 次遥控操作指令。历史数据可随时由主站召测，失电或通信中断后数据可保存 6 个月以上。

（8）保护和逻辑控制功能。

1）过流保护功能：具有过电流保护功能，可对电流保护动作时限、相间电流定值进行设定。具有零序电流保护功能。过流保护和零序保护投入时可设置为"跳闸出口"或"告警发信"。集中和就地保护功能可通过压板、控制字、遥控方式切换，投入远方集中遥控功能，退出所有就地保护功能。

2）重合闸功能：三相一次重合闸和三相二次重合闸功能，重合闸次数以及每次重合闸延时时限定值可根据需要设定。闭锁二次重合闸功能，可设定闭锁二次重合闸时限定值。一次重合闸后在设定时间（可整定）之内检测到故障电流，则闭锁二次重合闸。可通过硬软压板、控制字、遥控等方式实现重合闸功能投退。过流保护和零序保护可单独设置启动重合闸功能，手动分闸不应启动重合闸。当开关处于就地控制状态时应不接受远方控制。在投入远方集中遥控时，退出所有过流保护和重合闸就地保护功能。可以检测开关两侧电压差、角差，支持合环功能（选配）。

（9）就地馈线自动化功能。

1）具备手动及远方投退就地馈线自动化逻辑判断功能，并能解除闭锁状态。

2）所有就地控制逻辑相互独立，可通过硬软压板或设置控制字方式进行灵活投退，并可设置开关的分段点及联络点两种工作模式。

3）遥控分闸闭锁自动逻辑合闸功能。

4）失电延时分闸功能。

5）得电延时合闸功能（分段点功能，可选电源侧或负荷侧）。

6）单侧失压延时合闸功能（联络点功能，可选电源侧或负荷侧）。

7）残压脉冲闭锁合闸功能。

8）双侧有压禁止合闸功能。

9）合闸后零压告警或分闸并闭锁功能。

10）遥控分闸后闭锁自动合闸功能。

11）短时失压闭锁分闸功能（重合器＋电压电流模式）。

12）合闸至故障时加速分闸并闭锁合闸功能（重合器＋电压电流模式）。

13）过流脉冲计数 M 次分闸闭锁功能（重合器＋电流计数模式）。

14）非遮断电流保护功能。

15）闭锁条件发生时自动闭锁遥控。

16）零序电压保护功能（选配）。

（10）电能质量监测。采集并计算各电源进线的电能质量指标，包括有效值数据：线电压、相电流、有功功率、无功功率、视在功率、功率因数、频率等。谐波统计数据：电压总畸变率、电流总畸变率、电压总奇次畸变率、电流总奇次畸变率、电压总偶次畸变率、电流总偶次畸变率、谐波电流总含有量等。基波数据：基波电压有效值、基波电流有效值、基波有功功率、基波无功功率、基波视在功率等。谐波数据：3～13 次谐波电压含有率、3～13 次谐波电流含有量等。间谐波：3.5～12.5 次间谐波电压含有率、3.5～12.5 次间谐波电流含有量等。波动和闪变数据：电压变动的频度和幅值、短时间闪变、长时间闪变等。

（11）维护和调试功能。

1）具备查询和导出历史数据、保护定值、转发表、通信参数等，在线修改、下装和上载保护定值、转发表（包括模拟量采集方式、工程转换量参数、状态量的开/闭接点状态、数字量保持时间及各类信息序位）、通信参数等，下装和上载程序等维护功能。

2）具备监视各通道接收、发送数据及误码检测功能，可方便进行数据分析及通道故障排除。

3）通过维护口及装置操作界面可实现就地维护功能，通过远动通信通道实现远程维护功能，就地与远程维护功能应保持一致。

4）系统维护应有自保护恢复功能，维护过程中如出现异常应能自动恢复到维护前的正常状态。

5）具有液晶显示，提供全汉化中文菜单，操作简洁，便于现场维护。

1.2.3 DTU 功能技术要求

DTU 功能技术要求基本与上述 FTU 功能技术要求一致，考虑应用于对可靠性要求高的电缆线路，因此可要求有更多的选配功能，下面是 DTU 可选配的功能。

（1）分布型馈线自动化（选配）。宜配置基于以太网通信网络的智能分布型馈线自动化（FA）功能，实现配电网线路发生故障时能快速并有选择性地隔离故障点。

1）具备网络式保护功能，完成进线与进线间（柜间或母线）、进线与馈线间的电流差动保护功能。可通过控制字和硬压板进行保护功能投退，在网络通信方式故障情况下，保护功能自动退出。

2）一组开关组网运行时，在内部故障情况下保证只有离故障点的断路器（开关）跳闸，自动适应网络变化，网络重构后，网络式保护功能不丧失。

3）具备基于局域信息的保护功能和参数与基于全局信息的智能配电网的支撑平台的智能决策的保护协调配合功能，保护功能和参数接受主站动态调整指令。

（2）设备状态监测（选配）。

1）电缆接头温度监测：采集开关三相电缆接头温度，并发出超温告警信号。

2）开关设备状态监测：统计开关分合闸次数。统计开关分合闸控制接点输出至辅助接点返回的时间差，即开关每次分合闸操作的近似时间。在开关设备具备智能传感器时，应统计开关分闸操作时的开断电流，为主站提供开关设备电磨损的基础数据。在开关设备具备智能传感器时，应统计开关动作时分合闸线圈电流的波形、峰值、平均值等运行参数。

3）配电变压器状态监测。油浸式变压器：采集并上送油温、油位、瓦斯告警等信号。干式变压器：采集并上送绕组温度等信息。环境温度监控。采集配电站（房）的环境温度。可设置环境温度告警上限。当环境温度高于设定值时，上送高温告警信号，同时启动通风或制冷设备降温。

（3）环境湿度监控（选配）。

1）采集配电站（房）的环境湿度。

2）可设置环境湿度告警上限，设置范围为 70％～100％RH。

3）当环境湿度高于设定值时，上送高湿告警信号，同时启动除湿设备除湿。

（4）新能源并网接入（选配）。

1）采集新能源分布型电源并网开关位置信号、电压、电流，实现有功功率、无功功率、功率因数的计算。

2）遥控新能源分布型电源并网开关的分、合闸。

1.2.4 典型信息量表

信息上传数量和类型根据实践需求确定，但一般终端上传的信息量变化不大，现以二进八出开关站和二进四出环网箱为例说明常规的上传信息内容。

（1）以二进八出开关站为例，上传遥信和遥测见表 1.4 和表 1.5，上传电度见表 1.6，遥控见表 1.7。

（2）以二进四出环网箱为例，上传遥信见表 1.8，上传遥测见表 1.9，上传电度见表 1.10，遥控见表 1.11。

表 1.4　　　　　　　　　　开关站常用遥信表（共 76 点遥信）

序号	设备名	信号名称	序号	设备名	信号名称
1		断路器位置信号	9		断路器位置信号
2		遥控投入/解除信号	10		遥控投入/解除信号
3	进线开关	母线闸刀或小车位置	11	出线断路器	母线闸刀或小车位置
4		SF₆ 气体报警和开关未储能的合成信号	12		SF₆ 气体报警和开关未储能的合成信号
5		速断动作信号	13		断路器位置信号
6		过流动作信号	14		遥控投入/解除信号
7	出线保护合并信号	重合闸动作信号	15	10kV 分段开关	母线闸刀或小车位置
8		零流动作信号	16		SF₆ 气体报警和开关未储能的合成信号

续表

序号	设备名	信号名称	序号	设备名	信号名称
17	10kV分段开关	自切动作信号	31	公共信号	站内事故总信号
18		自切合闸信号	32		站内通信故障总信号
19		自切不成功信号	33		站内直流异常信号
20		自切投/退开关位置信号	34		微机保护装置异常信号
21		自切装置的遥控投入/解除信号	35		1段低压总开关位置信号
22		自切软压板状态信号	36		2段低压总开关位置信号
23	配变保护合并信号	速断动作信号	37		低压分段开关位置信号
24		过流动作信号	38		1段母线接地信号
25		零流动作信号	39		2段母线接地信号
26		配变温度或瓦斯告警信号	40		空气开关故障信号
27	配变低压开关	断路器位置信号			
28		遥控投入/解除信号			
29		母线闸刀或小车位置			
30		SF$_6$气体报警和开关未储能的合成信号			

表 1.5　　　　　　　　　　开关站常用遥测表（共 40 点遥测）

序号	设备名	信号名称	序号	设备名	信号名称
1	进线开关	A 相电流	11	配变低压开关	A 相电流
2		B 相电流	12		B 相电流
3		C 相电流	13		C 相电流
4	10kV 分段开关	A 相电流	14		功率因数
5		B 相电流	15	380V 母线	A 相电压
6		C 相电流	16		B 相电压
7	出线断路器	B 相电流	17		C 相电压
8	配变高压开关	B 相电流	18	直流母线	电压
9	10kV 母线	U_{ca}线电压	19	交流母线	U_{ca}线电压
10		零序电压			

表 1.6　　　　　　　　　　开关站常用电度表（共 28 点电能量）

序号	设备名	信号名称	序号	设备名	信号名称
1	进线开关	正向有功电度	5	配变低压开关	正向有功电度
2		正向无功电度	6		正向无功电度
3	配变高压开关	正向有功电度			
4		正向无功电度			

表 1.7   开关站常用遥控表（共 15 点遥控）

序号	设备名	信号名称	序号	设备名	信号名称
1	进线开关	断路器位置	4	自切	Ⅰ段自切软压板
2	10kV 分段	断路器位置	5		Ⅱ段自切软压板
3	配变高压开关	断路器位置			

表 1.8   环网箱常用遥信表（共 23 点遥信）

序号	设备名	信号名称	序号	设备名	信号名称
1	进线开关	断路器位置信号	7	配变高压开关	断路器位置信号
2		遥控投入/解除信号	8		遥控投入/解除信号
3	10kV 分段开关	断路器位置信号	9	配变低压开关	断路器位置信号
4		遥控投入/解除信号	10		遥控投入/解除信号
5	出线断路器	断路器位置信号	11	公共信号	10kV 出线三相故障信号
6		遥控投入/解除信号			

表 1.9   环网箱常用遥测表（共 16 点遥测）

序号	设备名	信号名称	序号	设备名	信号名称
1	进线开关	B 相电流	5	配变低压开关	B 相电流
2	10kV 分段开关	B 相电流	6		U_{ca} 线电压
3	出线断路器	B 相电流	7		功率因数
4	配变高压开关	B 相电流			

表 1.10   环网箱常用电度表（共 4 点电能量）

序号	设备名	信号名称	序号	设备名	信号名称
1	配变低压开关	正向有功电度	2	配变低压开关	正向无功电度

表 1.11   环网箱常用遥控表（共 9 点遥信）

序号	设备名	信号名称	序号	设备名	信号名称
1	进线开关	断路器位置	3	10kV 分段	断路器位置
2	出线断路器	断路器位置	4	配变高压开关	断路器位置

上表中仅是常用的基本点表，若要实现接地选段功能，还需要各终端的零序电流、电压、接地告警等信号。另外，遥测对应的 SOE 信息也需全部上送。

1.3   配网通信技术方案

1.3.1   总体要求

配网通信网络建设应满足配网自动化对通信通道的要求，充分利用现有电力通信资源，逐步建设配网通信网络，应提高通信资源优化配置能力，保障电网安全和信息系统安全。

配网通信网络结构应与配电网供电区域分类相适应，因地制宜选择适用的通信方式，一般技术要求如下：

（1）配网通信网络建设应遵循"因地制宜、适度超前、统一规划、分步实施"的原则，并纳入配电网规划，与配电网规划同步规划、同步建设、同步投产，满足配电网生产管理业务的需求。

（2）配网通信网络应独立组网，不与调度数据网和综合数据网连通。

（3）"三遥"配电自动化终端应采用光纤专网通信方式。"二遥"配电自动化终端和"一遥"故障指示器通信终端宜采用无线公网通信方式，也可就近采用光纤专网通信方式。

（4）配电网通信网络建设时应同期建设通信设备网管，满足网络拓扑、设备配置、告警等网络管理功能，实现对不同通信设备厂商、多种类型通信设备的监控管理。

1.3.2 总体架构

配网通信网络可以地区供电局为单位建设，采用传送层、接入层的分层结构，如图1.7所示。

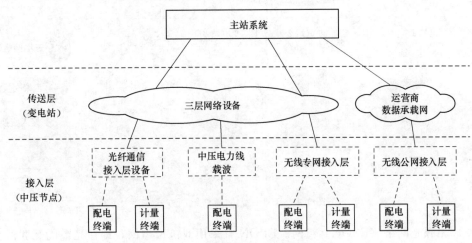

图 1.7 配网通信网络组网结构

（1）传送层：应采用 IP 技术组网，并具有两条不同路由至主站系统；网络规模较小时，传送层可直接采用地区传输网或光纤直连，即接入层网络直接接入地区传输网，采用 IP over SDH/MSTP 或 IP over Fiber 方式组网，与主站系统互联；网络规模较大时，传送层应配置三层网络设备组建配网专用传送网络。

（2）接入层：在已有可用光纤通道和方便铺设光纤的地方优先考虑光纤通信方式，缺乏光缆资源的区域可采用无线公网通信方式。

（3）光缆专网建设一般要求：通信光缆作为配电网通信网的基础，可充分利用现有主网传输网络资源，配电网光缆建设应成环成网，宜在变电站、开关房、配电房等节点成端；为满足配网通信带宽的需求，新建配网通信接入层通信光缆芯数应不少于 16 芯，传送层通信光缆芯数应不少于 48 芯；对于配网电缆线路，配电网光缆宜沿电缆管沟敷设管道光缆；对于配网架空线路，可选择 ADSS 或 OPPC 光纤与线路同杆架设；管道光缆应采用 PE 管或 PVC 管保护，进入配电网节点时，应在 PE 管上增加镀锌钢管保护，进入配电点后，光缆进金属线槽至 ODF 单元。

1.3.3　接入层组网

（1）工业以太网组网。接入层应采用环网结构组网，采用两点接入汇聚层的接入层环路，单环节点数量原则不超过 50 个；也可单点接入汇聚层的环路，单环数量原则不超过 35 个。在单节点需要连接多个环时，宜配置 2 台汇接交换机实现冗余备份，如图 1.8 所示。接入层单环内设备宜采用同一厂家两层工业交换机组网，汇聚层设备应采用三层工业交换机。

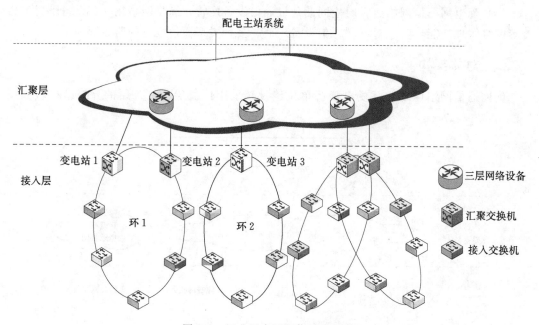

图 1.8　工业以太网通信组网方式

（2）无源光网络（EPON）组网。EPON 宜采用双链型组网，即在光缆能互联两个变电站时，每个 ONU 通过双 PON 口分别连接到不同变电站的 OLT 的 PON 口，如图 1.9 所示；或者在光缆是单链式结构、星形结构或环形结构的情况下，OLT 配置 2 个 PON 口或配置 2 台 OLT 各出 1 个 PON 口组成，各个开关房、配电房、环网柜或柱上开关处的 ONU 通过双 PON 口分别连接到两条链路上，组成双链路冗余保护，链路切换时间要求小于 50ms，如图 1.10 所示。

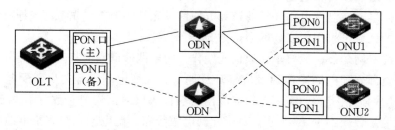

图 1.9　单 OLT 双链路冗余保护

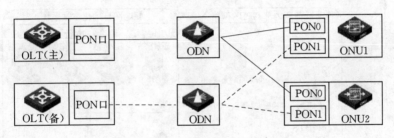

图 1.10 双 OLT 双链路冗余保护

OLT 宜放置在变电站，ODN 宜放在变电站、开关房、配电房等节点，ONU 宜靠近配电自动化终端放置，如图 1.11 所示。

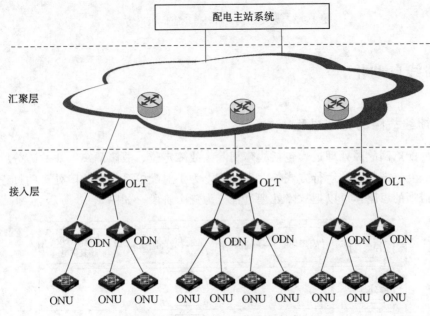

图 1.11 EPON 通信组网方式

无源光网络（EPON）系统规划时应预留一部分光功率余量，OLT 至每个 ONU 的光通道衰减最大值应小于 28dB，最终规划每个 OLT 的 PON 口所带 ONU 数量不超过 16 个；EPON 接入系统 OLT 设备应包含二个或者多个 PON 接口，支持以太网/IP 业务，提供以太网上联接口。

（3）无线公网（GPRS、CDMA 等）通信组网。无线公网通信应采用 APN/VPN 私有虚拟专网模式，组建独立的 APN/VPN 私有虚拟专网，应对 SIM 卡/UIM 和 APN/VPN 应进行绑定。以 GPRS 为例，网络结构如图 1.12 所示。

配电自动化终端采用无线公网 2G/3G 通信时，应采用静态 IP 的方式，即终端预置 IP 地址，并保持不变；移动通信运营商通信设备与配网通信设备相连采用 VPN 专线方式，并通过安全设备（防火墙）予以隔离，应要求移动运营商采用 IPSec、ACL、信息加密等技术保障公网的通信安全。

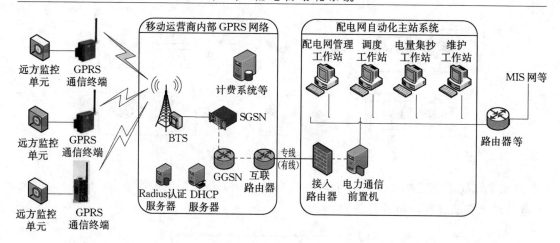

图 1.12　无线公网（GPRS）通信组网方式

1.4　馈线自动化

1.4.1　馈线故障的处理过程

一般的配电网故障处理过程包括故障切除、故障定位、故障隔离、非故障分段恢复供电、人工修复、恢复正常运行方式等六大环节，为了对配电系统的故障处理的过程有一个系统的、清晰的思路，可以把故障处理过程分为三个阶段，如图 1.13 所示。

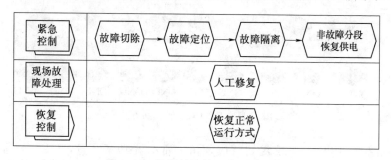

图 1.13　馈线故障处理的三个阶段

（1）紧急控制阶段。故障处理的第一阶段是紧急控制阶段，包括故障切除、故障定位、故障隔离、非故障分段恢复供电等。一般要求在毫秒级时间内完成。

1）故障切除控制。故障发生后的第一要务就是故障切除，故障切除控制由继电保护动作驱动某个断路器跳闸来实现。通常故障切除控制的完成也是集中智能型 FA 故障定位、隔离和非故障分段恢复供电控制的启动条件。理论上，距离故障最近的开关跳闸是最理想的选择，但是基于一般线路参数导致开关配合难度大，出现故障后，为保证故障的快速切除，都是让变电站出口保护先动作，故障被断开的同时，整个线路作为故障区段也全被隔离了，但现在配电线路往往采用环网供电或具有多电源供电结构的网络模式，因此故障后仅需要隔离故障区段，故障点前的非故障区段部分可以维持正常供电，故障点后的非故障区段可以通过转移供电方式由其他电源供电。通常故障切除在毫秒级内完成，如果继电保护速断动作，整个故障持续时间为 $50\sim120\text{ms}$。对于集中智能馈线自动化系统，故障切除环节的完成也是自动化系统故障定位、隔离和非故障分段恢复供电控制的启动条件。

2）故障定位、故障隔离和非故障分段恢复供电控制。故障定位、故障隔离和非故障分段恢复供电控制既可以由分布智能型 FA 实现，也可以由集中智能型 FA 实现。故障切除之后，用户负荷也随之被切除，为减少停电时间，需要进行故障定位。在没有配电自动化系统的电网中，需要电力工人进行线路巡视，通过故障巡视和用户反馈来定位故障，即判断故障的具体位置。配电系统线路结构复杂、分支多，输电系统采用的故障测距、定位方法一般在配电系统不适用，配电网故障点精确定位困难，通常人工的故障定位需要数十分钟至若干小时。配电自动化系统利用现场设备，自动检测故障电流特征和接地信号电流，利用适当的通信方式，可以在控制中心的地理信息系统平台上直接定位故障点，使得故障定位水平上升到更高阶段。故障定位之后，就需要将故障从系统中隔离出去，隔离故障可采用人工现场操作，也可以采用自动化系统远程遥控的方式，即利用开关刀闸或解开引流线方式，将故障线路设备与正常电网断开。故障隔离之后就要进行非故障分段恢复供电控制，这个环节的实现方法与故障隔离一致。

（2）现场故障处理阶段。故障处理的第二阶段就是人工修复阶段，这个一般进行及时抢修作业，也可列检修计划安排处理，通常需要数十分钟至若干小时。

（3）恢复控制阶段。故障处理的第三阶段就是恢复控制阶段，即配电网络重构。这个阶段是故障已经处理完毕，具备送电条件，一般人工现场操作或主站操作恢复送电。对于自动化系统，故障修复后返回正常运行方式的恢复控制，一般由集中智能型 FA 系统完成，由于能够得到全局信息，集中智能型 FA 可以对恢复控制策略和步骤进行优化，确保控制过程的安全性。网络重构分为以配电负荷均衡化为目标的网络重构和以线损最小为目标的网络重构。

1.4.2 馈线自动化的概念

1.4.2.1 馈线自动化基本概念

馈线自动化（Feeder Automation，FA）指配电线路的自动化，是配电自动化的重要内容之一。是利用自动化装置或系统，监视配电线路的运行状况，及时发现线路故障，迅速诊断出故障区域并将其隔离，并快速恢复对非故障区域的供电。馈线自动化综合了继电保护、远程终端单元（RTU）遥控及重合闸的多种方式，能够快速切除故障，在几秒到几十秒的时间内实现故障隔离，在几十秒到几分钟内实现恢复供电。FA 是目前配电自动化的主流方案，能够将馈线保护集成于一体化的配电网监控系统中，从故障切除、故障隔离、恢复供电方面都有效地提高了配电网供电可靠性。

在没有实施配电自动化的线路上，当故障电流被保护动作开关跳闸断开后，重要任务是隔离故障区域，恢复非故障区域的供电（或通过联络开关转移供电），这就必须依靠人工到现场手动操作完成。当实施馈线自动化后，即可通过系统完成故障处理。

在我国，扣除发电不足的原因，95％及以上用户停电是由配电网造成的，因而减少配电网停电是提高用户供电可靠性的关键。馈线自动化作为配电自动化系统的重要功能，可即时发现、快速诊断、快速隔离故障，快速实现故障点后段线路转供电，可以减少故障停电时间和停电范围，是电网可靠、优质供电的关键技术保障。但是馈线自动化的建设，不是建立在所有设备"三遥"的基础上。

馈线自动化覆盖率、正确动作率是一个配电自动化实用化水平的体现。馈线自动化能否成功动作与 FA 启动、故障区间判断逻辑、通信情况、开关可用性均有直接关系。近年来，实际运行经验表明，馈线自动化正确动作率差强人意。如何提高馈线自动化成功率是配电自动化实用化提升的重要工作。

1.4.2.2　配电自动化的建设目的

实践表明，配电自动化是提高供电可靠性的必要手段。配电自动化对于提高成熟电网供电可靠性具有投资少、见效快等显著优势，可认为供电可靠性从 99.9％至 99.99％的提升主要依靠网架改造，从 99.99％至 99.999％的提升则必须依靠配电自动化建设。网架及设备改造投资、应用配电自动化系统投资与供电可靠性的关系如图 1.14 所示。线路开关遥控比例与供电可靠性关系如图 1.15 所示。

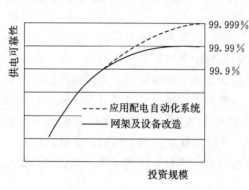

图 1.14　投资规模与供电可靠性关系　　图 1.15　线路开关遥控率与供电可靠性关系

配电自动化是提升配网管理的重要工具。通过自动故障隔离和网络重构，有效缩短故障停电时间。通过为配电管理系统提供实时数据，为优化配网规划和运检管理提供支撑。利用与营销管理系统间的信息交互和数据共享，实现配网营配数据共享和业务协同，进一步提高客户服务工作质量，提升优质服务水平。

DL/T 390—2016《县域配电自动化技术导则》提出，配电自动化以提高供电可靠性、改善供电质量、提升运行管理水平和供电服务能力为目的，按照因地制宜、实用经济、适度超前的原则进行统筹规划，分区域、分阶段实施。配电自动化与配电网建设改造应同步规划，具备条件时应同步设计、同步建设、同步投运。配电自动化应综合考虑配电线路、开关设备和通信网络情况，合理选择配电自动化系统配置与馈线自动化实现模式，宜采用技术成熟、免（少）维护、节能环保的设备。

国网公司提出，以提高供电可靠性和电能质量为目标，坚持差异化推广原则，建设先进、实用、可靠和安全的配电自动化系统，充分发挥系统运行控制和数据采集功能，配电自动化作为配电管理的重要手段，应全面服务于配电网调度运行和运维检修业务。

南方电网公司提出，确定"简单、实用、经济"为配电自动化建设原则，以提高供电可靠性、配网运行管理水平为主要目标。持续提升配电自动化覆盖率，开展以馈线自动化为主的配网自动化建设，切实提高实用化水平，实现配电网可观可控，提升电网自动化及智能化水平。所谓实用化，就是故障定位、故障隔和遥控应用，配电自动化实用化率＝建设规模＋运行效果＋应用效果。

1.4.3 馈线自动化的实现模式

（1）馈线自动化动作过程。馈线自动化（FA）动作过程，包括FA故障定位、FA故障隔离、FA非故障区恢复供电，如图1.16所示。

（2）FA的分类。DL/T 390—2016《县域配电自动化技术导则》定义了"馈线自动化"概念，并细分为集中型、就地型2种类型，集中型全自

图1.16 馈线自动化的基本过程

动方式、集中型半自动方式、智能分布型、重合器式、其他方式5种实现模式，并对就地型馈线自动化与无主站模式的关系进行了区分，即无主站模式特指仅实施就地型馈线自动化，但就地型馈线自动化也可应用于含主站的配电自动化系统。考虑篇幅问题，本书依据DL/T 1406—2015《配电自动化技术导则》，馈线自动化可分为3种类型多种实现模式。

1）集中型。即基于主站的集中控制方式。通过配电主站和配电终端配合，借助通信手段，判断故障区域，并通过自动或人工遥控隔离故障区域，恢复非故障区域供电。分为全自动模式、半自动模式。这种模式依赖通信网络，当通信网络任意环节出现问题时，整个网络将无法实现故障隔离与恢复。

2）就地型。即基于配电终端处理当地测量信息的就地控制方式。通过动作与时序配合，不依赖配电主站、配电子站和配电终端实现，隔离故障、恢复非故障区域供电。主流实现模式的有电压时间型、电压电流时间型、电流计数型等。这种模式的普遍特点是故障隔离时间长，断路器需要多次动作，对电网形成多次冲击，设备间需要根据网络结构整定配合。

3）分布型。即基于相关配电终端间交换实时数据的分布型智能控制方式。通过配电终端之间的相互通信和馈线保护配合，不依赖配电主站判断故障区域、隔离故障，恢复非故障区域供电，并可上报处理过程及结果。

（3）FA主要技术指标。国网公司在《配电自动化试点建设与改造技术原则》中提出馈线自动化技术指标，见表1.12。

表1.12　　　　　　　　　国网公司要求的馈线自动化技术指标

集中型	半自动方式	故障识别时间≤7min
	全自动方式	故障识别、隔离及恢复时间≤3min
就地型	重合器方式	故障识别、隔离及恢复时间≤7min
分布型	智能分布型	故障识别、隔离及恢复时间≤3min

（4）FA 实现模式的区别。按照对于通信通道的要求，广义上的分布智能方式可以分为两大类：一种是无通道分布智能方式，它不需要建立通信通道就能完成相关功能，就是本书所归并为就地智能型 FA；另一种是有通道分布智能方式，它需要建立可靠的通信通道才能完成相关功能，比如速动式分布智能型 FA、缓动式分布智能型 FA 等。FA 实现模式在故障处理过程上的区别见表 1.13。FA 类型在总体效果上的区别见表 1.14。

表 1.13　　　　　　　　　　各类型 FA 模式故障处理对比

FA 类型	组成设备	第一阶段紧急控制				第三阶段恢复控制
		故障切除	故障定位	故障隔离	非故障分段恢复	恢复正常方式
集中型	主站＋通信＋自动化开关	不能	馈线短暂停电、可精细定位至故障采集器之间、需要一定时间、依赖通信	馈线短暂停电、可精细隔离到"三遥"开关之间、需要一定时间、依赖通信	可实现自适应、优化恢复	可恢复
就地型	自动化开关	不能	馈线短暂停电，需两次冲击，需要较长时间，可定位到分段器之间	馈线短暂停电，需两次冲击，需要较长时间，可隔离到分段器之间	固定模式恢复，且 TV 断线会造成闭环	瞬时性故障时可恢复，永久故障时不能
分布型	通信＋自动化开关	快速切除	快速、可定位至所部署的开关之间、健全馈线段不停电	快速、可隔离至所部署的开关之间、健全馈线段不停电	固定模式恢复	瞬时性故障时可恢复，永久故障时不能

表 1.14　　　　　　　　　　各类型 FA 模式技术经济对比

指标模式类型	处理时间	投资要求	通信要求	主站需求
集中型	较快（分钟级）	多	较高	高
就地型	快（分钟级）	少	不高	不高
分布型	极快（秒级）	较多	高	不高

集中型 FA 的局限性：整体投入资金大，对主站和通信速度依赖度过高。馈线自动化处理速度慢。

就地型 FA 方式的局限性：每次故障都会导致馈线出线开关跳闸，不能实现馈线潮流、开关状况的远方监控。

分布型 FA 的局限性：对通信线路投入要求较高，智能解决局部。

（5）馈线自动化的模式选择原则。国网公司在《配电网建设改造立项技术原则》中指出，配电自动化应与配电网建设和改造同步规划、同步设计、同步建设、同步投运，遵循标准化设计，差异化实施。根据地区配电网规模和应用需求，按照"地县一体化"单独建设主站。配电主站规模按照实施地区 3～5 年后配网实时信息总量进行建设，并按照大、中、小型进行差异化配置。优先对网架稳定、能够充分发挥配网自动化系统功能作用的区域，开展配电自动化建设；已建成配电自动化主站的地区，应按照整区域逐步覆盖的要求，开展配电自动化扩建。

Q/GDW 10370—2016《配电网技术导则》提出，配电自动化建设应以一次网架和设备为基础，统筹规划，分步实施。结合配电网接线方式、设备现状、负荷水平和不同供电区域的供电可靠性要求进行规划设计，统筹应用集中、分布和就地式馈线自动化装置，合理配置"三遥"自动化终端，提高"二遥"自动化终端应用比重，力求功能实用、技术先进、运行可靠。对于规划 A+、A、B、C 类供电区域，架空线路宜采用就地型馈线自动化，电缆线路宜采用集中型馈线自动化；对于重要用户所在线路，宜选取线路关键分段开关及联络开关实施"三遥"功能；对于非重要用户所在线路，可采用安装远传型故障指示器；对于开关站应实现"三遥"功能。对于规划 D、E 类供电区域，配电线路采用远传型故障指示器，实现故障的快速判断定位，缩短故障查找时间；对于长线路，可在远传型故障指示器之间加装就地型故障指示器，进一步缩小判断故障区间，便于抢修人员查找故障。

DL/T 390—2016《县域配电自动化技术导则》提出，应综合考虑实施区域的供电可靠性要求、网架结构、一次设备现状及通信条件等情况，合理选择馈线自动化实现模式。其设计应满足如下要求：供电可靠性要求高、满足负荷转供要求、通信通道满足遥控要求，且开关设备具备电动操动机构的配电线路，可采用集中型全自动方式；供电可靠性要求高，但通信通道不满足遥控要求，或开关设备不具备电动操动机构的配电线路，可采用集中型半自动方式；供电可靠性要求高、满足负荷转供要求，且开关设备具备电动操动机构，但配电主站与配电终端不具备通信通道，或通信通道性能不满足遥控要求的架空配电线路，可采用就地型重合器方式；供电可靠性要求高、满足负荷转供要求，且开关设备具备电动操动机构，配电终端之间具备对等通信条件的配电线路，可采用就地型智能分布型；供电可靠性要求一般，故障多发的架空线路，宜采用就地型重合器方式；配置断路器的用户馈出线及分支馈出线可采用自动分界开关等方式建设，防止用户故障及分支故障影响主干线路供电可靠性；对供电可靠性要求一般的配电线路宜以实现故障快速定位和故障信息自动远传功能为主。

根据国网公司运检部刘日亮在 2016 年自动化会议上的阐述，自 2009 年以来，国网公司已经在 80 余单位开展配电自动化建设应用，效果显著，大体已经覆盖了 A+、A 以及部分 B 类供电区域，主要以"光纤+三遥"模式，主站集中型馈线自动化的方式进行建设。但"十三五"期间还有大量的 B、C、D、E 类供电区域需要开展配电自动化建设，而这些区域的网架、设备、通信等条件与 A+、A 类区域有一定差距，对于供电可靠性的要求，以及对于配电运维管理工作的需求也都有所差异。因此国网公司提出未来在这些区域的建设模式，将不能完全沿用已有技术路线，而是着力采用就地型馈线自动化的方式处理故障，采用故障指示器的方式检测定位故障，采用"二遥"方式、无线公网方式为主的建设模式。

国网公司馈线自动化的推广思路：对于网架水平高、可靠性要求高的地区，推荐用智能分布型馈线自动化；对于国内大部分地区，以电缆网络为主的提倡运用集中型馈线自动化；架空线路网络则鼓励就地型馈线自动化；对于农村线路，其主要矛盾还是解决故障查找定位问题。

1.4.4 主站 FA 启动与故障判定

线路发生故障后，主站的主要工作分为两个阶段。第一阶段是故障发生后 0～40s，主站依靠各种信号进行判定线路发生故障；第二阶段是 40～90s，主站依靠各种信号判定故障发生的区间。各个阶段遵循的原则如下：

（1）主站判定线路发生故障的原则。主站判定故障发生，主要依靠变电站或开关站故障信息、各种类型配电终端故障信息、差动保护故障信息等。根据不同的故障信息，主站启动不同的故障处理流程。主站判定线路发生故障原则包括如下：

1）收到站内保护信号＋跳闸信号。站内信号包括 EMS 转发的变电站出线开关故障信息，或开关站直采的故障信息。保护信号包括：事故总、过流一段、过流二段、零序一段、零序二段、过流、速断；跳闸信号包括：变电站或开关站出线断路器的分闸信号。站内保护信号、跳闸信号均未丢失时，配电主站启动 FA。

2）收到站内跳闸信号＋配电终端故障信号。主站仅接收到站内出线跳闸信号，而未收到保护信号时，可结合安装在馈线分段、联络、分界处的配电终端的故障信号，判定故障发生，但此时配电主站仅启动 FA。

3）收到用户分界处配电终端保护信号＋跳闸信号。主站未接收到站内保护信号及开关跳闸信号，却收到用户分界处配电终端保护信号以及跳闸信号，此时配电主站启动 FA。此时的保护信号指零序动作信号及其事故总。用户侧发生单相故障时，零序保护直接出口跳开分界负荷开关隔离故障，并上传保护信号＋跳闸信号；若用户侧发生相间故障时，判定条件参见 1）。

4）收到差动保护信号＋开关跳闸信。当线路采用光纤差动保护快速隔离时，涉及两个开关，共两组（4 个）动作信号：2 个差动保护动作信号与 2 个跳闸信号。配电主站收到 4 个信号，启动 FA。在缺失信号的情况下，只要收到开关分闸产生停电分段，并配合有一个保护信号的情况下，只启动 FA，不判故障分段，除此之外均不启动 FA。

其他不启动 FA 的情况有：①电容器组及备用线跳闸不启动 FA；②所属配电线挂有检修牌、实验牌或者保持牌者不启动 FA；③线路处于合环运行发生故障时暂不启动 FA；④分布型电源大量接入时，暂不启动 FA。

（2）主站判定故障发生的区间。参与故障区间判定的有效信息一般依据时间窗口来判定，具体如下：

1）纯光纤通信环境：主站判定故障发生，搜集判定故障发生时刻前 60s 和判定故障发生时刻后 10s 的配电终端故障信息，用于判定故障分段，并开始启动自愈（故障隔离，负荷转供）。

2）无线光纤混合通信环境：主站判定发生故障，搜集判定故障发生时刻前 60s 和判定故障发生时刻后 30s 的配电终端故障信息，用于判定故障分段，并开始启动自愈（故障隔离，负荷转供）。

3）光差保护动作：主站判定发生故障，启动自愈（负荷转供）。

判定故障区间的原则如下：

1）从电源侧往后，最后一个流过故障信号的开关至下一个正常通信的自动化开关之间为本次故障分段，收到 I_a 过流告警、I_c 过流告警、I_o 零序过流或线路故障告警信号任意一个，都参与故障分段判定，离线终端系统默认为非配电终端（自动化终端）处理。

2）在故障分段判定阶段，只识别开关上送的故障告警信号的动作信号，不识别故障告警信号的复归信号，系统保持 180s。

3）光差保护动作，收到两个开关（带差动保护类型）差动保护动作信号，且这两个开关都为分状态，则分段判定为这两个开关之间。

如果具备上述条件，但变电站出线开关也跳闸，则不判定故障分段。配电主站判定发生故障，启动自愈（负荷转供）。

1.4.5 馈线自动化的设备选型

自动化开关设置原则：实施馈线自动化必然要对原有的开关进行自动化改造，或新建线路开关采用自动化开关。采用自动化开关数量越多，受故障影响的用户数和时间就越小，但工程造价越高，而且两者并不是线性关系，因此应按如下原则设置并控制自动化开关数量，达到投资省、效益大的目标。主干线以不超过 3 台自动化分段开关为宜。主干线线路较长时，可酌情增加 1 台自动化分段开关。对于长度较长且故障率较高的分支线，为缩小故障停电影响范围，减少主干线开关跳闸次数，可在该分支线首端设置 1 台分界断路器。配网主干线路分段断路器的位置与变电站侧继电保护灵敏度应统筹考虑，变电站主变低压侧复压过流保护最末段对第一级分段断路器安装处的远后备灵敏度系数应不低于 1.2。

自动化开关选型要求：采用集中控制型的干线分段开关可选用负荷开关或断路器，并配置电流互感器和电动操作机构。采用智能分布式、电流级差保护方式的自动化开关应采用具有快速分合闸能力的断路器，并配置电压互感器、电流互感器和电动操作机构。采用电压-时间型的主干线分段开关、分支线开关可选用负荷开关或断路器，并配置电压互感器和电动操作机构。采用电压-电流时间型的主干线分段开关、分支线开关可选用负荷开关或断路器，并配置电压互感器、电流互感器和电动操作机构。主干线靠近负荷（或线路长度）中间点位置的开关、故障高发及大的分支线首端开关可采用具备电流级差保护功能的断路器，线路联络开关宜选用断路器，并配置电流互感器和电动操作机构。开关电动操作机构宜选用弹操机构或永磁机构。

配电自动化终端选型原则：Q/GDW 10370—2016《配电网技术导则》建议，对关键性节点，如主干线联络开关、必要的分段开关或支路开关、开关站、环网柜等，应配置"三遥"（遥测、遥信、遥控）终端；对一般性节点，如支路开关、末端站室等，应配置"两遥"（遥测、遥信）配电自动化终端，对末端分支、用户搭接处应配置分界开关或故障指示器。根据监控开关的辅助接点数量、互感器数量及变比和电动操作机构参数确定遥信点配置数量、遥测点配置数量及额定值和遥控点配置数量及控制输出电压和功率，并可根据实际需求灵活扩展遥信、遥测、遥控点数。建设安装点有相关需求时，配电自动化终端应配置网络式保护、分布式能源监控、电能质量监测、在线监测、视频监视、环境监测等功能（一项或多项）。配备 RS232/RS485 串口、10/100M 自适应以太网口及本地维护口，支持 IEC60870-5-101 和 IEC60870-5-104 通信规约，支持远程维护，数据可分级传送主站，包括主动、召唤两种模式。配置光纤、无线通信设备，并提供相应的电源和通信接口，支持接入光纤和无线等通信通道。为保障通信的可靠性，通信设备应采用工业级芯片，通信模块宜配置工业级 SIM 卡。具备设备状态自诊断，电流输入回路具备防开路自动保护，所有输入、输出回路具有安全防护措施，模块互换性强，拆装易操作。智能化电源管理，支持电源实时监视，交流失电及电池欠压告警、电池在线管理、电池充放电保护等功能。应符合《外壳防护等级（IP 代码）》（GB/T 4208）外壳防护要求，安装于户内时防护等级应不低于 IP54，安装于户外时防护等级应不低于 IP65。

保护配置原则：变电站出线、主干线分段、重要分支线等断路器应配置相应保护功能，设三段可经方向闭锁的定时限过电流保护，各段方向可经控制字投退。带方向的过电流保护在 PT 断线时，自动退出方向，过电流保护动作行为不受 PT 断线影响。设两段零序过流保护，不带方向，零序电流输入采用外接方式。过流保护可整定为跳闸或告警。应具备三相一次重合闸功能和三相二次重合闸功能，可通过控制字选择投退一次或二次重合闸，也可遥控或投退硬压板实现重合闸功能投退。过流保护启动重合闸功能，手动分闸不应启动重合闸。重合闸方式包括不检、检线路无压、检同期。实现保护启动、跳闸、出口、模拟量等全过程录波。保护装置（含保护功能的配电自动化终端）应具备远方投退软压板、远方修改定值等远方控制功能。

1.4.6　短路故障的判定

（1）短路故障电流阈值：按照躲过最大负荷电流整定，即流过开关的可能的最大负荷电流，或按照额定电流×可靠系数 1.2，或按照不大于 1.5 倍 CT 一次电流整定（CT 一次电流一般为 600/5 或 400/5）。

（2）短路故障电流延时：发生大电流故障后，切除故障过程为保护装置从监测到突变电流到较准确认为故障电流，中间继电器输出驱动跳闸信号，出线断路器动作跳闸断开故障，这过程包括三部分时间，即装置故障检测时间、中间继电器驱动时间和断路器分闸动作时间，一般的装置故障检测时间和中间继电器驱动时间为 30ms，断路器分闸动作时间为 10～80ms。若启动速断电流保护，断路器为快速型，则保护和断路器切除故障时间最短，故障电流持续时间最短，也就是被开关切除的短路故障电流持续时间为 40ms 以上。为防止将正常负荷的尖峰电流误判断为故障，考虑装置抓取和检测故障的能力，保证装置可靠检测并确认故障电流用时，要求短路故障电流延时不可确定太短，但考虑保护装置或开关的精工速动，短路故障电流延时确定过长，有可能导致保护返回问题，笔者建议，短路故障持续时间按照 40ms 判定。因有厂家明确建议，故障电流持续时间不小于 20ms，否则配电装置抓不到故障，不能正确上报故障信息。

现实中有人用过流三段的定值和延时来判定故障电流脉冲，一般故障电流是大于过流三段定值，但故障脉冲的持续时间不一定大于过流三段的延时，这样过流三段因时间不满足要求，可能会返回，就造成了抓不到故障电流脉冲的问题。

1.4.7　单相接地的选线选段

我国的配电网中性点接地方式与运行规程，一直沿用苏联的规定与标准，即采用经消弧线圈接地或不接地方式，并且在单相接地故障发生时，允许系统带故障运行 2h。随着配电网规模的扩大，配电网单相接地故障后引起的安全事故频繁发生，很多短路故障是由单相接地故障引起的，单相接地故障的过电压造成相间短路故障。此外，配电线路断线引起的单相接地故障也会造成人身伤亡事故，带接地故障运行 2h 已经不适应配电网安全稳定运行的要求。同时单相接地故障的处理过程需要通过选线或人工拉路的方式找到故障线路，由于选线装置应用效果不佳，人工拉路造成非故障线路短时停电，在进一步查找接地故障区段的过程中，又需要逐段线路停电，所以带接地故障运行并没有提高供电可靠性，相反还造成非故障区域的连带停电，反而降低了可靠性。

通过对美国、日本、欧洲等发达国家和地区的配电网的深入调研，在中压配网领域，各国接地方式的选择各不相同，例如，直接接地、电阻接地、消弧线圈接地、不接地等。但发生单相接地故障时，除德国、奥地利部分地区外，都主要采取了快速跳闸的处理方式，特别是日本 6kV 的不接地系统也同样采取零序方向保护的方法，在变电站和用户"看门狗"处跳闸。单相接地故障中，瞬时接地故障占比最高，尤其在我国的配网运行环境下，瞬时接地故障占比更大，所以在设计跳闸时间时，应考虑躲过瞬时接地故障。按照各国的经验，一般最末级的接地跳闸时间不小于 10s，即可躲过绝大多数的瞬时接地故障。

Q/GDW 10370—2016《配电网技术导则》对采用不接地和消弧线圈接地方式的配电系统推荐了单相接地故障处理的一些主流技术。消弧线圈并联电阻是指在发生接地故障时投入一个电阻与消弧线圈并联，增大零序电流，用户选线或跳闸；中性点经低励磁阻抗变压器接地保护是指在发生接地故障后，将变电站同相母线经低阻抗变压器接地，接地故障点接地电流减小，有利于消弧、选线同时还可利用低阻抗变压器向线路注入信号，用户故障选段、定位；稳态零序方向判别是指在发生单相接地故障时，变电站或线路开关通过分析零序电流方向，判断接地故障发生的区段，并跳闸隔离；暂态零序信号判别是指利用接地故障发生时的暂态零序信号参与故障区段判断；不平衡电流判别是指在线路开关处不采集电压信号，而只是将三相电流信号分别采集后进行合成、分析，并利用分布型通信技术，不依赖主站实现接地故障区段的判别和隔离。稳态零序方向判别、暂态零序信号判别与不平衡电流判别，三种技术也可以综合运用。另外，为实现就近快速判断和隔离永久性单相接地故障功能，提出配电线路开关配置相应的电压、电流互感器（传感器）和终端，与变电站内的消弧、选线设备相配合，除能够快速检测短路故障外，还要具有检测单相接地故障的能力，以利于快速就近隔离单相接地故障。

《配电网建设改造立项技术原则》指出，10（20）kV 配电网中性点可根据需要采取不接地、经消弧线圈接地或经低电阻接地。中性点不接地和消弧线圈接地系统，中压线路发生永久性单相接地故障后，宜按快速就近隔离故障原则进行处理，宜选用消弧线圈并联电阻、中性点经低励磁阻抗变压器接地保护、稳态零序方向判别、暂态零序信号判别等有效的单相接地故障判别技术。配电线路开关宜配置相应的电压、电流互感器（传感器）和终端，与变电站内的消弧、选线设备相配合，实现就近快速判断和隔离永久性单相接地故障功能。

Q/GDW 10370—2016《配电网技术导则》提出，明确改进小电流接地系统单相接地故障处理技术原则。将配电网单相接地故障处理原则修改为在躲过瞬时接地故障后，快速就近隔离故障原则，即由"2h 运行＋接地选线"改为"选段跳闸"。在具备条件的单位，按不同技术路线分区域试点后，稳步向公司系统推广。明确了变电站内选用有效的选线装置的原则，中性点不接地或经消弧线圈接地系统，宜在变电站内安装有效的选线装置，并选用相应技术的具有判断和隔离接地故障功能的分段、联络开关，实现线路单相接地故障判断和隔离故障功能。当不具备装设或改造具有隔离功能的线路分段开关条件时，宜选用具备单相接地检测功能的故障指示器实现故障区段定位功能。可选用合理的配电自动化方式，辅助实现故障的快速判断、隔离、故障定位信息上传等功能，并应与变电站馈线开关、线路开关、线路故障指示器等功能和设置相结合。中性点不接地或经消弧线圈接地系统发生单相接地故障后，线路开关宜在延时一段时间（最短约 10s，级差 3s）后动作于跳闸，以躲过瞬时接地故障。

利用故障指示器选线及定位。当线路发生故障时，故障指示器通过检测导线的空间电场、电流等信号，判断故障，并给出指示，或用颜色指示，或用发光方式指示，便于寻线人员到现场观察。早期的故障指示器结构简单、成本低，虽可判定短路故障，但无法准确测量零序电流值，不适用于接地故障定位。随着技术的发展，故障指示器不仅具有故障指示功能，还有故障录波、通信、定位故障区段的功能，还可带电进行安装和拆卸，方便用户维护和巡检，如外施信号型故障指示器、暂态录波型故障指示器。

第2章 就地智能型 FA

2.1 就地智能型 FA

2.1.1 基本原理

就地智能型 FA（以下简称就地型 FA）是指在故障发生时，通过线路自动化开关之间的分闸、合闸、得压、失压、闭锁等动作在时序上的逻辑配合，实现线路故障的就地定位、识别、隔离和非故障线路恢复供电的过程。这是一种无通道 FA 模式，不需要通信系统的支持，故障处理不依赖于配电主站，主要是采用重合器、自动化开关设定的动作逻辑机制，来自动判断故障、隔离故障及恢复供电。

就地型 FA 也可以配置主站，实现数据采集与监控、网络重构等，但故障定位与隔离可以优先采用就地的自动化开关逻辑配合实现。

就地型 FA 动作逻辑有失压延时分闸、得压延时合闸、单侧失压延时合闸、合到故障分闸闭锁、合到故障启动保护、合闸后启动速断保护、第一次失压不分闸、失压 N 次分闸、分闸 N 次后闭锁、短时闭锁失压分闸、短时闭锁保护、残压脉冲闭锁、双侧电压禁止合闸、过流脉冲计数 M 次分闸闭锁等，就地型 FA 就是依据这样的动作逻辑来组成故障处理的机制。

2.1.2 分类

根据开关动作所采用的信号不同，就地型 FA 可分为电压时间型、电压电流时间型、电流计数型等多种类型。一般认为，只有传统的继电保护配合，实现故障切除与隔离的故障处理系统不算 FA。

电压时间型 FA 采集电压信号，依据电压信号决定是否分闸、合闸、闭锁等动作，在基本型电压时间型 FA 的基础上，现又研发出了多种改进型，如过流保护配合的电压时间型 FA，短时闭锁失压分闸的电压时间型 FA，出线断路器重合一次的电压时间型 FA 等。

电压电流型 FA 除了采集电压信号，还采集电流信号，依据故障电流信号、电压信号决定如何动作。电压电流时间型又可以分为基于负荷开关的电压电流型 FA，基于断路器的电压电流型 FA，自适应综合的电压电流时间型 FA，基于反时限定值切换的电压电流时间型 FA 等多种类型。

电流计数型 FA 检测故障电流次数，依据重合和故障电流次数决定开关动作。本书列举了基于电压时间的电流计数型 FA 和得到脉冲次数后分闸的电流计数型 FA 等两种。

随着人们对 FA 的深入研究，相信一定会有其他改进的就地型 FA 出现。不同的就地型 FA，动作逻辑采用的信号不同，掌握 FA 的动作逻辑，是理解 FA 的关键。

2.1.3　与主站的配合

就地型 FA 无需与主站的通信，就可以定位故障分段、隔离故障分段并恢复非故障分段的供电，但调度端却无法及时确定故障是否发生，或发在哪个分段，无法更快地通知抢修人员去处理故障。主站集中型 FA 集中较多的信息，具有更多功能，如潮流分布、状态分析、状态估计、网络重构等高级功能，具有一定的容错、纠错能力，因此，大部分具备就地型 FA 功能的自动化开关智能终端配置了通信功能，可以实现与主站的交互，与主站协商确定分工，各自发挥技术优势，发挥增强、后备、互补、协调的作用。对于实施"一遥""两遥"终端的就地型 FA 系统，可以配置系统简单、功能实用的"小主站"，降低主站造价，缩短建设工期，提高运行的可靠性，有效避免了典型集中型 FA 系统，需要配置功能复杂的"大主站"，维护成本较高、维护难度复杂的问题。

对于配置了主站的就地型 FA，当线路发生故障后，首先发挥就地型 FA 故障处理不依靠通信，可靠性较高的优点，不需要主站参与进行紧急控制，若是瞬时性故障，则通过就地型 FA 重合恢复到正常运行方式，若是永久性故障，则通过就地型 FA 将故障隔离在一定范围。之后，当主站将故障相关全部信息收集完成后，再发挥主站集中智能处理精细优化、容错性和自适应性强的优点，也可以结合故障指示器等进一步进行故障精细定位，生成优化处理策略，将故障进一步定位在更小范围，恢复更多负荷供电，达到更好的故障处理结果。

例如，可利用就地型 FA 判断故障特性，进行分合闸操作，故障切除、故障定位，之后将"定位故障区间、隔离故障区间、恢复非故障区间"的信息上传至主站，便于调度员尽快通知抢修人员处理故障。在网架结构比较复杂、转供路径不唯一，转供约束条件复杂的情况下，可由主站进行健全区域供电恢复方案的优化选择，之后遥控相应就地型 FA 开关执行。对于电压时间型 FA 联络开关，具有在其一侧失压后延时自动合闸功能，若遇到 TV 断线的情况会造成不期望的闭环运行，为了避免这个情况，有单位关闭联络开关的自动合闸功能，在其一侧失压后，利用集中智能主站系统进行判断，决定是否远程遥控操作。

主站与就地型 FA 分工需依据现场实际论证分析，没有统一模式。主站和就地型 FA 协调控制能相互补救，当一种方式失效或部分失效时，另一种方式发挥作用，依然可以获得基本的故障处理结果，从而提高配电网故障处理过程的鲁棒性。例如：由于继电保护配合不合适、装置故障、开关拒动等原因，严重影响了就地型 FA 故障处理的结果，但是通过主站集中智能型 FA 的优化补救控制，仍然可以得到良好的故障处理优化结果。再比如：由于一定范围的通信障碍，导致集中智能型 FA 故障处理无法获得所需的故障信息，无法进行故障处理，但是通过就地智能型 FA 的控制，仍然可以得到粗略的故障处理结果。

2.1.4　技术特点

就地型 FA 无需利用通信和主站，只利用电压电流等信号，依靠自动化开关实现故障隔离等故障处理，因此结构简单，投资成本较低，运维难度较小，是对供电可靠性要求较低的线路非常适合的 FA 模式。

若不建设主站系统，或不建设通信接收终端，则线路发生故障，就地型 FA 处理完毕故障之后，运维和调度人员不能第一时间确定线路运行方式，也不能对线路进行负荷监视，数据分析与存储等。这是所有就地型 FA 的不足之处。

2.2 电压时间型 FA

2.2.1 基本原理

电压时间型 FA 是通过线路分段、分支或分界开关的"失压分闸、得压延时合闸"的基本动作逻辑，以电压和时间为判据，配合变电站出线断路器的重合闸来实现故障处理。

线路发生故障后，变电站出线断路器跳闸，全馈线失压，线路上全部电压时间型开关因失压而分闸。出线断路器进行第一次重合闸，电压时间型开关得压延时合闸。若是瞬时性故障，则按顺序依次得压自动重合就可以恢复全馈线供电，恢复到正常运行方式。若是永久性故障，某台电压时间型开关将会重合到故障点，引起出线断路器再次跳闸，但这次跳闸后，全部电压时间型开关再次失压分闸，故障点两端的开关因合闸后立即失压和检测到残压而分闸并闭锁合闸，实现了故障区段定位和隔离，之后出线断路器进行第二次重合闸，故障点前端非闭锁电压时间型开关按顺序依次得压重合，恢复故障点上游健全区域供电。对于故障点下游健全区域，这需要依靠联络开关两侧失压延时自动合闸，引起故障点下游的非闭锁电压时间型开关按顺序依次自动重合恢复供电。

出线断路器的第一次重合闸配合下游电压时间型开关，判断和定位故障，对故障点两端开关实现闭锁，第二次重合闸时候故障前端开关已处于分闸并闭锁合闸状态，不会送电到故障点，第二次重合闸就是恢复非故障分段供电。

电压时间型开关在故障处理过程得压延时合闸，有一关键条件是，不能在同一时刻有两台以上的开关同时合闸，否则，因其中一台下游故障而失压，导致两台同时分闸并闭锁，其中一台误判。

这种 FA 处理故障过程，类似于馈线故障跳闸后，人工分合分段、分支开关进行试送电，判定故障分段的思维方式，依据试送后是否失压判定故障是否在本开关控制区，从而定位故障区段。即线路出线断路器跳闸后，拉开所有分段和分支开关，然后从前到后开关逐一送电，开关合闸后若电压依然保持，则说明该开关控制区无故障，无需闭锁，若合闸后立即失压了，说明该开关控制区有故障，则下次不可合闸送电。

电压时间型 FA 处理故障过程需要一定的时间，一般可在 1~3min 以内完成，并且会引起全馈线短暂停电，在发生永久性短路故障时，故障对电网系统造成 2 次短路冲击，开关两次保护动作跳闸。第一次冲击是在馈线首次发生短路故障时，保护动作开关第一次跳闸，第二次冲击是出线开关第一次重合闸后，故障依然存在，开关合于故障，保护动作开关第二次跳闸。这如同投了重合闸的非 FA 馈线，发生永久性故障后重合失败，人工试送电，对电网系统也是造成两次冲击。电压时间型 FA 系统的第二次重合闸时故障已被开关隔离，是故障点前的分段恢复送电，不对电网系统造成冲击。

现有电压时间型开关以引进日本的 VSP5 开关为典型代表，这是一种电磁机构的负荷开关，不需要配置开关用蓄电池，由 PT 提供测量电压和开关操作电源即可满足系统要求，具有独特的性能优势。但也有供电方案利用弹簧机构的负荷开关或断路器，加具有电压时间型功能智能终端，构成电压时间型 FA 系统。

2.2.2 设备配置

建设基本的电压时间型 FA 系统，对设备的标准配置要求如下：

(1) 变电站出线断路器配置要求。配置速断、过流、零序（小电阻接地系统）保护和二次重合闸功能。如果出线断路器仅配置一次重合闸，可通过设置首分段开关得电合闸延时，躲过变电站出线重合闸充电时间，使出线断路器重合闸再次动作；或者借助主站系统对变电站出线断路器的控制策略来实现。为配合 VSP5 开关的得压合闸后失压确认时间，第二次重合闸延时必须≥3.5s。

(2) 分段、分支负荷开关配电终端功能要求。可采集三相电流、三相电压、零序电流，具备电压时间的逻辑控制功能。即当开关两侧失压后自动分闸，当开关一侧得压后延时合闸。开关具备非遮断电流保护、失压后延时分闸、得压延时合闸、单侧失压延时合闸、双侧有电压分闸开关合闸闭锁功能。若应用于小水电上网线路时，配置过电压保护功能，即在设定时间内的检测到线路电压超出过电压保护整定值时输出分闸控制信号。

(3) 联络开关配电终端功能要求。可采集三相电流、开关两侧三相电压，具备双侧有压闭锁合闸功能，当开关两侧得压时，开关分闸且闭锁合闸。具备单侧失压合闸功能，当开关一侧失压，开关另一侧得压，则延时后合闸。

(4) 电流互感器配置要求。测量 CT 变比 600/5，精度 0.5 级。可两相 CT，也可三相 CT。

(5) 主干线单相接地处理。可通过加装零序 PT 或开关内置零序电压传感器，检测零序电压，可以处理主干线单相接地故障。零序 PT 容量 50VA。

(6) 保护整定与重合闸配置要求。变电站出线断路器的速断保护动作时间整定为 0s，零序保护时间整定为 0s（小电阻接地系统）。一次重合闸时间和二次重合闸时间均整定 5s。

主干线分段负荷开关分合闸时间定值整定，需与变电站出线断路器重合闸时间配合。为避免故障模糊判断和隔离范围扩大，应保证变电站出线断路器第一次重合后，故障判定过程中任何时刻只能有 1 台分段开关合闸。对于线路大分支，原则上仅安装一级开关，与主干线开关相同配置。如变电站出线断路器有保护时间级差裕度，可选用断路器开关，配置一次重合闸。对于用户分支开关可，配置用户分界开关，实现用户分支故障的自动隔离。

分段开关模式的 X 时间设置：若变电站出线断路器一次重合闸时间为 1s，第一台分段开关 X 延时通常设为 7s，其他分段开关的得压合闸时间可遵照以下 5 条原则按 7s 间隔递加：同一时刻不能有大于等于 2 台分段开关同时合闸；先保证主干线的用户供电后对分支线用户供电；分支线用户靠近正常电源点的优先供电；多条分支线并列时，主分支线优先供电，然后次分支线；下级开关的延时合闸时间 X 应大于上级开关的电流检测时间 Y，保证在上级开关的电压检测时间内下级开关不会合闸。

手拉手环状配电网联络开关合闸时间定值整定需与变电站出线断路器重合闸整定时间配合。联络开关合闸时限整定的条件是"分段"闭锁后"联络"再合闸，比两侧线路故障隔离最长时间增加 5s。联络开关时间整定值：

$$t_L = t_g + t_1 + t_g + t_2 + \sum X_n$$

式中：t_g 为线路短路到出线断路器跳闸间隔的时间；t_1 为出线断路器第一次重合闸时间；t_2 为出线断路器第二次重合闸时间；$X_1 \sim X_n$ 为沿线自动化负荷开关设置得压延时合闸时间。

（7）电源配置要求。应统筹考虑自动化设备、通信系统及开关操作对电源的需求，选择工作和后备电源。对于主干线分段开关，两侧各配置一台电源变压器，其中开关电源侧配置一台三相-零序一体型电源变压器供电，开关负荷侧配置一台单相电源变压器供电，容量均为 500VA、变比 10/0.22，一次侧配置保护熔丝。对于分支线开关只需在电源侧配置一台三相-零序一体型电源变压器供电，一次侧配置保护熔丝。对于联络开关，则需在开关两侧各配置一台三相-零序一体型电源变压器供电，一次侧配置保护熔丝。

配电自动化终端后备电源宜采用免维护的超级电容。

2.2.3 动作逻辑

电压时间型开关需设定延时合闸时间 X 和故障检测时间 Y 两个重要参数。开关在检测到电压信号后要延时 X 才合闸，开关在合闸后 Y 时间段内检测馈线是否失压，若没有检测到馈线失压，则表明故障不在其辖区，反之则说明故障在其辖区，在随后的失压分闸之后闭锁得压合闸功能，从而隔离故障。

具体讲，电压时间型开关应具有下述的动作逻辑功能：

（1）得压延时合闸功能：开关在分位，一侧电压大于整定值，如额定电压的 80%，达到延时 X（7s）后合闸。

（2）失压延时分闸功能：开关在合位，开关两侧电压都低于整定值，如额定电压的 15%，达到延时后分闸。

（3）合闸失压分闸闭锁本侧得压合闸功能：得压合闸后，在故障判别时间 Y（也有称闭锁合闸检测时间，一般为 5s）内，检测是否失压。若失压，则分闸，并闭锁本侧得压合闸。

（4）残压（瞬时电压）闭锁另侧得压合闸功能：开关在分位，任一侧电压达到残压整定值，并保持 50ms 或 60ms 以上，并且在残压判别时间（3s）内消失，则闭锁另侧得压合闸。残压判别时间一般小于得压合闸时间和单侧得压合闸时间。如雷击或故障电流过后，线路故障段留有雷击或故障残压，则闭锁开关相反方向侧的得压合闸，在得压状态下都不会重合闸。

（5）合闸闭锁、残压闭锁复归功能：合闸闭锁、残压闭锁不自动复归，需合上开关 20s、两侧得压 20s、未闭锁侧得压合闸或通过遥控、按键操作复归。

（6）两侧得压闭锁合闸功能：开关在分位，开关两侧均有电压，则闭锁合闸。

（7）单侧失压延时合闸功能：开关在分位，双侧电压正常持续 30s 以上，单侧电压消失，延时时间到后，控制开关合闸，可选择开关任意一侧失压，即延时控制开关合闸，双侧同时失压不合闸。

（8）开关非遮断电流保护功能：当检测到流过负荷开关的电流大于 600A 时，闭锁跳闸回路。

（9）零序电压保护功能：检测零序电压，在设定延时内，检测到零序电压信号应立刻分闸，切除接地故障；在设定延时外，检测到零序电压信号，终端不发出分闸控制命令。动作电压和告警时间均可以由用户设定，这电压时间型开关的选配功能，在某些场合需要使用。

（10）合闸后接地故障分闸并闭锁功能：若开关合闸之后的设定时间内，出现零序电压从无到有突变、则自动分闸并闭锁合闸。

（11）单相接地保护跳闸选线功能：当开关配置为选线模式时，若检测到开关负荷侧存在单相接地故障，则延时保护跳闸。

（12）检测开关两侧电压差和角差功能：这电压时间型开关的选配功能，是为了支持合环功能。

（13）具有闭锁分闸功能。若合闸之后在设定时间（可整定）内没有检测到失压，则闭锁分闸功能，延时 5min 后闭锁复归。这电压时间型开关的选配功能，在某些场合需要使用。

2.2.4 基本的电压时间型 FA 故障处理过程

（1）辐射状线路故障动作过程。如图 2.1 所示为一个典型的单辐射 10kV 线路，出线断路器 CB1 配置速断和过电流保护，两次重合闸，FS1、FS2、FS3、ZS1、ZS2 等线路分段或分支开关为电压时间型的自动化负荷开关。

1）若 f1 处分段发生短路故障，CB1 速断或过流保护动作开关第一次跳闸，如图 2.2 所示。

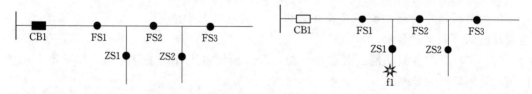

图 2.1 辐射状电压时间型 FA 线路接线 　　图 2.2 出线断路器第一次跳闸

2）所有电压时间型分段和分支开关因失压而延时分闸，如图 2.3 所示。

3）CB1 在第一次跳闸 5s 后第一次重合闸，将电送到 FS1 左侧，如图 2.4 所示。

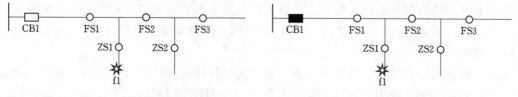

图 2.3 电压时间型开关失压分闸 　　图 2.4 出线断路器重合闸

4）FS1 得压延时 7s 合闸，将电送到 FS2 左侧和 ZS1 上侧，如图 2.5 所示。

5）FS2 得压延时 7s 合闸，将电送到 FS3 左侧，如图 2.6 所示。

6）ZS1 得压延时 14s 合闸，若是瞬时性故障，则恢复支线供电，如图 2.7 所示。

7）若是永久性故障，则 CB1 第二次跳闸，如图 2.8 所示。

8）所有电压时间型分段分支开关再一次失压分闸。ZS1 因合闸后的 Y 时间内失压，因此 ZS1 分闸后闭锁合闸，如图 2.9 所示。

9）CB1 在第二次跳闸 5s 后进行第二次重合闸，除了 ZS1，其他电压时间型开关依次得压延时合闸，恢复非故障分段的供电，如图 2.10 所示。

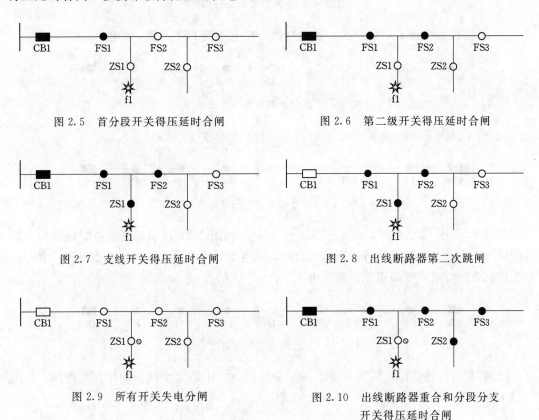

图 2.5　首分段开关得压延时合闸　　　　图 2.6　第二级开关得压延时合闸

图 2.7　支线开关得压延时合闸　　　　　图 2.8　出线断路器第二次跳闸

图 2.9　所有开关失电分闸　　　　　图 2.10　出线断路器重合和分段分支
　　　　　　　　　　　　　　　　　　　　　　　　开关得压延时合闸

（2）环网状线路故障动作过程。如图 2.11 所示为一个典型的闭环接线开环运行 10kV 线路，出线断路器 CB1 配置速断和过电流保护，两次重合闸，线路 FS1、FS2、FS3、LS 等线路分段或联络开关为电压时间型的自动化负荷开关。

图 2.11　环网状电压时间型 FA 线路接线

1）若 f1 点发生短路故障，CB1 检测到线路故障，保护动作开关第一次跳闸，如图 2.12 所示。

2）LS 左侧所有电压时间型开关均因失压而分闸，同时 LS 因单侧失压而启动 XL 时间倒计时，如图 2.13 所示。

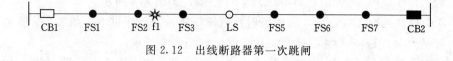

图 2.12　出线断路器第一次跳闸

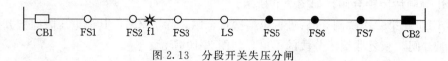

图 2.13　分段开关失压分闸

3）第一次跳闸后 1s，CB1 第一次重合闸，将电送到 FS1 左侧，如图 2.14 所示。

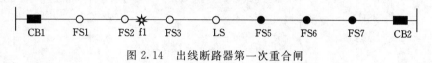

图 2.14　出线断路器第一次重合闸

4）FS1 得压 7s 后合闸，将电送到 FS2 左侧，如图 2.15 所示。

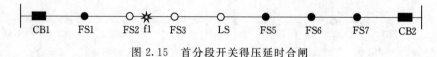

图 2.15　首分段开关得压延时合闸

5）FS2 得压 7s 后合闸，将电送到 FS3 左侧，如图 2.16 所示。若是瞬时性故障，则合闸成功，下游开关继续执行得压延时合闸，送电至联络开关 LS，LS 两侧得压，复归一侧失压后合闸计时，线路恢复正常供电。

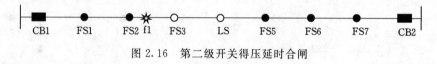

图 2.16　第二级开关得压延时合闸

6）若是永久性故障，则因 FS2 合闸于故障点，CB1 第二次保护动作开关跳闸，如图 2.17 所示。

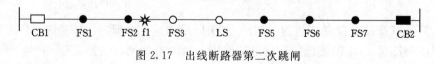

图 2.17　出线断路器第二次跳闸

7）FS1 和 FS2 因失压再次分闸。FS2 因合闸后 Y 时间内失压，分闸后将闭锁合闸。FS3 因检测到一侧残压，则闭锁另一侧得压合闸，自此，完成故障点定位与隔离，如图 2.18 所示。

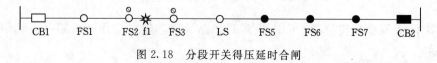

图 2.18　分段开关得压延时合闸

8）CB1 第一次跳闸后 5s，第二次重合闸，恢复 CB1 至 FS1 之间非故障分段供电，如

图 2.19 所示。

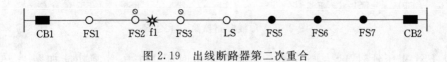

图 2.19 出线断路器第二次重合

9）FS1 得压 7s 后合闸，恢复 FS1 至 FS2 之间非故障分段供电，如图 2.20 所示。

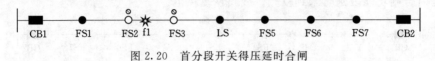

图 2.20 首分段开关得压延时合闸

10）LS 因单侧失压启动 XL 计时到后合闸，右侧线路供电至故障下游分段。若联络开关已接入配电主站，也可通过远方遥控或现场操作 LS 合闸，完成故障下游非故障分段供电，如图 2.21 所示。

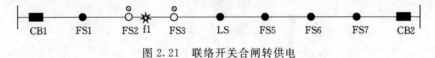

图 2.21 联络开关合闸转供电

2.2.5 短时闭锁失压分闸功能的电压时间型 FA 故障处理过程

如图 2.22 所示为一个典型的闭环接线开环运行 10kV 线路，出线断路器 CB1 过流保护延时不大于 1s，配置 1 次重合闸，时间 1s。FS1、FS2、FS3、LS 等线路分段或联络开关为电压时间型的自动化负荷开关。另外具有短时闭锁分闸功能，若合闸之后的故障检测时间 Y 内没有检测到失压，则闭锁分闸功能，延时 5min 后闭锁复归，即得电试合成功，则短时闭锁分闸。

图 2.22 环网状电压时间型 FA 线路接线

（1）当 f1 点发生短路故障，CB1 保护动作开关第一次跳闸，如图 2.23 所示。

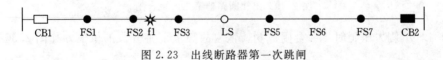

图 2.23 出线断路器第一次跳闸

（2）FS1、FS2、FS3 因失压而分闸，如图 2.24 所示。

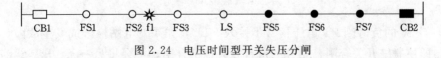

图 2.24 电压时间型开关失压分闸

（3）CB1 第一次跳闸 1s 后第一次重合闸，将电送到 FS1 左侧，如图 2.25 所示。

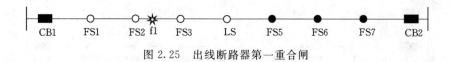

图 2.25　出线断路器第一重合闸

（4）FS1 得压延时 5s 合闸成功，同时启动短时闭锁失压分闸功能如图 2.26 所示。FS2 得压延时 5s 合闸，若是瞬时性故障，FS2 合闸成功，FS3 继续得压延时合闸，LS 单侧失压延时合闸功能因延时未到复归，线路恢复供电。

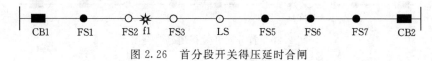

图 2.26　首分段开关得压延时合闸

（5）若是永久性故障，则在 FS2 合闸后，CB1 保护动作开关第二次跳闸，如图 2.27 所示。

图 2.27　第二级开关得压延时合闸

（6）FS1 执行短时闭锁失压分闸功能保持合闸状态，FS2 因合闸后 Y 时间内电压消失，失压分闸并闭锁合闸，FS3 检测到残压脉冲则闭锁另一侧得压合闸，如图 2.28 所示。

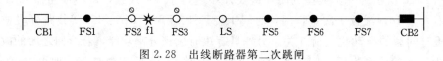

图 2.28　出线断路器第二次跳闸

（7）CB1 第二次跳闸后 5s，第二次重合闸，直接送电到 FS2 左侧，恢复故障点上游分段供电，如图 2.29 所示。FS1 因执行短时闭锁失压分闸功能保持合闸状态，比基本电压时间型开关恢复送电时间缩短，开关分合次数减少。

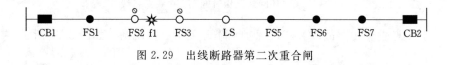

图 2.29　出线断路器第二次重合闸

（8）LS 单侧失压延时 15s 合闸成功，恢复故障点下游分段的供电，如图 2.30 所示。

图 2.30　联络开关合闸

FS1、FS7 的负荷侧 PT 电压信号不接入 FTU，如果变电站检修或发生故障，导致母线失压，即使联络开关合闸，站外的这台开关也不合闸，不会将另一条 10kV 线路电源反送至变电站母线。这是一种比较可靠的反事故措施。

2.2.6 出线断路器只重合一次的电压时间型 FA 故障处理过程

若出线断路器只重合一次，则通过合理设置首级电压时间型开关得压合闸时间，在第一次重合闸之后，让首分段开关较大延时合闸，躲过出线断路器重合闸的充电时间（重合闸闭锁时间），若首级或后端开关得压合闸于故障，出线断路器第二次跳闸，可以再一次启动重合闸，实现变电站母线电压的再次送出。

具体做法是：将距离出线断路器最近电压时间型开关的得压合闸 X 时间设置为 Tlock＋7s，其中 Tlock 为变电站出线断路器 CB1 重合闸闭锁时间，一般 15～25s。联络电压时间型开关 X 时间按整定原则相应增加，其他电压时间型开关时间不变，该方式可以实现变电站出线断路器的较长时间内两侧重合闸。

如图 2.31 所示为一个典型的开环运行 10kV 线路，将开关 FS1 的 X 时间由 7s 改为 37s，联络开关 XL 时间由 45s 改为 75s。

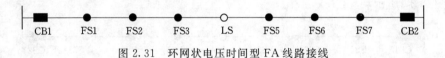

图 2.31 环网状电压时间型 FA 线路接线

（1）若 f1 点发生短路故障，出线断路器 CB1 检测到故障，保护动作开关第一次跳闸，LS 左侧线路所有电压时间型开关均因失压而分闸，同时联络开关 LS 因单侧失压而启动合闸 XL 时间倒计时，如图 2.32 所示。

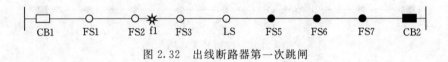

图 2.32 出线断路器第一次跳闸

（2）CB1 第一次跳闸 1s 后，进行第一次重合闸，将电送至 FS1 左侧，如图 2.33 所示。

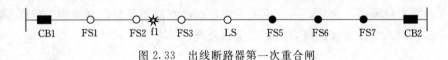

图 2.33 出线断路器第一次重合闸

（3）FS1 得压 37s 后合闸，将电送至 FS2 左侧。此时，CB1 一次重合闸后已过 37s，重合闸充电完毕，具备再次重合闸条件，如图 2.34 所示。

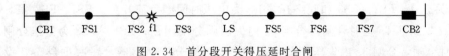

图 2.34 首分段开关得压延时合闸

（4）FS2 得压 7s 后合闸，如图 2.35 所示。若是瞬时性故障，则 FS2 顺利送电到 FS3，FS3 得压延时合闸，恢复 LS 左侧线路供电，LS 两侧得压，合闸 XL 计时复归。

（5）若是永久性故障，则 FS2 合闸于故障点，CB1 再次保护动作第二次跳闸，之后

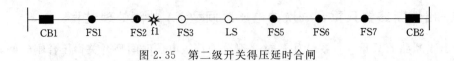

图 2.35　第二级开关得压延时合闸

电压时间型开关再次失压分闸。因 FS2 得压后立即失压而闭锁合闸 FS3 因一侧感受残压而闭锁，系统完成故障点定位隔离，如图 2.36 所示。

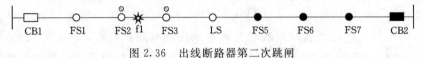

图 2.36　出线断路器第二次跳闸

（6）因首分段开关较大合闸延时，躲过了出线断路器重合闸之后的充电时间，也就是第二次跳闸之时，第一次跳闸的重合闸闭锁时间已完成，CB1 可以再一次重合闸，CB1 至 FS1 之间非故障分段供电。FS1 得压 37s 后合闸，恢复 FS1 至 FS2 之间非故障分段供电，如图 2.37 所示。

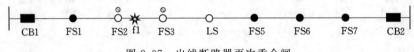

图 2.37　出线断路器再次重合闸

（7）LS 合闸 XL 倒计时完成后，自动合闸，完成故障点下游 LS 至 FS3 之间非故障分段供电，如图 2.38 所示。

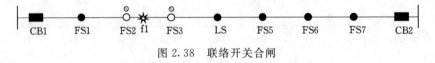

图 2.38　联络开关合闸

对于出线断路器只重合一次的系统，若各开关已接入配电主站，并具备遥控功能，则可以通过修改配电自动化主站控制策略来实现多次重合。线路发生故障后，出线断路器第一次重合闸隔离故障点，之后，由配电主站根据出线断路器及分段开关的变位信号，遥控出线断路器合闸，实现出线断路器的第二次重合闸。

2.2.7　过流保护级差配合的电压电流时间型 FA 故障处理过程

如图 2.39 所示为一个典型的 10kV 线路，出线断路器 CB1 配置带时限保护（限时速断，过流，零序）和二次重合闸功能，一次重合闸时间 5s，二次重合时间为 60s；主干线分段开关 FS1、FS2、FS3 和联络开关 LS 为电压时间型负荷开关。FS1、FS2、FS3、YS1 失压分闸，得压 7s 延时合闸，合闸 3s 内失压则分闸闭锁；ZS1、YS2 为失压分闸，得压 10s 延时合闸，合闸 3s 内失压则分闸闭锁；ZB1 为分支断路器，一次重合 5s，设置保护定值与 CB1 定值实现配合。

（1）主干线发生短路故障的处理过程。

1）当 f1 处发生永久性短路故障，CB1 保护动作开关第一次跳闸，FS1、FS2、FS3、ZS1、YS1、YS2 因失压后分闸，如图 2.40 所示。

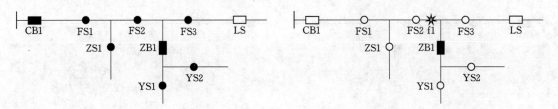

图 2.39　带分支的环网状电压　　　　　图 2.40　出线断路器第一次跳闸与
　　　　时间型 FA 线路接线　　　　　　　　电压时间型开关失压分闸

2）CB1 跳闸后 5s，第一次重合闸，如图 2.41 所示。

3）FS1 得压延时 7s 后合闸，FS2 一侧得压延时 7s 合闸，如图 2.42 所示。

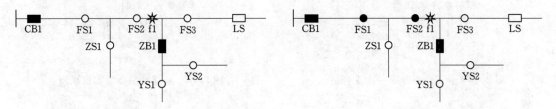

图 2.41　出线断路器第一次重合闸　　　　图 2.42　电压时间型开关得压合闸

4）由于是永久性故障，CB1 保护动作第二次跳闸，FS1 和 FS2 失压分闸。因 FS2 合闸 5s 内检测到失压，所以失压分闸后闭锁合闸，FS3 感受到残压闭锁另一侧得压合闸，至此，完成故障定位和隔离，如图 2.43 所示。

5）CB1 第二次跳闸 60s 后第二次重合，FS1 一侧得压延时 7s 后合闸，ZS1 一侧得压延时 10s 后合闸，恢复故障点前的非故障分段供电，如图 2.44 所示。

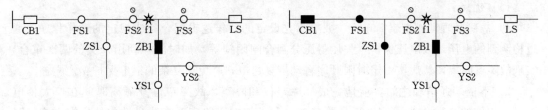

图 2.43　出线断路器第二次跳闸与　　　　图 2.44　出线断路器第二次重合闸与
　　　　电压时间型开关失压分闸　　　　　　　电压时间型开关得压合闸

6）联络开关 LS 执行单侧失压延时合闸功能，或通过主站遥控或人工合闸，恢复故障下游非故障分段供电，如图 2.45 所示。

（2）分支断路器负荷侧发生永久性故障的处理过程。

1）当 f2 处发生永久性故障，ZB1 保护动作先于 CB1 保护出口而第一次跳闸，如图 2.46 所示。

2）ZB1 跳闸后 5s 第一次重合闸，如图 2.47 所示。

3）由于是永久性故障，ZB1 保护动作第二次跳闸，因设定为一次重合闸，所以跳闸后闭锁合闸。ZB1 成功隔离了故障，隔离故障耗时约 5s，如图 2.48 所示。

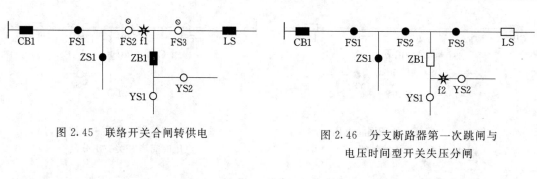

图 2.45 联络开关合闸转供电

图 2.46 分支断路器第一次跳闸与
电压时间型开关失压分闸

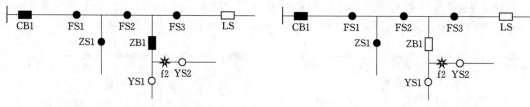

图 2.47 分支断路器第一次重合闸

图 2.48 分支断路器第二次跳闸

2.2.8 技术特点

这是一种常用的馈线自动化解决方案，在世界各地，尤其在日本应用广泛，北京也大规模的使用。适用于供电可靠性要求不高于99.99%的城市城郊电网、广大农村电网的架空线路。变电站出线断路器最好需配置2次重合闸。适用于网架结构为单辐射、单联络的线路。适用于大电流接地方式的配电线路的单相接地故障处理，但不适于小电流接地方式，且站内不具备接地选线跳闸功能线路的单相接地故障处理。

（1）优点：

1）故障处理动作逻辑简单，主要靠事先设定的动作逻辑配合完成规定的动作程序，通过检测到的电压，以电压保护（失压得压分闸合闸闭锁等）加时限，利用开关的两次重合，实现故障点隔离，然后按整定时限顺序自动恢复送电，避免了复杂的继电保护整定配合。

2）不依赖通信和主站，就地完成故障定位和隔离，故障定位及隔离时间在广大供电区域可以接受。可作为通信网不易覆盖地区和长架空线路实现馈线自动化的主推方式，对不具备信道条件的配电网，有其推广价值。

3）基于VSP5电压时间型自动化开关的FTU不需要安装蓄电池，因此，相对于配有需三年更换一次蓄电池的集中型自动化开关设备，免维护性能更好，成本更低。

4）通过在FTU加装无线通信模块，可以实现电压型开关的遥测、遥信上传主站，也可在满足二次安全防护的前提下，实现遥控。

5）采用负荷开关作为分段分支开关，比采用断路器成本更低。

（2）局限性：

1）配电线路运行方式改变后，为确保馈线自动化正确动作，需对终端逻辑定值进行调整。

2）普通电压时间型开关，因不检测电流信号，不具备小电流单相接地选线选段功能，因此不适用于处理小电流接地系统中的单相接地故障。

3）故障上游的重合器或断路器切除故障电流，馈线全线或部分主干线失压。若出线断路器过流保护无时间级差裕度，不能和下游断路器配合，即使是分支线故障也会导致出线断路器跳闸，造成全线短暂停电。支线故障导致主线停电，扩大了故障影响范围，降低了可靠性。

4）瞬时性故障后供电恢复时间长。因为线路发生瞬时性故障后，需要借助开关逐个按顺序依次重合来加以恢复。对于永久性故障，要求经历一次重合及顺序合闸完成后才能判断出故障区域，在另一次重合及顺序合闸完成后才能隔离故障区域、恢复电源侧健全区域供电，处理时间长，对用户影响大。

5）借助残压作为判断闭锁的条件，故障情况不同，残压有死区，并不十分可靠，一旦失效则将导致对侧变电站出线断路器（重合器）和分段开关的多次重合与分断动作，造成对侧线路多次停电，对设备冲击大，对用户影响也大。

6）因不具备过流监测模块，无法提供用于瞬时故障区间判断的故障信息。

7）对于中性点经小电阻接地系统，线路接地故障会使出线断路器即时跳闸，因此可以处理单相接地故障，但对于中性点不接地或经消弧线圈接地系统，发生单相接地故障后，出线开关不跳闸，则电压时间型 FA 不能处理故障。

2.3 基于负荷开关的电压电流型 FA

2.3.1 基本原理

基于负荷开关的电压电流型 FA 是在电压时间型 FA 基础上的改进，增加了检测故障电流作为判据，部分改进型还增加了首次失压不分闸功能。这种 FA 不依赖于通信和主站，在故障发生时，馈线中的负荷开关既利用电压作为判据，又利用故障电流作为判据，通过线路开关间的动作逻辑配合，实现线路故障的就地识别，故障隔离和非故障分段恢复供电，因此称该模式为电压电流时间型 FA。

电压电流型负荷开关具备失压延时分闸、得压延时合闸、合闸故障失压分闸闭锁合闸、合闸无故障闭锁分闸、残压脉冲闭锁、单侧失压延时合闸等功能。首次失压不分闸功能是为了使瞬时性故障快速的得到恢复供电。当合闸后在设定时间内检测到线路失压以及故障电流，则失压后自动分闸并闭锁合闸，完成故障点上游隔离。当合闸后在设定时间内未检测到线路失压，或虽检测到线路失压但未检测到故障电流，则闭锁分闸。出线断路器重合后完成故障点上游非故障分段快速复电。

合闸后 Y 时间检测，若无故障电流则闭锁分闸；合闸后 Y 时间内检测，有故障电流，则在失压后分闸并闭锁合闸；检测到残压则反向得压闭锁合闸，这三个动作逻辑对于电压电流型 FA 故障处理至关重要。

发生故障后，出线断路器第一次跳闸，线路上电压电流型负荷开关失压无流后分闸，出线断路器第一次重合闸，线路上电压电流型负荷开关依次得压试合，试合成功，短时闭锁失压分闸，故障点前端的负荷开关合闸在故障上，即得压合闸后检测到故障电流则再次失压分闸并闭锁合闸，故障点后端的负荷开关检测到残压脉冲后闭锁另一侧得压合闸，从而实现故障点下游开关隔离故障，出线断路器第二次自动重合闸，或通过主站遥控、或人工现场操作，恢复故障点上游非故障分段供电，联络开关执行单侧失压延时合闸，或通过主站遥控、或人工现场操作，完成故障下游非故障分段的转移供电。

这种 FA 定位故障过程是类似于故障跳闸后人工分合分段分支开关进行试送电的思路。即出线断路器跳闸后，拉开分段和分支开关，然后从前到后，让包括出线断路器的线路开关逐一送电，开关合闸后若未失压，也未有故障电流流过，则说明该开关控制区无故障，设定时间内再次失压也无需分闸，闭锁分闸以便提高下次送电效率。若合闸后失压了，并检测到故障电流流过，说明该开关控制区有故障，则需要分闸，并在一定时间内闭锁合闸，以便实现故障点上游开关隔离故障目的。

馈线开关智能终端也可根据需求配置通信模块，使用光纤、载波、无线通信自动上传开关动作、电流电压信号和告警信号，可以建设有主站支持的就地型 FA 系统。

2.3.2　设备配置

建设基本的电压电流时间型负荷开关 FA 系统，对设备的标准配置要求如下：

（1）变电站出线断路器保护配置要求。配置速断、过流、零序（小电阻接地系统）保护和二次重合闸功能。具备闭锁二次重合闸功能，一次重合闸后 Y 时间内检测到故障电流，保护动作跳闸，则闭锁二次重合闸功能。若需要与后端断路器配合，则出线断路器配置延时速断保护。二次重合闸延时应躲过合闸后失压与电流检测时间 Y。

（2）主干线分段（分支线）负荷开关配电终端功能要求。可采集三相电流、三相电压，具备电压电流时间型负荷开关逻辑控制功能。

（3）主干线分段断路器配电终端功能要求。在主干线设置分段断路器后，将主干线分为两段，第二分段发生故障，由主干线分段断路器自动切除，可以有效躲避瞬时性故障，相当于减少了 50% 出线断路器的跳闸，同时缩小了故障引起的停电范围，保障了上一级线路的正常供电。

（4）联络开关配电终端功能要求。可采集三相电流、开关两侧三相电压，具备闭锁合闸功能，当开关两侧得压时，开关分闸且闭锁合闸。具备失压合闸功能，当开关一侧失压，开关另一侧得压，则延时后合闸。

（5）电流互感器配置要求。配置三相电流互感器，测量 CT 变比 600/5，精度 0.5 级，保护 CT 变比 600/5，精度 10P20。

（6）主干线单相接地处理。对于小电流接地系统，通过在主干线分段开关加装零序 PT，或开关内置零序电压传感器，检测零序电压。零序 PT 容量 50VA。

对于小电阻接地系统，通过在主干线分段开关加装零序 CT，检测零序电流。零序 CT 容量 0.5VA，变比 20/1。

（7）电源配置要求。应统筹考虑配电自动化设备、通信设备及开关操作对电源容量的需求，合理选择工作和后备电源。对于主干线分段开关，两侧各配置一台电源变压器，其中开关电源侧配置一台三相零序一体型电源变压器供电，开关负荷侧配置一台单相电源变压器供电，容量均为 500VA、变比 10/0.22，一次侧配置保护熔丝。对于分支线开关只需在电源侧配置一台三相零序一体型电源变压器供电，一次侧配置保护熔丝。对于联络开关，则需在开关两侧各配置一台三相零序一体型电源变压器供电，一次侧配置保护熔丝。配电自动化终端后备电源可选用蓄电池或免维护的超级电容。其容量满足工作电源掉电后，维持配电自动化终端持续 8h 正常工作及 3 次以上开关分合闸操作。

（8）配电自动化信息主站系统接入。通过无线公网或光纤专网通信通道，配电终端将开关动作、电流电压越限告警和故障信号等配网实时信息上传至配电自动化主站。

2.3.3 动作逻辑

电压电流时间型负荷开关具备如下动作逻辑功能：

（1）失压延时分闸功能：开关在合位，双侧无压、无流，失压延时（如：1s）到，控制开关分闸。

（2）得压延时合闸功能：开关在分位、一侧得压、一侧无压，得压延时时间 X（如：5s）到，控制开关合闸。

（3）合闸故障失压分闸闭锁合闸功能：得压合闸后 Y 时限（如：1.5s）内失压，并检测到故障电流，即合闸到故障，则失压分闸从上游隔离故障，设定时间内保持分闸状态，闭锁合闸，即使单侧电压再次正常，也不执行得压延时合闸功能。这不同于电压时间型开关，合闸后 Y 时间内，不但检测是否失压，还检测是否故障过流，电压和电流两个型号决定是否闭锁合闸。这也不同于基于断路器的电压电流时间型动作逻辑，电压电流时间型断路器是合闸故障后加速跳闸闭锁合闸功能，合闸后若检测到故障电流，即合闸到故障，则后加速保护动作开关跳闸，在设定时间内保持分闸状态，闭锁合闸。

（4）合闸无故障闭锁分闸功能：得压合闸后 Y 时限内未失压，也未检测到故障电流，即合闸成功，说明其控制区无故障，则保持合闸状态，在设定时间内闭锁分闸，即使开关失压也不分闸。这有别于电压时间型，有利于减少分闸合闸次数，缩短合闸送电时间。对于电压电流时间型断路器来说，执行这样的功能，前端无故障分段断路器闭锁分闸，使就近故障的断路器只需与出线断路器保护实现时间级差配合即可实现无越级跳闸。

（5）合闸零序电压突变分闸功能：开关得压合闸后，检测到零序电压突变，则开关直接分闸。这是具有接地故障选段选线功能的电压电流时间型开关的重要功能。

（6）残压脉冲闭锁功能：即感受短时得压，则闭锁反向得压合闸。开关处于分闸状态，任意一侧电压由无压升高超过最低残压整定值，又在 Y 时间内消失，开关进入闭锁合闸状态，使开关处于分闸位置。

（7）单侧失压延时合闸功能：开关处于分闸状态，双侧电压正常持续一定时间（如：30s）以上，单侧电压消失，延时时间到后，控制开关合闸，双侧同时失压不合闸。

（8）双侧均得压闭锁合闸功能：开关处于分闸状态，两侧电压均正常时，开关闭锁合闸功能。

（9）联络开关自动判断功能：开关处于分闸状态，检测开关两侧得压稳定时间超过 30s，判定开关属于联络位置。

（10）首次失压不分闸功能：为了缩短瞬时性故障的恢复供电时间，开关记失压次数，失压 1 次不分闸。失压 2 次则分闸。对于永久故障，将 2 次合于故障，失压 2 次。

2.3.4　基本的电压电流型负荷开关 FA 故障处理过程

如图 2.49 所示为一个典型的开环运行 10kV 线路，出线断路器 CB1 配置速断保护，2 次重合闸。线路分段或联络开关 FS1、FS2、FS3、LS 等为自动化负荷开关，具有电压电流时间型负荷开关的基本功能。

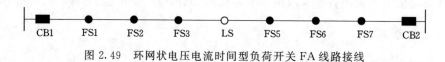

图 2.49　环网状电压电流时间型负荷开关 FA 线路接线

（1）若 f1 处发生短路故障，则 CB1 保护动作第一次跳闸，FS1、FS2、FS3 因失压而分闸，如图 2.50 所示。

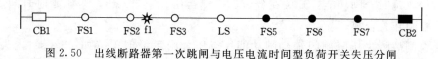

图 2.50　出线断路器第一次跳闸与电压电流时间型负荷开关失压分闸

（2）CB1 跳闸后 1s 第一次重合闸，将电压送至 FS1 左侧，如图 2.51 所示。

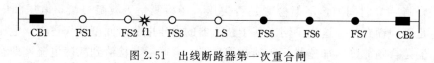

图 2.51　出线断路器第一次重合闸

（3）FS1 得压延时 5s 合闸，合闸后的 Y 时限 1.5s 内未失压，未检测到故障电流，在设定时间内闭锁分闸，如图 2.52 所示。

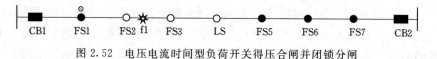

图 2.52　电压电流时间型负荷开关得压合闸并闭锁分闸

（4）FS2 得压后延时 5s 合闸，若是瞬时性故障，则下游开关继续得压合闸，可恢复正常供电，若是永久性故障，则开关合闸到了故障点，如图 2.53 所示。

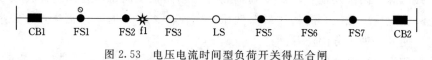

图 2.53　电压电流时间型负荷开关得压合闸

（5）FS2 合到故障点后，CB1 再次保护动作第二次跳闸，FS1 在第一次合闸后闭锁分闸，保持合闸状态。FS2 合闸后立即失压，并检测到故障电流，因此失压后分闸，并设定时间内闭锁合闸。FS3 因检测到短时脉冲电压，即残压闭锁另一侧得压合闸，如图 2.54 所示。

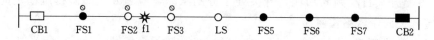

图 2.54　出线断路器第二次跳闸与电压电流时间型负荷开关失压分闸

（6）CB1 第二次跳闸后延时第二次重合闸，直接将电送至 FS2 左侧，一步到位恢复故障上游非故障分段的供电，如图 2.55 所示。

图 2.55 出线断路器第二次重合闸

（7）LS 从单侧失压开始 XL 计时，计时到时候合闸，恢复故障点下游非故障分段的供电，如图 2.56 所示。

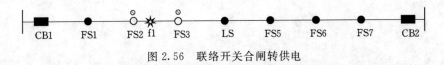

图 2.56 联络开关合闸转供电

2.3.5 首次失压不分闸的电压电流时间型 FA 故障处理过程

如图 2.57 所示为一个典型的 10kV 线路，出线断路器 CB1 设速断保护、限时过流保护，配接地故障告警装置，配置 3 次重合闸。变电站出线到联络点的干线分段及联络开关采用电压电流时间型负荷开关，且不超过 3 个配置第一次过流失压不分闸，第二次失压分闸。对于线路大分支原则上仅安装一级开关，与主干线开关相同配置，如出线断路器有时间级差裕度，可选用断路器开关，配置一次重合闸。对于用户分支开关可配置用户分界开关，实现用户分支故障的自动隔离。

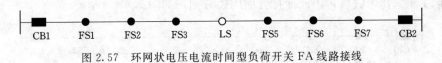

图 2.57 环网状电压电流时间型负荷开关 FA 线路接线

（1）当 f1 处发生故障，CB1 保护动作开关第一次跳闸，FS1、FS2、FS3 失压，失压计数 1 次，FS1、FS2 流过故障电流，过流计数 1 次，如图 2.58 所示。

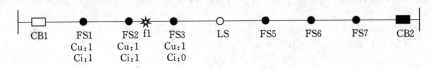

图 2.58 出线断路器第一次跳闸

（2）CB1 重合闸延时到第一次重合闸，若是瞬时性故障，则恢复供电，如图 2.59 所示。

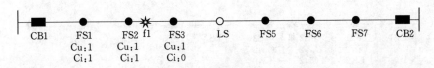

图 2.59 出线断路器第一次重合闸

49

（3）若是永久性故障，则 CB1 第一次重合失败，保护动作第二次跳闸。FS1、FS2、f3 失压计数 2 次，FS1、FS2 过流计数 2 次，如图 2.60 所示。

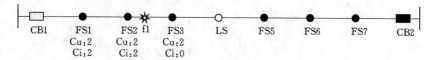

图 2.60　出线断路器第二次跳闸

（4）因失压计数 2 次到，FS1、FS2、FS3 均失压后分闸，如图 2.61 所示。

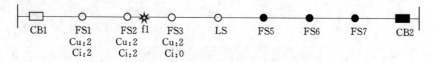

图 2.61　电压电流时间型负荷开关失压分闸

（5）CB1 重合闸延时到第二次重合闸，如图 2.62 所示。

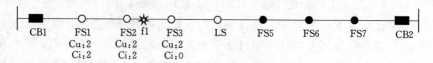

图 2.62　出线断路器第二次重合闸

（6）FS1 得压，经过延时 X 合闸，因未合闸到故障，经故障确认时间 Y（可为 $X-0.5$），FS1 未失压未过流，因此保持合闸闭锁分闸，如图 2.63 所示。

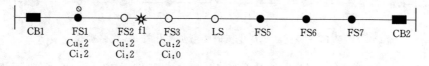

图 2.63　电压电流时间型负荷开关得压合闸

（7）FS2 得压后经 X 时间合闸，合闸于故障，CB1 第三次跳闸，如图 2.64 所示。

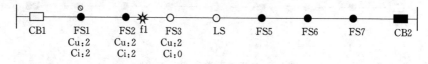

图 2.64　出线断路器第三次跳闸

（8）FS2 在合闸后故障确认时间 Y 内，检测到失压和过流而分闸，设定时间内闭锁合闸，FS3 在 X 时间内检残压而闭锁合闸，如图 2.65 所示。

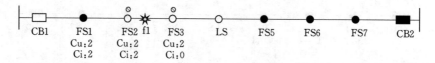

图 2.65　电压电流时间型负荷开关失压分闸

（9）CB1 第三次重合，FS1 处于合闸状态，FS2 和 FS3 处于分闸状态，故障已被隔离，所以恢复送电成功，如图 2.66 所示。

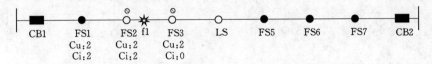

图 2.66　出线断路器第三次重合闸

（10）LS 单侧失压延时到合闸恢复故障点下游非故障区供电，如图 2.67 所示。

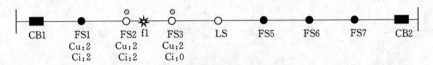

图 2.67　联络开关合闸转供电

2.3.6　过流保护级差配合的电压电流型负荷开关 FA 故障处理过程

如图 2.68 所示为一个带分段，分支断路器的 10kV 线路，出线断路器 CB1 配置限时速断，过流，零序保护，二次重合闸；分段断路器 FB1 为带时限过流，零序保护和重合闸功能；分支断路器 ZB1 配置同 FB1；FB1、ZB1 与 CB1 保护时间级差配合，后段故障不引起 CB1 跳闸。开关 FS1、FS2、ZS1、LS 为电压电流型负荷开关；CB1、FB1、ZB1 一次重合闸时间 5s，二次重合时间为 60s；ZB1 一次重合闸时间 5s；FS1、FS2、ZS1、YS1、YS2、YS3 得压后 5s 延时合闸，合闸 3s 内未检测到故障电流闭锁分闸，否则分闸后闭锁合闸。

（1）主干线分段断路器电源侧发生短路故障的处理过程。

1）当 f1 处发生短路故障。CB1 保护动作开关第一次跳闸，FS1、FS2、ZS1、YS1、YS2、YS3 在失压后分闸，如图 2.69 所示。

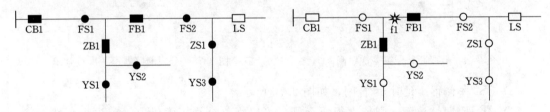

图 2.68　带分支的环网状电压电流时间型　　　　图 2.69　出线断路器第一次跳闸
　　　　　负荷开关 FA 线路接线

2）CB1 跳闸 5s 后第一次重合闸，将电送至 FS1 左侧，如图 2.70 所示。

3）FS1 一侧得压延时 5s 合闸。若是瞬时性故障，则 FS1 恢复送电成功，如图 2.71 所示，各处于分闸状态开关依次得压延时合闸成功。

4）若是永久性故障，FS1 合闸后，CB1 保护动作第二次跳闸，FS1 失压后分闸，因在合闸后 Y 时间内失压并检测到故障电流，因此分闸并闭锁合闸，如图 2.72 所示。

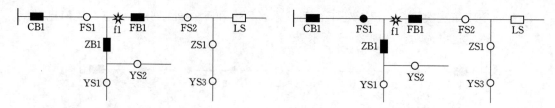

图 2.70 出线断路器第一次重合闸   图 2.71 电压电流时间型负荷开关得压合闸

5）CB1 第二次跳闸 60s 后第二次重合闸，由于 FS1 已成功隔离故障，CB1 重合成功，如图 2.73 所示。

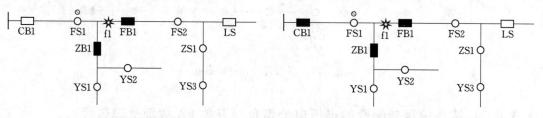

图 2.72 出线断路器第二次跳闸   图 2.73 出线断路器第二次重合闸
与电压电流型开关失压分闸

上述故障处理中，若 FB1、ZB1 也配置了失压分闸、残压闭锁等功能，则 f1 处故障处理完全同基本的电压电流时间型 FA。

（2）主干线分段断路器负荷侧发生短路故障的处理过程。

1）当 f2 处发生短路故障。因 FB1 与 CB1 形成保护级差配合，FB1 保护动作先于 CB1 跳闸，CB1 保护返回，FS2、ZS1、YS3 失压后快速分闸，如图 2.74 所示。

2）FB1 跳闸 5s 之后第一次重合闸，如图 2.75 所示。

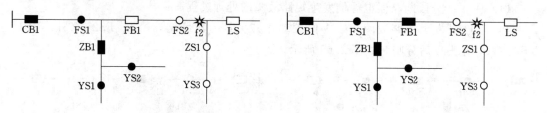

图 2.74 分段断路器第一次跳闸   图 2.75 分段断路器第一次重合闸

3）FS2 一侧得压延时 5s 合闸，如图 2.76 所示。

4）若是瞬时性故障，则依次得压合闸，可以恢复全线正常供电。若是永久性故障，FB1 第二次跳闸，FS2 在合闸后的 Y 时间内感受到了失压和故障电流，因此失压分闸并闭锁合闸，如图 2.77 所示。

5）FB1 跳闸 60s 后第二次重合闸，因 FS2 成功隔离故障，恢复故障点上游分段的供电，如图 2.78 所示。

（3）分支线分界负荷开关负荷侧发生短路故障的处理过程。

1）若 f3 处发生短路故障。FB1 因与 CB1 保护级差配合，FB1 先于 CB1 动作第一次跳闸，FS2、ZS1、YS3 失压后快速分闸，如图 2.79 所示。

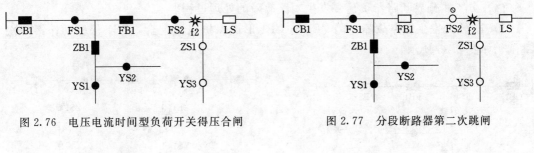

图 2.76 电压电流时间型负荷开关得压合闸　　　　图 2.77 分段断路器第二次跳闸

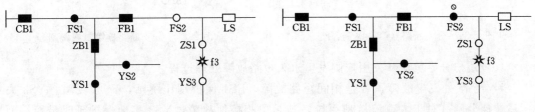

图 2.78 分段断路器第二次重合闸　　　　图 2.79 分段断路器第一次跳闸与电压
　　　　　　　　　　　　　　　　　　　　　　　电流时间型负荷开关失压分闸

2）FB1 跳闸 5s 后第一次重合闸，如图 2.80 所示。

3）FS2 一侧得压延时 5s 后合闸。FS2 合闸后 3s 内未失压也未检测到故障电流，所以保持合闸状态，一定时间内闭锁分闸，如图 2.81 所示。

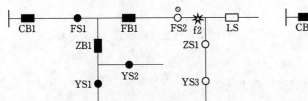

图 2.80 分段断路器第一次重合闸　　　　图 2.81 电压电流时间型负荷开关得压合闸

4）ZS1 一侧得压延时 5s 后合闸，如图 2.82 所示。

5）若是瞬时性故障，则后续开关继续得压合闸，可恢复正常供电。若是永久性故障，FB1 保护动作第二次跳闸，FS2 在设定的时间内保持合闸状态，ZS1 在合闸后 Y 时间内感受到失压和过流，因此失压分闸并闭锁合闸，如图 2.83 所示。

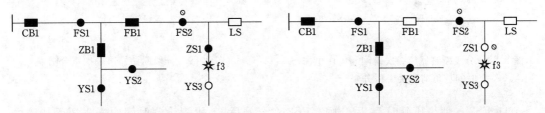

图 2.82 电压电流时间型负荷开关得压合闸　　　　图 2.83 分段断路器第二次跳闸与部分
　　　　　　　　　　　　　　　　　　　　　　　　电压时间型负荷开关失压分闸

6）FB1 在第二次跳闸 60s 后第二次重合闸，直接将电送至 ZS1 上端，如图 2.84 所示。

（4）分支线分界断路器负荷侧发生短路故障的处理过程。

1）若 f4 处发生短路故障。因 ZB1 与 CB1 形成保护级差配合，ZB1 保护动作第一次跳闸，如图 2.85 所示。

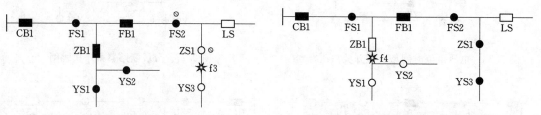

图 2.84　分段断路器第二次重合闸　　　　图 2.85　分支断路器第一次跳闸与电压
　　　　　　　　　　　　　　　　　　　　　电流时间型负荷开关失压分闸

2）ZB1 跳闸 5s 后第一次重合闸，如图 2.86 所示。

3）若是瞬时性故障，则 ZB1 下游开关依次合闸可以恢复供电。若是永久性故障，ZB1 第二次跳闸并闭锁合闸。ZB1 成功隔离故障，如图 2.87 所示。

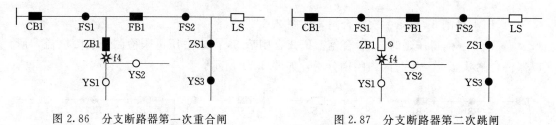

图 2.86　分支断路器第一次重合闸　　　　　图 2.87　分支断路器第二次跳闸

（5）用户分界负荷开关用户侧发生永久短路故障处理过程。

1）当 f5 处发生故障，若是相间短路故障，FB1 保护动作跳闸，FS2、ZS1、YS3 失压后快速分闸（对于大电流接地系统，若是单相接地故障，YS3 接地保护延时最短，因此先于其他开关而跳闸隔离故障，其余开关不动作），如图 2.88 所示。

2）FB1 跳闸 5s 后第一次重合闸，如图 2.89 所示。

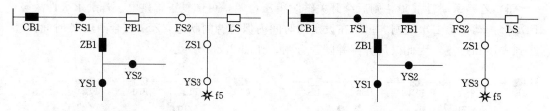

图 2.88　分段断路器第一次跳闸与电压电流　　图 2.89　分段断路器第一次重合闸
　　　　时间型负荷开关失压分闸

3）FS2 一侧得压延时 5s 后合闸。FS2 在合闸后 3s 故障检测时间内未失压无故障电流，因此闭锁分闸，如图 2.90 所示。

4）ZS1 一侧得压延时 5s 后合闸。同样，ZS1 在合闸后 3s 故障检测时间内未失压无故障电流，因此闭锁分闸，如图 2.91 所示。

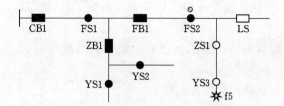

图 2.90 电压电流时间型负荷开关得压合闸

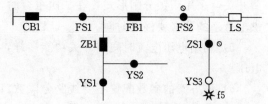

图 2.91 电压电流时间型负荷开关得压合闸

5）YS3 一侧得压延时 5s 后合闸，如图 2.92 所示。

6）若是瞬时性故障，则依次合闸可以恢复供电。若是永久性故障，FB1 保护动作第二次跳闸，YS3 分闸并闭锁合闸，FS2、ZS1 因在设定时间内保持合闸闭锁状态，如图 2.93 所示。

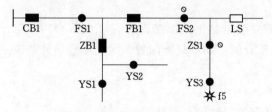

图 2.92 电压电流时间型负荷开关得压合闸

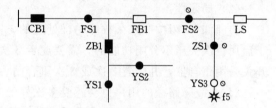

图 2.93 分段断路器第二次跳闸与部分电压电流时间型负荷开关失压分闸

7）FB1 第二次跳闸 60s 后第二次重合闸，直接将电送至 YS3 上端，如图 2.94 所示。

2.3.7 技术特点

这种类型的 FA 系统，由电压时间型 FA 改进而来，增加了合闸后故障电流检测，利用了电压和电流两个信号作为判据，进行闭锁分闸或闭锁合闸，故障处理过程的可靠性和恢复的及时性都有提升。因开

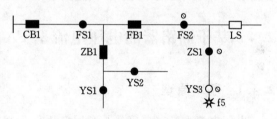

图 2.94 分段断路器第二次重合闸

关增加电流检测，若配置接地检测的保护，适用于配网架空、架空电缆混合网的任一种接地系统（中性点经小电阻、消弧线圈或不接地系统）的单辐射、单环网等网架。保护级差配合的电压电流时间型 FA 系统，出线断路器只需具备 1 次重合闸，但主干线安装的分段断路器需与变电站保护配合，要求出线断路器过流速断动作延时至少在 0.3s 以上。

（1）优点：

1）不依赖于通信和主站，就地化处理故障，实现故障就地定位和就地隔离，容易维护建设。

2）配置首次失压不分闸功能的，处理瞬时性故障恢复时间快。

3）相较于电压时间型 FA，引入故障电流判据，提高了故障定位与隔离的准确性。

4）增加闭锁分闸、闭锁合闸功能，减少了故障处理时间及开关动作次数，减少了恢复供电时逐级合闸的时间，减少了非故障段的停电时间。即对于未发生故障的线路分段负

荷开关，采用闭锁分闸形式，在二次重合时，快速的给非故障区域供电，减少了逐级恢复供电带来的非必要停电时间。

5）利用电压电流时间型开关功能多样，配置灵活的特点，可同时监视到故障电流和电压。

6）该方案的参数配置不受线路分段数目和联络开关位置的影响。

7）当建立主站和通信系统后，可升级为完备的智能终端，既可以向主站汇报所有遥测遥信数据，也可以接收主站的遥控命令；但故障处理功能仍然可以独立完成，因此它实现故障隔离和负荷转供的可靠性大大提高。

8）可在主干线上设置一个分段断路器，将主干线其分成两段，第二分段发生故障时，由主干线分段断路器自动切除，相当于减少了变电站出线断路器的跳闸，减少对站内设备影响，同时缩小了故障引起的停电范围，保证了上一级线路分段的正常供电。

（2）局限性：

1）瞬时故障按照永久故障一样处理的，需要变电站出线断路器配置 2 次重合闸；对于启用首次失压不分闸功能的，需要配置 3 次重合闸。如果只能配置 1 次，需要站外首级开关采用重合器，并配置 2 次或 3 次重合闸。

2）非故障路径的用户也会感受多次停复电。

3）多分支且分支上还有分段器的线路终端定值调整较为复杂。

4）多联络线路运行方式改变时，终端需调整定值。

5）采用过流保护级差配合的电压电流型 FA，变电站出线断路器与主干线分段断路器需要一个时间的级差配合，调整变电站出线断路器的保护时间为 0.3s。

2.4 基于断路器的电压电流型 FA

2.4.1 基本原理

电压电流型断路器 FA 既利用电压作为判据，又利用故障电流作为判据来处理故障。具备失压延时分闸、得压延时合闸、合闸到故障加速跳闸并闭锁合闸、合闸无故障闭锁分闸和保护、残压脉冲闭锁等功能。断路器在单侧得压时延时合闸，在两侧失压状态下延时分闸。当得压合闸后在设定时间内检测到故障电流，则启动合闸后加速保护开关跳闸，并一定时间内闭锁合闸，完成故障隔离。当合闸后在设定时间内未检测到线路失压，或虽检测到线路失压但未检测到故障电流，则开关保持合闸状态，闭锁分闸，出线断路器重合后完成非故障区域快速复电。

基于断路器的电压电流时间型 FA 系统的一个显著特点是出线断路器一次重合闸和合闸后启动加速保护功能。合闸启动加速保护，又称合闸速断保护，与出线断路器保护时间级差配合，即可在合闸后瞬间切除故障，这是基于断路器的电压电流型 FA 故障处理的关键。

馈线某分段内发生短路故障后，出线断路器延时速断保护跳闸，线路上电压电流型断路器在失压无流后分闸，出线断路器第一次重合闸，线路上电压电流型断路器依次得压试合，试合成功短时闭锁分闸，若得压合闸到故障点，则启动合闸后加速保护，分段断路器先于出线断路器跳闸，切除故障，从上游将故障点隔离。故障点后的开关检测到残压脉冲自动分闸闭锁，从下游将故障点隔离。联络开关单侧失压延时合闸，完成故障下游非故障分段的转移供电。

故障处理过程是类似于故障跳闸后人工分合分段分支断路器进行试送电的思路。即线路跳闸后，拉开分段和分支断路器，然后从前到后，让包括出线断路器的线路开关逐一送电，得压合闸后启动后加速保护，若合闸到故障点，则直接启动保护跳闸，若未合闸到故障点，则保持合闸状态，闭锁分闸。

电压电流时间型断路器可根据需求配置不同通信模块，可使用光纤、载波、无线通信自动上传开关动作、电流电压信号和告警信号，可以建设有主站支持的 FA 系统。

2.4.2 设备配置

建设基本的电压电流时间型断路器 FA 系统，对设备的标准配置要求如下：

（1）出线断路器保护配置要求。配置延时速断、过流、零序（小电阻接地系统）保护，为与后端合闸到故障点的断路器实现时间级差配合，保证不发生越级。可以配置速断保护，但需同时配置重合闸后设定时间内闭锁速断保护启动限时速断保护功能。配置一次重合闸功能。

（2）主干线分段（分支线）断路器配电终端功能要求。可采集三相电流、三相电压，具备电压电流时间型断路器逻辑控制功能。

（3）联络开关配电终端功能要求。可采集三相电流、开关两侧三相电压，具备闭锁合闸功能：当开关两侧得压时，开关保持分闸且闭锁合闸。失压合闸功能：当开关一侧失压，另一侧得压，则延时后合闸。

（4）电流互感器配置要求。配置三相电流互感器，测量 CT 变比 600/5，精度 0.5 级，保护 CT 变比 600/5，精度 10P20。

（5）主干线单相接地处理。对于小电流接地系统，通过在主干线分段开关加装零序 PT 或开关内置零序电压传感器，检测零序电压。零序 PT 容量 50VA。对于小电阻接地系统，通过在主干线分段开关加装零序 CT，检测零序电流。零序 CT：容量 0.5VA，变比 20/1。

（6）电源配置要求。应统筹考虑配电自动化设备、通信设备及开关操作对电源容量的需求，合理选择工作和后备电源。对于主干线分段开关，两侧各配置一台电源变压器，其中开关电源侧配置一台三相-零序一体型电源变压器供电，开关负荷侧配置一台单相电源变压器供电，容量均为 500VA、变比 10/0.22，一次侧配置保护熔丝；对于分支线开关只需在电源侧配置一台三相-零序一体型电源变压器供电，一次侧配置保护熔丝；对于联络开关，则需在开关两侧各配置一台三相-零序一体型电源变压器供电，一次侧配置保护熔丝。配电自动化终端后备电源可选用蓄电池或免维护的超级电容。其容量满足工作电源掉电后，维持配电终端持续 8h 正常工作及 3 次以上开关分合闸操作。

（7）配电自动化信息主站系统接入。通过无线公网或光纤专网通信通道，配电自动化终端将开关动作、电流电压越限告警和故障信号等配网实时信息上传至配电自动化主站。

2.4.3 动作逻辑

电压电流时间型断路器应具备如下动作逻辑功能：

（1）失压延时分闸功能：开关在合位，双侧无压、无流，失压延时到，控制开关分闸。

（2）得压延时合闸功能：开关在分位、一侧得压、一侧无压，得压延时时间 X 到，控制开关合闸。

（3）合闸到故障后加速跳闸闭锁合闸功能：得压合闸后启动后加速保护，若检测到故障电流，即合闸到故障，说明其控制区有故障，则后加速保护动作开关跳闸直接切除故障。这不同于电压电流时间型负荷开关动作逻辑，电压电流时间型负荷开关是合闸到故障失压分闸闭锁合闸功能，都是闭锁合闸，但一个是后加速保护动作跳闸，跳后闭锁合闸，一个是等待失压后分闸，之后才闭锁合闸。这也不同于电压时间型开关的合闸失压分闸闭锁本侧得压合闸功能。

（4）合闸无故障闭锁分闸功能：得压合闸后 Y 时限内未失压，也未检测到故障电流，即合闸成功，则保持合闸状态，在设定时间内闭锁分闸功能，即使开关失压也不分闸。对于下游的电压电流时间型断路器来说，上游电压电流时间型断路器保持合闸状态闭锁分闸，使就近故障的断路器只需与出线断路器保护实现时间级差配合，即可实现无越级跳闸。有利于减少分闸合闸次数，缩短合闸送电时间。这有别于电压时间型开关，合闸无故障之后，只要失压就延时分闸，不保持合闸，不闭锁分闸。电压电流时间型负荷开关是合闸无故障后闭锁分闸。

（5）合闸零序电压突变分闸功能：得压合闸后检测到零序电压突变，则开关直接分闸。这是具有接地故障选段选线功能的电压电流时间型开关的重要功能。

（6）残压脉冲闭锁功能：即感受短时得压，则闭锁反向得压合闸。开关处于分闸状态，任意一侧电压由无压升高超过最低残压整定值，又在 Y 时间内消失，即进入闭锁状态，使开关处于分闸位置。

（7）单侧失压延时合闸功能：开关在分位且双侧电压正常持续 30s 以上，单侧电压消失，延时时间到后，控制开关合闸，可选择开关任意一侧失压，即延时控制开关合闸；双侧同时失压不合闸。

（8）双侧均得压闭锁合闸功能：开关处于分闸状态时，两侧电压均正常时，此时 FTU 闭锁合闸功能。

（9）联络开关自动判断功能：开关处于分位，检测开关两侧得压稳定时间超过 30s，则制定开关处于联络状态。

2.4.4 基本的电压电流型断路器 FA 故障处理过程

如图 2.95 所示为一个典型的闭环接线开环运行 10kV 线路，变电站出线 CB1 配置延时速断、过流、零序等保护，配置 1 次重合闸，线路 FB1、FB2、FB3、LB 等线路分段或联络开关为电压电流时间型的自动化断路器，具有电压电流时间型断路器的基本功能，合闸后有加速保护，合闸一定延时后保护不动作出口。

图 2.95 环网状电压电流时间型断路器 FA 线路接线

（1）当 f1 处发生短路故障，CB1 延时速断保护动作第一次跳闸，FB1、FB2、FB3 因失压而分闸，LB 单侧失压合闸启动 XL 倒计时，如图 2.96 所示。

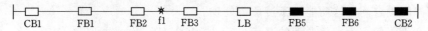

图 2.96 出线断路器第一次跳闸与电压电流时间型断路器失压分闸

（2）CB1 跳闸后延时 1s 第一次重合闸，试送电到 FB1 左侧。FB1 得压延时（3s）合闸，因在 Y 时间（1.5s）内没有检测到故障电流，所以 FB1 保持合闸状态，闭锁分闸，如图 2.97 所示。

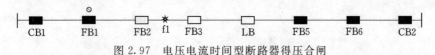

图 2.97 电压电流时间型断路器得压合闸

（3）FB2 得压延时 5s 后合闸，若是瞬时性故障，则恢复送电成功，下游开关得压延时合闸，LB 单侧失压合闸启动 XL 倒计时复归，恢复正常运行方式。若是永久性故障，则 FB2 关合至故障点，如图 2.98 所示。

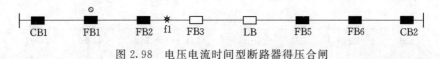

图 2.98 电压电流时间型断路器得压合闸

（4）FB2 合闸后启动合闸后加速保护，因 CB1 设定了有延时的速断保护，可以和 FB2 的后加速保护实现时间级差配合，FB1 保持合闸状态，闭锁了分闸，所以 FB2 先于 CB1 保护动作跳闸，直接切除故障。FB3 因感受到残压而分闸，闭锁逆向得压合闸，如图 2.99 所示。

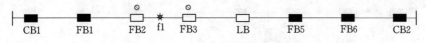

图 2.99 电压电流时间型断路器合闸后加速保护动作跳闸

（5）失压后故障后 20s，LB 因单侧失压合闸 XL 延时时间到而合闸，将电送到 FB3，恢复故障点下游非故障分段的供电，如图 2.100 所示。

图 2.100 联络开关合闸转供电

2.4.5 失压长延时分闸的电压电流型断路器 FA 故障处理过程

改进的电压电流时间型断路器功能，一是出线断路器由一次重合闸改为一快一慢两次重合闸，第二次重合闸后设定时间内速断保护改为延时速断保护；二是电压电流型断路器变失压分闸为失压后长延时分闸，延时时间为 1～2s，若延时未到又恢复带电则返回，不执行失压分闸；三是不启用残压闭锁合闸功能；四是分段开关和联络开关分别增加合闸无故障但 Y 时限和 YL 时限失压则分闸并闭锁合闸功能。其含义为当该分段开关或联络开关重合后无故障，但维持两侧带电时间未超过 Y 时限或 YL 时限，则该分段开关或联络开关立即分闸并闭锁合闸，这功能用于过负荷处理。

如图 2.101 所示为一个典型的开环运行 10kV 线路，出线断路器 CB1 和 CB2 均配置速断等保护，配置 2 次重合，延时时间为 0.5s 和 15s。分段开关 FB1、FB2、FB3、FB5、FB6 的得压合闸 X 时限均为 5s，分支开关 ZB1 的得压合闸 X 时限为 10s，联络开关 LB 单侧失电合闸 XL 时限整定为 10s，分段开关和联络开关的 Y 时限和 YL 时限均为 3s，分段开关失压后分闸的延时时间均为 1s。

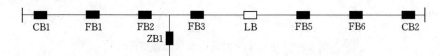

图 2.101 带分支的环网状电压电流时间型断路器 FA 线路接线

（1）瞬时性故障的处理过程。

1）当 f1 处发生瞬时性故障，则 CB1 速断保护动作第一次跳闸，如图 2.102 所示。

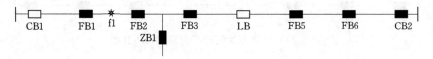

图 2.102 出线断路器第一次跳闸

2）CB1 跳闸 0.5s 后第一次重合，因 FB1、FB2、FB3、ZB1 失压延时 1s 时间未到而尚未分闸，故障已经消失，所以 CB1 重合成功，恢复全线供电，如图 2.103 所示。

图 2.103 出线断路器第一次重合闸

（2）永久性故障的处理过程。

1）当 f1 处发生永久性故障，则 CB1 速断保护动作第一次跳闸，LB 启动单侧失压合闸 XL 倒计时，如图 2.104 所示。

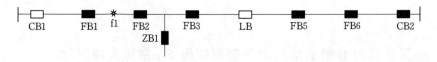

图 2.104 出线断路器第一次跳闸

2）CB1 第一次跳闸 0.5s 后第一次重合，如图 2.105 所示。

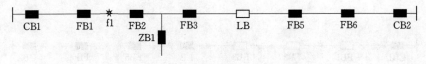

图 2.105　出线断路器第一次重合闸

3）因 FB1、FB2，ZB1 失压延时时间未到 1s 而尚未分闸，CB1 重合直接将电送到故障 f1，CB1 第二次跳闸，如图 2.106 所示。

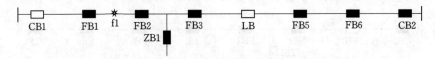

图 2.106　出线断路器第二次跳闸

4）CB1 第二次跳闸 1s 后，FB1，FB2，FB3 和 ZB1 失压延时 1s 到分闸，如图 2.107 所示。

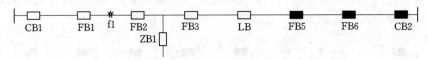

图 2.107　电压电流时间型断路器失压分闸

5）CB1 第二次跳闸 15s 后第二次重合，CB1 改为延时速断，将电送到 FB1 左侧，如图 2.108 所示。

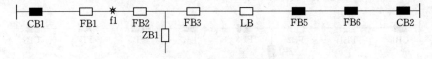

图 2.108　出线断路器第二次重合闸

6）FB1 得压 5s 后重合，同时启动合闸后加速保护，如图 2.109 所示。

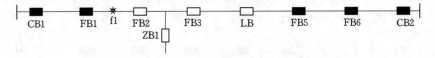

图 2.109　电压电流时间型断路器得压延时合闸

7）由于合到永久性故障点，FB1 合闸后加速保护动作开关跳闸，并闭锁合闸，如图 2.110 所示。

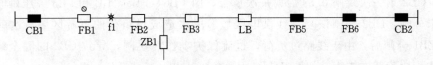

图 2.110　电压电流时间型断路器合闸后加速保护动作跳闸

8）故障后 45s，LB 因单侧失压合闸 XL 时间到而合闸，将电送到 FB3，如图 2.111 所示。

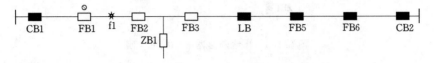

图 2.111 联络开关单侧失压延时到合闸

9）FB3 得压 5s 后重合，重合成功。FB2 得压 5s 后重合，如图 2.112 所示。

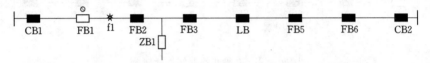

图 2.112 故障点下游电压电流时间型断路器得压延时合闸

10）FB2 由于合到故障点，同时 CB2 的速断保护范围没有超过联络开关，或 CB2 的速断保护被暂时调整为延时速断，FB2 启动的合闸后加速保护动作导致开关跳闸，并保持分闸状态，闭锁合闸，至此实现了故障隔离，如图 2.113 所示。

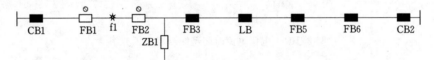

图 2.113 故障点下游电压电流时间型断路器合闸后加速保护动作跳闸

11）ZB1 得压 10s 后重合，如图 2.114 所示。

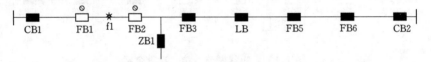

图 2.114 电压电流时间型断路器得压延时合闸

12）若此时 CB2 线路过负荷，导致 CB2 过流保护动作而第一次跳闸。ZB1 合闸后无故障，但维持两侧带电时间未超过 Y 时限，立即分闸，闭锁合闸，如图 2.115 所示。

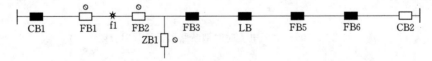

图 2.115 另一侧出线断路器过负荷跳闸与电压电流时间型断路器失压分闸

13）CB2 第一次跳闸 0.5s 后第一次重合，因 FB6，FB5，LB 和 FB3 失压延时时间未到而尚未分闸，CB2 合闸恢复主线供电区域，甩去造成过负荷的下游区域。这就有效地避免了 ZB1 合闸后，由于线路过负荷，过流保护动作而跳闸，导致 CB2 的健全线路无法供电，防止故障范围扩大，如图 2.116 所示。

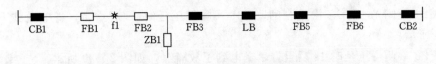

图 2.116　另一侧出线断路器重合闸

2.4.6　过流保护级差配合的电压电流时间型断路器 FA 故障处理过程

过流保护级差配合的电压时间型 FA 是通过出线断路器与支线首端断路器或用户分界断路器过电流保护级差配合，就地快速隔离故障，实现支线故障不扩大，一次重合恢复瞬时性故障区域供电，用户故障不出门，不重合直接切除用户的 FA 系统。级差配合可分为两级级差配合和三级级差配合。

两级级差保护与电压时间型断路器 FA 的配合配置原则为：出线断路器与用户或分支断路器实现级差保护配合，出线断路器设置 0.2~0.25s 保护动作延时，用户或分支断路器设置 0s 保护动作延时时间和一次延时 0.5s 快速重合闸。当主干线发生故障后，故障处理过程仍与基本的电压电流时间型断路器 FA 的处理步骤相同，当分支或用户发生故障后，相应分支或用户断路器先于出线断路器首先跳闸，出线断路器不跳闸，分支或用户断路器跳闸延时 0.5s 后重合，若是瞬时性故障，则恢复供电，若是永久性故障，则保护动作第二次跳闸，并保持分闸状态，闭锁合闸以隔离故障。

三级级差保护与电压时间型配合 FA 是指出线断路器、分支断路器和用户断路器实现级差保护配合。当主干线发生故障后，故障处理过程仍与基本的电压电流时间型断路器 FA 的处理步骤相同，当某一用户发生故障后，不影响其他用户，当某一分支发生故障后，不影响其他分支和主干线。

图 2.117 为三级过流保护时间级差配合的电压电流时间型断路器 FA 馈线的正常运行接线图，CB1 为出线断路器，配置一次重合闸；FB1、FB2、FB3 为电压电流时间型断路器，具备合闸后加速保护，合闸保持设定延时后闭锁保护出口仅告警；分支断路器 ZB1、用户分界断路器 YB1 和 YB2，具备合闸后加速保护，失压不分闸，ZB1 配置一次重合闸；LS 为联络断路器。主干线配置为基本的电压电流时间型 FA 模式，出线断路器、分支断路器和用户分界断路器实现三级级差保护配合。

（1）短路故障的处理过程。对于主干线短路故障处理过程如下：

1）当 f1 处发生永久性故障，CB1、FB1、FB2 的保护装置检测出故障电流，但 FB1、FB2 合闸状态已保持一定延时，保护装置仅告警不出口，故障发生 0.5s 后 CB1 保护动作跳闸，随后 FB1、FB2、FB3 失压分闸，如图 2.118 所示。

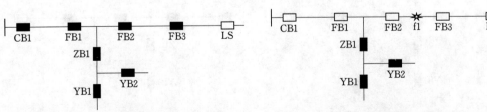

图 2.117　三级级差保护与电压电流
时间型配合 FA 线路接线

图 2.118　出线断路器第一次跳闸与电压
电流时间型断路器失压分闸

2）CB1 跳闸 1s 后第一次重合闸，FB1 一侧得压延时 1s 后重合，将电送到 FB2，如图 2.119 所示。

3）FB2 一侧得压延时 1s 后重合，送电到了故障点，如图 2.120 所示。

4）FB2 合闸后启动后加速保护，0.1s 后合闸后加速动作开关跳闸，FB3 因短时得压闭锁得压重合，完成故障隔离，如图 2.121 所示。

5）LS 采用人工或远方遥控方式合闸，恢复非故障区间供电，如图 2.122 所示。

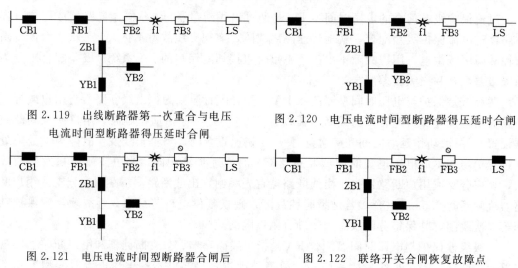

图 2.119　出线断路器第一次重合与电压
电流时间型断路器得压延时合闸

图 2.120　电压电流时间型断路器得压延时合闸

图 2.121　电压电流时间型断路器合闸后
加速保护跳闸

图 2.122　联络开关合闸恢复故障点
下游非故障分段供电

对于分支线短路故障处理过程（小电阻系统单相接地故障处理过程相同）如下：

1）当 f2 处发生相间短路或小电阻系统发生单相接地故障，CB1、FB1 和 ZB1 同时检测到故障电流，FB1 合闸保持设定延时后闭锁保护，ZB1 保护动作延时时间短于 CB1，故障发生 0.2s 后，ZB1 保护动作第一次跳闸切除故障，CB1 的延时保护返回，如图 2.123 所示。

2）ZB1 第一次跳闸 1s 后第一次重合，若为瞬时故障时，则重合闸成功，恢复供电。若为永久性故障时，则 ZB1 合闸后加速跳闸迅速隔离故障，故障处理完毕。

对于用户侧短路故障处理过程（小电阻系统单相接地故障处理过程相同）如下：

当 f3 处发生相间短路或小电阻系统发生单相接地故障，YB2、ZB1、FB1、CB1 同时检测到故障电流，FB1 合闸状态已保持一定延时，保护装置仅告警不出口，依据级差配合原则，YB2 的动作延时时间最短，故障发生 0s 后 YB2 保护动作跳闸切除故障，CB1 和 FB1 启动的延时保护返回。故障处理完毕，如图 2.124 所示。

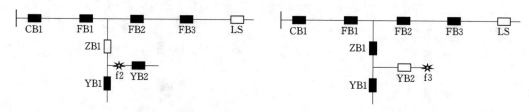

图 2.123　分支断路器保护动作切除故障

图 2.124　用户断路器保护动作切除故障

（2）小电流接地系统单相接地故障处理。如图 2.125 所示，FB1、ZB1、YB1、YB2 配置延时单相接地保护（暂态量法）跳闸功能，并实现延时配合，首分段级 FB1 延时（20s）大于分支级 ZB1 延时（15s），分支级 ZB1 延时大于用户级 YB1 和 YB2，YB1 和 YB2 同属于用户级延时一样（10s）。FB2、FB3 配置合闸后零序电压保护跳闸功能，合闸保持设定延时后闭锁保护。

对于主干线单相接地故障的处理过程如下：

1）当 f1 处发生单相接地故障，FB1 依据暂态量法判断出接地故障在其下游，延时 20s 跳闸，之后 FB2、FB3 失压分闸，如图 2.126 所示。

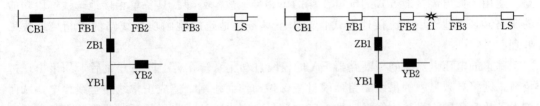

图 2.125　小电流接地系统配置接地保护的线路接线　　图 2.126　配置接地保护的断路器跳闸

2）FB1 跳闸后延时 1s 第一次重合，成功将电送到 FB2，如图 2.127 所示。

3）FB2 得压延时 1s 后重合，因合到单相接地点，引起零序电压超过阈值，启动合闸后零序电压保护跳闸功能立即跳闸，FB3 因短时得压闭锁重合闸，如图 2.128 所示。

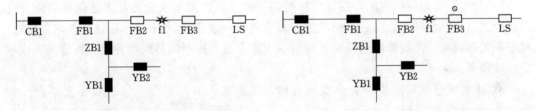

图 2.127　配置接地保护的断路器第一次重合闸　　图 2.128　分段断路器接地保护跳闸

4）LS 采用人工或远方遥控方式合闸，恢复非故障区间供电，如图 2.129 所示。

对于分支线单相接地故障处理过程如下：

当 f2 处发生单相接地故障，ZB1 和 FB1 的暂态量算法同时检测到接地位置在其下游，ZB1 延时短于 FB1 延时，接地后 15s 后跳闸，完成故障处理，如图 2.130 所示。

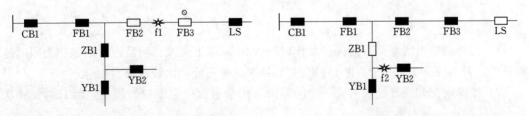

图 2.129　联络开关合闸恢复故障点下游供电　　图 2.130　分支断路器接地保护动作跳闸

对于用户侧单相接地故障处理过程如下：

当 f3 处发生单相接地故障时，YB2、ZB1、FB1 的暂态量算法同时检测到接地位置在其下游，YB2 的延时时间（10s）短于 ZB1 延时时间（15s），因此 YB2 延时 10s 后跳闸，完成故障处理，如图 2.131 所示。

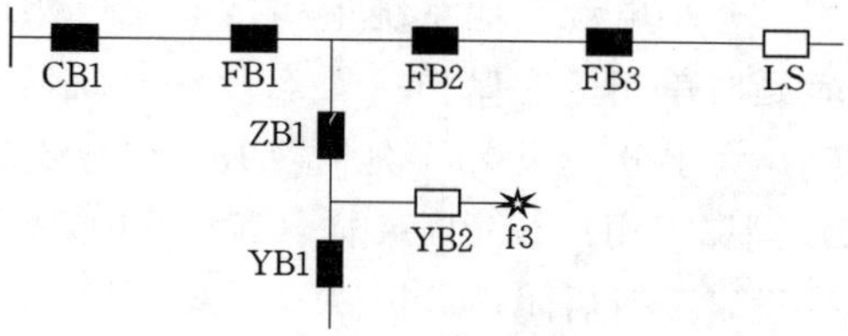

图 2.131　用户断路器接地保护动作跳闸

2.4.7　技术特点

这是一种新型的馈线自动化解决方案，适用于城市城郊电网、广大农村电网的架空线路，出线断路器配置 1 次重合闸即可满足要求。适用于网架结构为单辐射、单联络的线路。适用于大电流接地方式的配电线路的单相接地故障处理。具备单相接地选线选段功能的断路器，可适于小电流接地方式且站内不具备接地选线跳闸功能线路的单相接地故障处理。

基本的电压电流时间型断路器 FA 的馈线自动化系统在合上联络开关后，如果出现过负荷，则将导致另一侧出线断路器因过流保护动作而跳闸，造成正常线路全线停电，从而扩大了故障范围，另外，对瞬时性故障的恢复时间也较长。失压长延时分闸的电压电流型断路器 FA 对此有所改进。

（1）优点：

1）不依赖于通信和主站，就地化处理故障，实现故障就地定位和就地隔离，容易简单维护建设。

2）合闸后加速保护跳闸，能够发挥断路器的开断故障电流能力，迅速就地切除并隔离故障。当发生瞬时性故障后，出线断路器只需要一次重合（约 0.5s）就可以恢复供电；对于永久性故障，出线断路器只需要经历一次重合及分段断路器顺序合闸过程就能完成故障区域隔离。

3）出线断路器只需要配置一次重合闸，满足基本上所有变电站出线断路器的保护条件。

4）出线断路器一次重合闸即可实现故障点上游开关的隔离，只有出线断路器到第一个断路器之间区域发生永久性故障时，出线断路器才会导致重合不成功。出线断路器重合成功率将得到大幅提高。

5）当建立主站和通信系统后，可升级改造，既可以向主站上送所有遥测遥信数据，也可以接收主站的遥控命令，但故障处理功能仍然可以独立完成，实现故障隔离和负荷转供的可靠性大大提高。

（2）局限性：

1）需要调整出线断路器的保护动作时间为 0.3s 以上，或合闸后改速断保护为限时速断保护，否则线路主干线分段断路器合闸后加速保护不能和出线断路器配合。

2）故障定位和恢复过程需要一定的时间，仍会引起全馈线短暂停电，但只需要 1 次重合。

3）借助"残压"进行判断，TV 断线的情况下，联络开关合闸造成不期望的闭环运行，检测"残压"有困难。若关闭联络开关的自动合闸功能，可由集中智能进行遥控操作。

4）电压型设备仅需根据线路的电压有无来进行判断，工作电源取自线路，不需要额外提供；而电压电流型设备要求配置 TA、TV 配合判断，虽然也可用电源变压器作为正常时的供电电源，但在线路故障时，必须依靠蓄电池供电，才能保证通信的正常进行。蓄电池需要定期维护检查，这使得系统一次设备的免维护性大大降低。

2.5 自适应综合型 FA

2.5.1 基本原理

自适应综合型 FA 是在电压时间型 FA 基础上，增加了故障电流信息记忆和得压合闸延时自动选择功能，成为一种新型的电压电流时间型 FA。其故障处理过程类似电压时间型 FA，发生故障后前端某一开关跳闸，后端开关检测是否流过故障电流并记忆，检测到失压后分闸，待前端跳闸开关重合闸之后，后端开关得压依据是否流过故障电流，即依据故障信息记忆自动选择得压合闸延时。为了减少用户电压闪动，优先进行故障定位，之后再恢复无故障区送电。

依据故障电流记忆信息选择得电合闸延时，一般选择流过故障电流的开关优先合闸，即有故障记忆的开关延时 7s 合闸，无故障记忆则延时更长时间合闸，这不同于电压时间型 FA 自动化开关人工事先确定合闸顺序，运行方式改变后需要对相应合闸顺序进行调整。这种自动选择开关得压合闸时间，就是自适应的一种体现。另外，这种 FA 模式中融入了分界负荷开关和分界断路器的动作逻辑。若分界断路器后端发生故障时，断路器动作直接切除，无需出线断路器或首级开关动作，所以对其他支线和主干线用电不产生影响，但一次设备必须搭配断路器使用，且要考虑与首级开关的保护时限配合。若线路较长且出线断路器保护时限允许的情况下，可以将线路中后段某分段开关配置首级开关模式，称为中间断路器。中间断路器将线路分隔为两个较为独立的部分，当中间断路器后端发生故障时，由它完成故障切除。该种配置方式的优势为中间断路器后端发生故障时，前端线路供电不受影响，但能否实现取决于前一个首级开关故障动作时限是否足够长，以便能与中间断路器完成时间级差配合，所以并非任何线路均能适用。所以这是一种综合的就地型 FA，因此，把这种 FA 模式定义为自适应综合型。在编者看来，这也是一种综合的电压电流时间型 FA。

自适应综合型 FA 定位故障过程，类似于故障跳闸后人工分合分段分支开关进行试送电的思维方式。即线路跳闸后，拉开分段和分支开关，然后从前到后，让包括出线断路器的线路开关逐一送电，优先让有故障电流记忆开关送电。若合闸后未失压，则说明该开关控制区无故障，或是瞬时性故障已消失，无需闭锁。若合闸后立即失压了，开关本来有故障记忆，再次合闸失压说明该开关控制区有永久性故障，则下次得压后不可送电，即需要分闸后闭锁合闸。对于无故障记忆的开关，待确定故障位置后送电时，再合闸恢复供电。

这种就地型 FA 不依赖通信和主站，可在出线断路器或线路首级开关第一次重合闸后隔离故障区域，第二次重合闸恢复非故障区域供电。一般使用负荷开关来组网，有些模式下需用断路器来组网，适用于多种配电网结构。

2.5.2　设备配置

建设基本的自适应综合型 FA 系统，对设备的标准配置要求如下：

（1）变电站出线断路器保护配置要求。配置速断、过流、零序（小电阻接地系统）保护和二次重合闸功能。具备闭锁二次重合闸功能，一次重合闸后 Y 时间内检测到故障电流，保护动作跳闸，则闭锁二次重合闸功能。若需要与后端断路器配合，则出线断路器配置限时速断保护。

（2）主干线分段（分支线）开关配电终端功能要求。可采集三相电流、三相电压，具备自适应综合型负荷开关逻辑控制功能。可依据应用位置和需求不同，配置为首级（也称选线模式）、分段（也称选段模式）、联络以及分界，有 X、Y 和 C 三个关键参数。一般搭配负荷开关使用，有的配置情况下，需要搭配断器使用。

配置为首级模式时，终端投入故障跳闸和重合闸功能，退出 FA 压板。这种模式若要断开短路故障，则需要搭配断路器使用。若只断开单相接地故障，则搭配负荷开关即可。

配置为分段模式时，投入 FA 压板，当故障发生时，若有故障电流记忆，终端得压延时 X 时限发出合闸命令，无故障电流记忆时，得压延时 $X+C$ 时间发出合闸命令。在合闸后 Y 时限内，若检测到失压信号，则闭锁合闸。这就是得压合闸延时自动选择功能，是不同于电压时间型和电压电流时间型的主要特征。

配置为联络模式，投入 FA 压板，正常工况下保持常开，若允许自动合闸，则在检测到单侧失压 XL 时限后合闸（躲过线路故障最长处理时间），从而完成负荷转供；若 XL 时限器内失压，则恢复供电，终端不动作。

配置为分界模式时，投入 FA 压板，实现分界负荷开关的基本功能，双侧无压无流且有故障电流记忆时分闸，否则保持合闸。

自适应综合型 FA 开关的四种模式，不同配置方式下开关动作次数、负荷短时停电时间、负荷短时停电次数均有差异，实际应用中可以根据出线断路器故障动作时限定值、一次开关类型、负荷重要性及运维习惯等因素灵活配置。

（3）主干线分段断路器配电终端功能要求。在主干线设置分段断路器后，将主干线分为两段，第二分段发生故障由主干线分段断路器自动切除，可以有效躲避瞬时性故障，相当于减少了 50% 变电站出线断路器的跳闸，同时缩小了故障引起的停电范围，保障了上一级线路的正常供电。

（4）联络开关配电终端功能要求。可采集三相电流、开关两侧三相电压，具备闭锁合闸功能，当开关两侧得压时，开关分闸且闭锁合闸。具备失压合闸功能，当开关一侧失压，开关另一侧得压，则延时后合闸。

（5）电流互感器配置要求。配置三相电流互感器，测量 CT 变比 600/5，精度 0.5 级，保护 CT 变比 600/5，精度 10P20。

（6）主干线单相接地处理。对于小电流接地系统，通过在主干线分段开关加装零序 PT，或开关内置零序电压传感器，检测零序电压。零序 PT 容量 50VA。对于小电阻接地系统，通过在主干线分段开关加装零序 CT，检测零序电流。零序 CT 容量 0.5VA，变比 20/1。

（7）电源配置要求。应统筹考虑配电自动化设备、通信设备及开关操作对电源容量的需求，合理选择工作和后备电源。对于主干线分段开关，两侧各配置一台电源变压器，其中开关电源侧配置一台三相零序一体型电源变压器供电，开关负荷侧配置一台单相电源变压器供电，容量均为 500VA、变比 10/0.22，一次侧配置保护熔丝。对于分支线开关只需在电源侧配置一台三相零序一体型电源变压器供电，一次侧配置保护熔丝。对于联络开关，则需在开关两侧各配置一台三相零序一体型电源变压器供电，一次侧配置保护熔丝。配电自动化终端后备电源可选用蓄电池或免维护的超级电容。其容量满足工作电源掉电后，维持配电自动化终端持续 8h 正常工作及 3 次以上开关分合闸操作。

（8）配电自动化信息主站系统接入。通过无线公网或光纤专网通信通道，配电自动化终端将开关动作、电流电压越限告警和故障信号等配电实时信息上传至配电自动化主站。

2.5.3 动作逻辑

自适应综合型开关应具备如下动作逻辑功能：

（1）失压延时分闸功能。开关在合位、双侧无压、无流，失压延时到，开关分闸。

（2）故障电流信息记忆功能。开关设置过电流保护值，若流过电流大于定值，则记录有故障电流，即有故障记忆，故障记忆在一定时间后复归。

（3）得压自动选择延时合闸功能。若开关有故障电流记忆，则得压延时 X 时限后合闸，若开关无故障电流记忆，则得压延时 $X+C$ 时限后合闸。本着先定位故障，再送电无故障区的原则，有故障电流记忆，说明故障在其后端，优先合闸，以便测试故障是否存在和确定故障分段。无故障电流记忆，说明该开关后端无故障，等待故障定位隔离后再合闸，以减少短时电压冲击负荷设备。长延时合闸要保证某支路完成故障定位之后再合闸。

（4）合闸到故障失压分闸闭锁合闸功能。得压合闸后 Y 时限（1.5s）内失压，并检测到故障电流，即合闸到故障，则失压分闸，设定时间内保持分闸状态，闭锁合闸。即使单侧电压再次正常，也不执行得压延时合闸功能。合闸后设定时间内检测到了故障电流，说明其控制区有故障，所以失压分闸隔离故障，设定的时间内不再合闸。这不同于电压时间型开关，合闸后 Y 时间内，不但检测是否失压，还检测是否故障过流，决定是否闭锁合闸。这也不同于电压电流时间型断路器动作逻辑，得压合闸后启动后加速保护，若检测到故障电流，即合闸到故障，则后加速保护动作开关跳闸，在设定时间内保持分闸状态，闭锁合闸。

（5）合闸零序电压突变分闸功能。开关得压合闸后检测到零序电压突变，则开关直接分闸。这是具有接地故障选段选线功能的自适应综合型开关的重要功能。

（6）残压脉冲闭锁功能。即感受短时得压，则闭锁反向得压合闸。开关处于分闸状态，任意一侧电压由无压升高超过最低残压整定值，又在 Y 时间内消失，进入闭锁状态，使开关处于分闸位置。

（7）单侧失压延时合闸功能。开关在分位且双侧电压正常持续 30s 以上，单侧电压消失，延时时间到后，控制开关合闸，可选择开关任意一侧失压即延时控制开关合闸；双侧同时失压不合闸。

（8）双侧均得压闭锁合闸功能。开关处于分闸状态时，两侧电压均正常时，此时 FTU 闭锁合闸功能。

（9）分界负荷开关 SOG 功能。检测到故障电流信号后且无压无流分闸，或虽然失压但未检测到故障电流仍然保持合闸。

2.5.4 基本的自适应综合型 FA 故障处理过程

如图 2.132 所示为一个典型的开环运行 10kV 线路，出线断路器 CB1 配置速断保护、二次重合闸，FS1、FS2、FS3、LS 等线路分段或联络开关为自动化负荷开关，具有自适应综合的电压电流时间型负荷开关的基本功能。

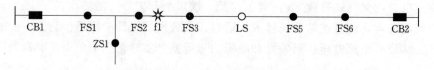

图 2.132　环网状自适应综合型 FA 线路接线

（1）若 f1 处发生短路故障，则 CB1 保护动作第一次跳闸，如图 2.133 所示。

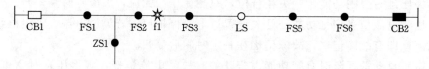

图 2.133　出线断路器第一次跳闸

（2）FS1、FS2 检测到并记忆故障电流，失压之后分闸。ZS1 未检测到故障电流，因失压而分闸。LS 启动单侧失电合闸 XL 倒计时，如图 2.134 所示。

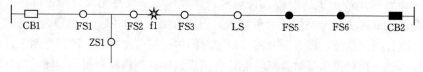

图 2.134　自适应综合型开关失压分闸

（3）CB1 第一次跳闸后重合闸延时 1s 到第一次重合闸，将电试送到 FS1 左侧，如图 2.135 所示。

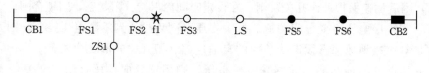

图 2.135　出线断路器第一次重合闸

（4）FS1 有故障电流记忆，得压延时 X（7s）合闸，将电送到 FS2 左侧，ZS1 上侧，如图 2.136 所示。

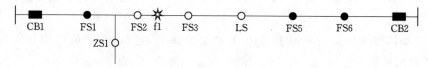

图 2.136　自适应综合型开关得压自动选择延时合闸

（5）FS2 有故障电流记忆，得压延时 $X(7s)$ 后合闸，将电送到故障点。若是瞬时性故障，则故障已消失，将电送到 FS3 左侧。FS3 无故障电流记忆，得压延时 $X(7s)$ 后合闸，恢复主线供电。ZS1 无故障电流记忆，得压延时 $X+C(7+50s)$ 后合闸，恢复支线的供电，如图 2.137 所示。

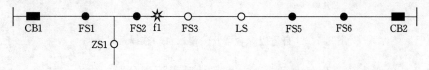

图 2.137　自适应综合型开关得压自动选择延时合闸

（6）若是永久性故障，则 FS2 得压延时合闸到故障点，CB1 保护动作第二次跳闸。ZS1 因启动长延时合闸时间未到，未合闸，如图 2.138 所示。

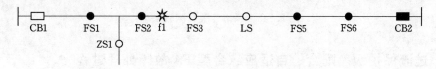

图 2.138　出线断路器第二次跳闸

（7）FS1 失压分闸，FS2 合闸后立即失压，并检测到故障电流，因此失压后分闸，并设定时间内闭锁合闸。分段开关 FS3 因检测到短时脉冲电压，即残压闭锁合闸，如图 2.139 所示。

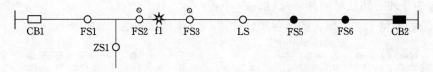

图 2.139　自适应综合型开关失压分闸

（8）CB1 第二次重合闸延时到，第二次重合闸，将电送到 FS1，如图 2.140 所示。

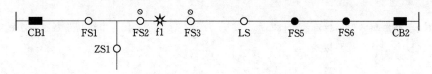

图 2.140　出线断路器第二次重合闸

（9）FS1 有故障电流记忆，得压延时 $X(7s)$ 后合闸，将电送到 FS2 左侧，ZS1 上侧，如图 2.141 所示。

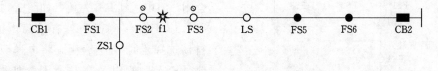

图 2.141　自适应综合型开关得压自动选择延时合闸

（10）FS2 处于闭锁合闸阶段，ZS1 无故障电流记忆，得压延时 $X+C(7+50\mathrm{s})$ 后合闸，恢复支线的供电，如图 2.142 所示。

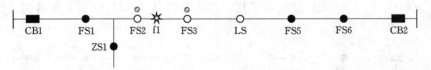

图 2.142　自适应综合型开关得压自动选择延时合闸

（11）LS 单侧失压 XL 延时到合闸，恢复故障点下游分段的供电，如图 2.143 所示。

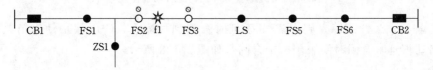

图 2.143　联络开关合闸转供电

2.5.5　过流保护级差配合的自适应综合型 FA 故障处理过程

如图 2.144 所示为一个典型的开环 10kV 线路，出线断路器 CB1 配置延时速断，过流，零序保护，二次重合闸；FS1 至 FS4 为主干或分支线自适应综合型负荷开关，ZB1 为分支分界断路器，配置速断保护，与 CB1 实现保护时间级差配合，一次重合闸。YS1、YS2 为用户分界负荷开关，LS 为联络负荷开关。

（1）主干线短路故障的处理过程。

1）f1 处发生永久故障，CB1 保护动作第一次跳闸，如图 2.145 所示。

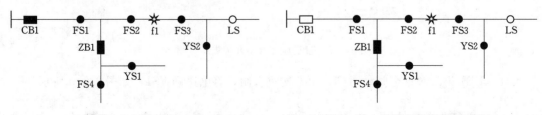

图 2.144　两级级差保护与自适应综合型　　　　图 2.145　出线断路器第一次跳闸
　　　　　　　配合 FA 线路接线

2）FS1、FS2、FS3、FS4 因失压分闸，其中故障点上游开关 FS1、FS2 流过故障电流并记忆。用户分界负荷开关 YS1、YS2 因无故障电流记忆保持合闸状态，如图 2.146 所示。

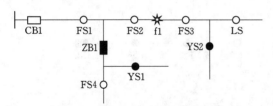

图 2.146　自适应综合型开关失压分闸

3）CB1 重合闸延时 2s 到时后第一次重合闸，将电送到 FS1 左侧，如图 2.147 所示。

4）FS1 一侧得压且有故障电流记忆，自动选择延时 7s 后合闸，将电送至 FS2 左侧、FS4 上侧以及用户 YS1，如图 2.148 所示。

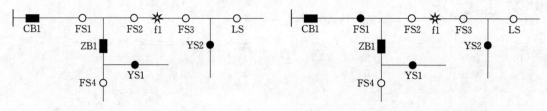

图 2.147 出线断路器第一次重合闸　　图 2.148 自适应综合型开关得压自动选择延时合闸

5）FS2 一侧得压且有故障电流记忆，自动选择延时 7s 合闸，FS4 一侧得压但无故障电流记忆，启动长延时 7＋50s，如图 2.149 所示。

6）由于是永久性故障，CB1 保护动作第二次跳闸，FS2 得压合闸后 Y 时间内失压并检测到故障电流，因此执行失压分闸并闭锁合闸，FS3 因检测到短时得压，闭锁合闸，如图 2.150 所示。

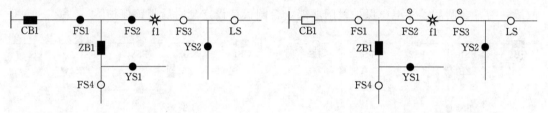

图 2.149 自适应综合型开关得压自动选择延时合闸　　图 2.150 出线断路器第二次跳闸

7）CB1 重合闸延时到第二次重合，FS1、FS4 依次得压延时合闸，恢复故障点前端的分段供电，如图 2.151 所示。

8）联络开关 LS 若设置了单侧失压延时合闸功能，则待故障被隔离后延时合闸，或通过遥控或人工合闸，实现故障点后端分段的恢复供电，如图 2.152 所示。

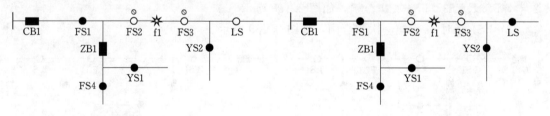

图 2.151 出线断路器第二次重合闸与自适应　　图 2.152 联络开关合闸转供电
综合型开关得压自动选择延时合闸

（2）用户侧短路故障的处理过程。

1）当 f2 发生短路故障，则断路器 ZB1 保护动作，先于变电站 CB1 跳闸，如图 2.153 所示。

2）FS1、YS1 流过故障电流，FS1 未失压不分闸，FS4 失压且无故障电流，则失压后分闸，YS1 有故障电流记忆，在无压无流后分闸，如图 2.154 所示。

3）ZB1 在重合闸延时到之后第一次重

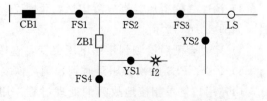

图 2.153 分支断路器第一次跳闸

合闸，将电送到 FS4 的上端，YS1 的左端，如图 2.155 所示。

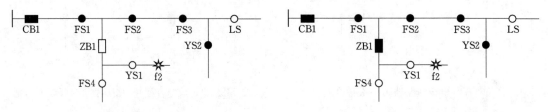

图 2.154 自适应综合型开关失压分闸 图 2.155 分支断路器第一次重合闸

4）FS4 无故障电流记忆，得压后 7s 合闸，恢复下游供电，YS1 有故障电流记忆不合闸，人工查找故障后试送电，如图 2.156 所示。

（3）主干线或分支线单相接地的故障处理过程。如图 2.157 所示，设置 FS1 为接地选线模式，延时单相接地保护动作跳闸，其余开关为接地选段模式，检测并记忆单相接地故障，配置合闸后零序电压保护跳闸功能，合闸保持设定延时后闭锁保护。

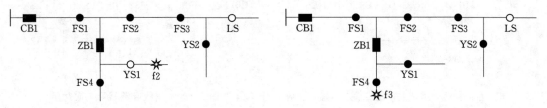

图 2.156 自适应综合型开关得压自动选择延时合闸 图 2.157 配置单相接地故障跳闸的
自适应综合型 FA 线路接线

1）当 f3 处发生单相接地故障，FS1、FS4 依据暂态算法（适用于小电流接地系统）选出接地故障在其后端并记忆，FS1 延时保护第一次跳闸（小电流接地系统下设置为 20s），FS2、FS3、FS4 失压分闸，如图 2.158 所示。

2）FS1 延时 2s 后第一次重合闸，如图 2.159 所示。

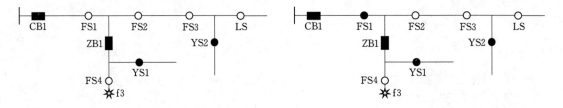

图 2.158 接地选线模式的自适应综合型开关 图 2.159 接地选线模式的自适应综合型
跳闸与自适应综合型开关失压分闸 开关重合闸

3）FS4 一侧得压且有故障记忆，延时 7s 合闸。FS2 无故障记忆，启动长延时合闸计时，如图 2.160 所示。

4）FS4 合闸后检测到零序电压突变，直接分闸，如图 2.161 所示。

5）FS2、FS3 依次得压延时到合闸，恢复正常分段的供电，如图 2.162 所示。

（4）用户侧单相接地故障的处理过程。用户分界开关装置嵌入单相接地定位保护算法，配置单相接地故障延时保护功能。

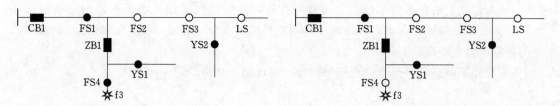

图 2.160　自适应综合型开关得压自动选择延时合闸　　图 2.161　自适应综合型开关合闸后零序电压突变分闸

1）当 YS1 之后发生接地故障，若是瞬时单相接地故障，YS1 延时 10s 后检测无故障，则保持不动作。

2）若是永久性单相接地故障，因 YS1 接地保护延时小于 FS1，所以 YS1 延时 10s 后直接跳闸，切除分支线单相接地故障，线路其他开关不动作，如图 2.163 所示。

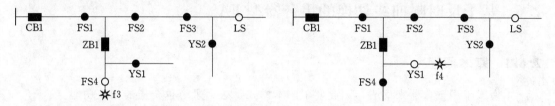

图 2.162　自适应综合型开关得压自动选择延时合闸　　图 2.163　自适应综合型开关切除单相接地故障

这种单相接地故障处理逻辑策略，融合了故障暂态参数和相电流突变原理，无需出口断路器配置重合闸或单相接地选线功能，即能准确定位与隔离单相接地故障，且定值能够自适应运行方式及网架结构的变化。

2.5.6　技术特点

这是一种新型的就地型馈线自动化解决方案，适用于城市城郊电网、广大农村电网的架空线路，变电站出线断路器配置 2 次重合闸即可满足要求。适用于网架结构为单辐射、单联络的线路。适用于大电流接地方式的配电线路的单相接地故障处理。具备单相接地选线选段功能的断路器，适于小电流接地方式，且站内不具备接地选线跳闸功能线路的单相接地故障处理。

（1）优点：

1）不依赖于通信和主站，就地化处理故障，实现故障就地定位和就地隔离，搭建简单，容易维护，是良好的故障处理方案。

2）相较于电压电流时间型 FA，配置得压自动选择延时合闸功能，无需在分支开关整定不同的延时定值，具有自适应性，运行方式调整，不用调整合闸时间，同时减少无故障分段用户的短时带电扰动。

3）配置暂态法单相接地保护的选线选段开关，对小电流接地系统的单相接地有好的处理效果。单相接地故障处理与短路故障处理逻辑类似，更易理解。

4）利用电压电流时间型开关功能多样，配置灵活的特点，可同时监视故障电流和电压。

5）当建立主站和通信系统后，可升级改造，既可以向主站上送所有遥测遥信数据，也可以接收主站的遥控命令；但故障处理功能仍然可以独立完成，实现故障隔离和负荷转供的可靠性大大提高。

6）与分界断路器和分界负荷开关配合，实现用户故障的定位和隔离。

（2）局限性：

1）变电站出线断路器需要配置两次重合闸，故障后出线跳闸，导致全线路短时失压，影响不间断供电。

2）采用过流保护级差配合的电压电流型 FA，需要变电站出线断路器与主干线分段断路器实现时间级差配合，调整变电站出线断路器的保护时间为 0.3s 及以上。

3）无通信或主站的就地故障处理之后，调度运行人员不能掌握运行方式。

2.6　基于反时限曲线切换的重合器型 FA

2.6.1　基本原理

本模式采用重合器来集成，因此要了解本模式，必须了解重合器的相关功能。

重合器是具有多次重合和保护动作分闸功能的智能化断路器，可设定定时限过流保护和反时限电流保护，能够按照预定的保护动作曲线分闸，按预定的重合延时重合，执行设定的多次分、合闸循环操作，并在一定动作后复位和闭锁。重合闸具备如下参数。

（1）反时限电流保护曲线与最小启动电流值。重合器具备多条 $t-I$（时间－电流）跳闸动作曲线，即反时限电流保护曲线。其中有一条为快速反时限电流保护曲线，多条慢速反时限电流保护曲线。慢速动作曲线相对于快速动作动作而言，是指在同一故障电流下，跳闸动作延时更长。重合器可以在不同的时段选择启用不同的跳闸动作曲线。一般可整定"快"按快速 $t-I$ 特性曲线整定分闸，"慢"按某一条慢速 $t-I$ 特性曲线整定分闸。"一快三慢""二快二慢"和"一快二慢"是多种分闸动作组合，其中"一快三慢"表示第一次跳闸使用快速动作曲线，第二次、第三次、第四次跳闸分别使用相同或不同的慢速动作曲线。对于反时限电流保护，需设定最小脱扣电流，即启动电流值。当故障电流大于该最小脱扣电流，则可按该动作曲线短路电流对应的延时而分闸。启动电流必须躲过线路的励磁涌流。

（2）重合闸延时与重合次数。重合闸具备多次重合功能，每次跳闸后重合延时可调，经过预先整定的重合次数后，可以闭锁分闸或合闸。重合器每次重合后可以启动使用不同的反时限电流保护曲线。所以"一快三慢"表示正常运行时使用快速动作曲线，第一次重合后启用慢速动作曲线，第二次重合后启用慢速动作曲线，第三次重合后启用慢速动作曲线，这些不同阶段启动的慢速曲线可以不同。

重合器可进行多次跳闸动作、延时重合的循环操作。图 2.164 为重合器多次分合循环动作时间图。图中所示重合器设定为"四分三合"顺序，动作时序为：分—t_2—合分—t_4—合分—t_6—合分—复归。时间段 t_1 表示故障发生到故障切除使用时间，是设定动作曲线开关跳闸的用时。t_3、t_5、t_7 为合闸保持时间，因时间段较长，对应于慢速动作曲线，是指重合器处于合位，在故障电流作用下，按照慢速曲线对应延时跳闸，即表示慢速反时限保护动作延时。t_2、t_4、t_6 为重合闸延时，表示上次分闸和紧接着合闸的时间间隔，也是分闸保持时间。实线表示故障跳闸，三次重合不成功，重合器闭锁在分闸状态。虚线表示故障跳闸，第二次重合成功后，重合器终止后续的分合动作，流过正常负荷电流。

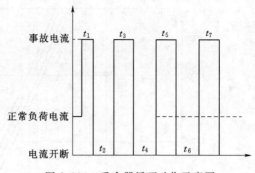

图 2.164　重合器循环动作示意图

上述表明，重合器的开断具有多时性，即同一故障电流下可对应多种开断时间。断路器继电保护具有速断与过流保护，也有不同的开断时延，但无多时性，这种时延只与保护范围有关，一种故障电流对应一种开断时间。重合闸的这种多时性使多台重合器通过切换动作曲线，实现反时限保护曲线配合成为可能。

重合器在不同时段可设定不同的跳闸动作曲线，本模式依据重合器失压延时，启用不同的曲线，设定不同的启动电流值，使上下级重合器保护配合，从而隔离故障。另外本模式中首级分段重合器设定失压延时分闸功能，也是隔离故障之用。这种模式更多的延续了多级保护配合的理念，因此，研究本模式动作过程，必须借助反时限保护动作曲线。

2.6.2　设备配置

这是一种特殊的 FA 方案，线路中各重合器采用下列配置：

（1）户外真空重合器 VR－3S。为三相分相式结构，真空灭弧室和电流互感器密封在极柱内。采用 ABB 专利的单弹簧永磁驱动机构。

（2）PCD2000 控制箱。实现重合器在线路中上下级的配合，多组保护设定值可相互切换。装有 12/24V 的直流蓄电池，在一次系统停电情况下，也可确保开关正常操作。

2.6.3　动作逻辑

基于反时限曲线切换的电压电流时间型 FA 中按照重合器的不同位置，分为出线断路器、首级分段重合器、中间重合器和联络重合器四种模式，如图 2.165 所示。

图 2.165　基于反时限曲线切换的电压电流时间型 FA 线路接线

线路中重合器的动作曲线如图 2.166 所示。图中各曲线之间的间隔为 0.1s 以上。出线断路器 QF 的动作曲线位于首级分段重合器 R1 动作曲线的上方，首级分段重合器 R1 动作曲线位于中间重合器 R4 的上方，意味着在同一故障电流下，即同一纵坐标，出线断路器的动作时间比首级分段重合器长，中间重合器的动作延时较短，这三台开关能在故障下，实现动作的选择性，不越级跳闸。

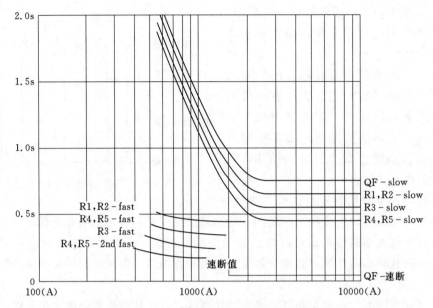

图 2.166　上下级开关反时限动作曲线配合

每种模式的重合器配置的重合次数不同，每次重合后启动的动作曲线不同、脱扣电流不同，具体如下。

(1) 出线断路器 (QF1、QF2) 动作逻辑:

1) 具备两条动作曲线，一条为速断电流保护 (QF-速断)，另一条为慢速反时限电流保护 (QF-slow)。

2) 设置一次重合闸，操作顺序为: O-0.7s-CO-闭锁，15s 后复位并准备下一次重合闸。正常运行时启动速断保护 (QF-速断，短路电流大于速断电流值时候) 和慢速反时限电流保护 (QF-slow，短路电流小于速断电流值时候)，第一次跳闸后 0.7s 进行第一次重合闸，第一次重合闸后，启用慢速反时限电流保护 (QF-slow) 动作，延时 15s 内闭锁合闸。其跳闸特点是 "先快后慢"。

(2) 首级分段重合器 (R1、R2) 模式动作逻辑:

1) 具备两条动作曲线，一条为快速反时限电流保护 (R1，R2-fast)，另一条为慢速反时限电流保护 (R1，R2-slow)。

2) 只设置第一组定值，配置两次重合闸，动作顺序为 O-0.3s-CO-4s-CO 后分闸闭锁，分闸动作曲线是 "两快一慢"，即前两次分闸按快速动作曲线动作，第三次分闸按慢速动作曲线动作。采用一组启动电流定值，一般最小分闸电流整定为 800A。

3) 具备失压延时分闸功能。在电源侧失压 3s 后自动分闸。

(3) 中间重合器 (R4、R5) 模式动作逻辑:

1) 具备三条动作曲线，一条为慢速反时限电流保护 (R4，R5-slow)，一条为快速反时限电流保护 (R4，R5-fast)，一条为更快速反时限电流保护 (R4，R5-2nd fast)。

2) 具备第一组定值，设置两次重合闸，动作顺序为 O-0.3s-CO-4s-CO 后分闸闭锁，分闸动作曲线是 "两快一慢"，即前两次分闸按快速动作曲线动作，第三次分闸按慢速动作曲线动作。设置启动电流定值，按照线路正常运行方式的负载大小而设定，最小分闸电流值一般为 560A。

3）具备第二组定值：一次跳闸后闭锁分闸，此次跳闸按快速动作曲线动作。设置启动电流定值，按照线路倒送电后的负载大小而设定，最小分闸电流值一般为 280A。

4）具备失压延时切换定值和改为更快速曲线功能。电源侧失压延时 7s 之前，使用第一组定值。电源侧失压延时 7s 之后，切换为使用第二组定值，动作曲线切换为更快速反时限动作曲线（R4，R5 - 2nd fast），跳闸后闭锁合闸。

（4）联络重合器（R3）模式动作逻辑：

1）具备两条动作曲线，一条为快速反时限电流保护（R3 - fast），另一条为慢速反时限电流保护（R3 - slow）。

2）具备第一组定值：设置两次重合闸，动作顺序为 O - 0.3s - CO - 4s - CO 后分闸闭锁，分闸动作曲线是"两快一慢"，即前两次分闸按快速动作曲线动作，第三次分闸按慢速动作曲线动作。设置启动电流定值，按照线路正常运行方式的负载大小而设定，最小分闸电流整定为 400A。

3）具备第二组定值：一次跳闸后闭锁分闸，此次跳闸按快速动作曲线动作。设置启动电流定值，按照线路倒送电后的负载大小而设定，最小分闸电流值一般为 400A。

4）具备失压延时切换定值功能。正常运行和电源侧失压 7.5s 之前，执行第一组定值，任一侧失压延时 7.5s 之后，切换到第二组定值。

5）具备失压延时合闸和改为慢速曲线功能。任一侧失压延时 7.5s 之后，启动单侧失压延时重合闸，改变为一次慢速动作曲线跳闸（R3 - slow），分闸后闭锁。

各重合器的整定值在开关合闸状态下，经 30s 后，恢复到第一设定值，即正常整定值。

2.6.4　反时限定值切换的重合器型 FA 故障处理过程

以图 2.165 为例，根据短路故障电流的大小，线路将有两种不同的动作逻辑过程情况。

第一种：短路故障电流大于出线断路器速断保护动作电流值的情况，如图 2.166 所示，各断路器和重合器可以启动的动作曲线基本位于速断值纵轴的右侧。QF1 第一次分闸启动速断保护，所以第一次将发生越级，出线断路器跳闸。

（1）出线断路器之后发生故障。

1）当 QF1 之后与 R1 之前线路发生短路故障，QF1 启动速断保护（QF -速断）第一次跳闸，如图 2.167 所示。

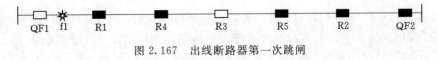

图 2.167　出线断路器第一次跳闸

2）跳闸 0.7s 后，QF1 进行第一次重合闸。若是瞬时性故障，则在其他分段重合器失压延时未到保持合闸状态，直接送电到线路末端，恢复正常供电，如图 2.168 所示。

图 2.168　出线断路器第一次重合闸

3）若是永久性故障时，QF1 第一次重合闸直接送电至故障点，QF1 启用慢速反时限电流保护（QF - slow）第二次跳闸，之后保持闭锁分闸状态，如图 2.169 所示。

图 2.169　出线断路器第二跳闸

4）失压延时 3s 后，R1 电源侧失压计时到自动分闸，隔离故障，如图 2.170 所示。

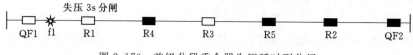

图 2.170　首级分段重合器失压延时到分闸

5）失压延时 7s 后，R4 失压计时到自动切换为第二组反向定值，最小分闸电流值一般为 280A，动作曲线切换为更快速反时限动作曲线（R4，R5 - 2nd fast）。失压延时 7.5s 后，R3 单侧失压延时到合闸，并自动切换为第二组反向定值，最小分闸电流整定为 400A，改变为一次慢速动作曲线跳闸（R3 - slow）。右侧线路电流送至 R1 右侧，由于故障被隔离，恢复送电成功，如图 2.171 所示。

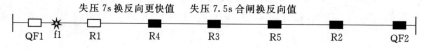

图 2.171　中间重合器失压延时到切换定值与联络重合器单侧失压延时到合闸

（2）首级分段重合器之后发生故障。

1）首级分段重合器 R1 与中间重合器 R4 之间线发生短路故障，QF1 速断保护（QF - 速断）动作第一次跳闸，R1 通过了故障电流，但上级 QF1 速断保护动作延时短于 R1，所以 R1 快速反时限电流（R1，R2 - slow）保护返回，但计数一次，跳过第一次快速动作曲线，如图 2.172 所示。

图 2.172　出线断路器第一次跳闸

2）跳闸 0.7s 后，QF1 第一次重合闸，启动了慢速反时限电流保护（QF - slow），电流通过 R1 送电到故障点，若是瞬时性故障，则恢复送电，如图 2.173 所示。

图 2.173　出线断路器第一次重合闸

3）若是永久性故障，则 R1 启动第二次快速反时限电流保护动作（R1，R2 - fast），但先于 QF1 慢速反时限电流保护（QF - slow）动作而跳闸，如图 2.174 所示。

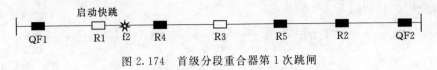

图 2.174　首级分段重合器第 1 次跳闸

4）之后 R1 第 1 次重合闸，如图 2.175 所示。

图 2.175　首级分段重合器第 1 次重合闸

5）因永久性故障，R1 按慢速动作曲线（R1，R2 - slow），先于 QF1 慢速反时限电流保护（QF - slow）跳闸并闭锁，如图 2.176 所示。

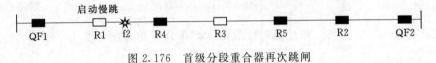

图 2.176　首级分段重合器再次跳闸

6）R4 失压 7s 后、切换为使用第二组定值，最小分闸电流值一般为 280A，动作曲线切换为更快速反时限动作曲线（R4，R5 - 2nd fast）。R3 因失压 7.5s 后，启动单侧失压延时重合闸，切换到第二组定值，最小分闸电流整定为 400A，改变为慢速动作曲线跳闸（R3 - slow），整定值自动切换。因 R3 单侧失压时间到合闸，反向电通过 R4 送至故障点，如图 2.177 所示。

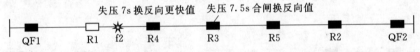

图 2.177　中间和联络重合器失压延时到切换定值与联络重合器失压延时到合闸

7）由于故障仍然存在，另一侧出线断路器 QF2 启用速断保护动作（QF - 速断）抢先跳闸，如图 2.178 所示。

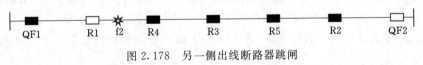

图 2.178　另一侧出线断路器跳闸

8）之后，QF2 第一次重合闸，启用慢速反时限电流保护（QF - slow），送电至故障点区段，如图 2.179 所示。

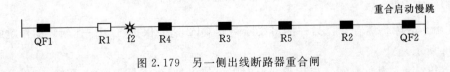

图 2.179　另一侧出线断路器重合闸

9）此时 R4 在第二组启动值，更快速反时限动作曲线（R4，R5 - 2nd fast）的保护下，R3 为慢速动作曲线跳闸（R3 - slow），R4 先于 QF2、R2、R5、R3 动作分闸，并闭锁，故障被隔离，如图 2.180 所示。

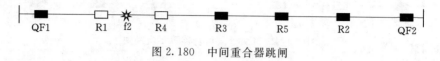

图 2.180　中间重合器跳闸

（3）中间重合器之后发生短路故障。

1）中间重合器 R4 与联络重合器 R3 之间线发生短路故障，QF1 启动速断保护（QF - 速断）跳闸，R1、R4 由于通过故障电流各计数一次，跳过第一次快速动作曲线，如图 2.181 所示。

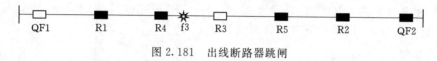

图 2.181　出线断路器跳闸

2）QF1 第一次重合闸。若是瞬时性故障，则重合成功，如图 2.182 所示。

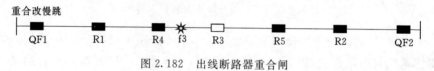

图 2.182　出线断路器重合闸

3）若是永久性故障，则 R4 执行第二次快速反时限电流保护（R4，R5 - fast），先于 R1 的第二次快速反时限电流保护（R1，R2 - fast），和 QF1 的慢速反时限电流保护（QF - slow），而跳闸，R1 由于通过故障电流再计数一次，跳过第二次快速动作曲线，如图 2.183 所示。

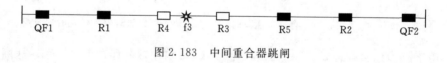

图 2.183　中间重合器跳闸

4）R4 经 4s 后重合闸一次，重合闸不成功后先于 R1 分闸并闭锁。R3 单侧失压 7.5s 计时到进行合闸，切换为使用第二组定值，最小分闸电流值一般为 280A，动作曲线切换为更快速反时限动作曲线（R4，R5 - 2nd fast），反送电到故障点，如图 2.184 所示。

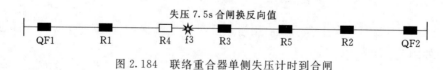

图 2.184　联络重合器单侧失压计时到合闸

5）由于故障仍然存在，另一侧出线断路器 QF2 速断保护（QF - 速断）动作跳闸，如图 2.185 所示。

6）QF2 第一次重合闸，启用慢速反时限电流保护（QF - slow）。如图 2.186 所示。

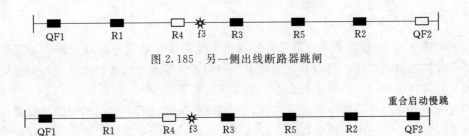

图 2.185 另一侧出线断路器跳闸

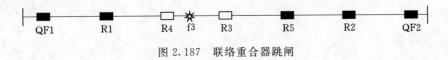

图 2.186 另一侧出线断路器重合闸

7）此时 R3 在第二整定值的更快速反时限动作曲线（R4，R5 - 2nd fast）保护下，先于其它重合器或断路器分闸并闭锁，于是故障被隔离，如图 2.187 所示。

图 2.187 联络重合器跳闸

第二种：故障短路电流小于出线断路器速断保护电流值的情况，如图 2.166 所示，各断路器和重合器可以启动的动作曲线位于速断值纵轴的左侧。对图 2.165 中左侧的线路来讲，QF1 可启动慢速反时限过电流保护，R1、R4 可启动快速反时限过电流保护，线路发生某一短路故障，即图 2.166 中同一纵坐标下，动作时限 QF 大于 R1、R1 大于 R4，保护动作曲线可以配合，不会出线越级跳闸。具体故障处理过程如下：

（1）若线路发生故障，依据故障位置分三种情况。第一种是故障位于 QF1 之后，第二种是故障位于 R1 之后，第三种是故障位于 R4 之后，不论故障发生在哪个区段，都由紧靠故障的上游断路器或重合器保护曲线动作跳闸，隔离故障。

（2）若是瞬时性故障，则紧靠故障的上游重合器成功，整条线路恢复正常供电方式。

（3）若是永久性故障，则紧靠故障的上游重合器重合不成功，跳闸后设定延时内闭锁合闸，从上游隔离故障，故障点上游非故障区段一直持续供电，未发生过停电。

（4）故障点下游恢复供电机制也分三种情况。

对于故障位于 QF1 之后的第一种情况，R1 失压 3s 延时到分闸，从而从下游隔离故障点，R3 单侧失压延时到进行重合闸，将另一侧电源倒送至 R1 右侧，恢复故障点下游非故障区段供电。

对于故障位于 R1 之后的第二种情况，R4 失压延时 7s，切换为使用第二组定值，最小分闸电流值一般为 280A，动作曲线切换为更快速反时限动作曲线（R4，R5 - 2nd fast）。R3 单侧失压延时 7.5s 后进行重合闸，将另一侧电源倒送至故障点，此时的故障点上游重合器（原故障点下游）R4 在第二组反向设定值的（R4，R5 - 2nd fast）保护下，先于其他更上级的重合器 R3、R5、R2 和 QF2 分闸并闭锁，故障段被切除，非故障段恢复供电。

整个故障定位、隔离、供电恢复的过程仅不到 8s。之后，各重合器恢复整定值至正常设定值，以备下一次故障时正常工作。

2.6.5　技术特点

这种模式采用 ABB 自动重合器及其控制器实现馈线自动化与故障处理，无需通信手段，实现故障的自动定位、隔离和恢复供电。利用重合器本身切断故障电流，实现故障就地隔离，处理速度较快，故障影响面小、恢复供电时间快。

但这种模式每台重合器设置模式不同，不同的失压延时后，启用不同的反时限保护曲线及启动电流值，需要多级反时限配合，因此，电网的分段重合器按照数量不宜过多，否则本模式不能适用。对我国使用反时限保护较少的配电线路，适用性不强，不容易理解和运维。

2.7　电流计数型 FA

2.7.1　基本原理

电压电流计数型 FA 由重合器和分段器组成。分段器可检测线路上故障电流次数，设置的脉冲闭锁次数不同，线路的最末分段器的电流脉冲设定一次脉冲闭锁，其余的分段器计数脉冲每上一级增加一次。

本书收集了两种电流计数型。一种是基于电压时间的电流计数型 FA。另一种是得到脉冲次数后分闸的电流计数型 FA。

基于电压时间的电流计数型 FA，当线路发生故障后，出线开关跳闸全线失压，分段分支开关失电分闸、得压合闸，检测到脉冲电流次数得到设定的 M 次电流脉冲后，保持分闸状态，闭锁合闸，得压之后也不合闸，从而隔离故障。

得到脉冲次数后分闸的电流计数型 FA，当发生故障时前端重合器跳闸，后端分段器维持在合闸位置，但是经历了故障电流的分段器的过流脉冲计数器加一，当达到其预先设定的记录次数后，则该分段器在无电流间隙分断，当重合器再次重合时，即达到隔离故障区段和恢复健全区段供电的目的。当重合器开断故障电流的次数在复位时间内未达到整定次数，分段器在复位时间到后，自动恢复到初始状态，分段器不动作。分段器检测短路电流并记录电流脉冲次数，得到设定的电流脉冲次数后，开关分闸并闭锁合闸，从而隔离故障。

电流脉冲计数分段器应选择合适的启动电流值和延时，以防止少记或误记故障电流脉冲计数。分段器必须能检测到，并能动作于重合器保护范围内的最小故障电流。具体说，就是要使线路后端分段器电流定值小于最小故障电流，保护时间定值小于检测到的短路电流最小持续时间值。后端分段器检测到的短路电流持续时间，一定大于前端重合器保护装置启动出口时间，小于故障切除时间。若大于故障切除最大时间，即持续长时间大电流，可能是误判。所以在前端重合器保护投跳闸的情况下，后端分段器保护装置检测到的短路电流持续时间应该有最小值，也应该有最大值，时间在一定的范围内。为了提高灵敏度，可以适当降低电流定值和时间定值，但这样可能不会躲过尖峰负荷电流，容易产生误判。发生短路故障后，前端开关启动速断保护，故障电流持续时间最短，前端保护装置从监测到故障发生到继电器出口的反应时间最短为 20ms 左右，开关收到跳闸信号到完全断开故障需要时间最短为 20ms 左右，所以短路故障电流最小持续时间（短路故障最短切除时间），即过电流脉冲的最短时间为 40ms 左右，所以短路故障判定时间可以按照 40ms 设定，大于该时间定值的、大于设定的电流定值的脉冲可以认定为故障脉冲，可以对其计数。

2.7.2 设备配置

（1）基于电压时间的电流计数型 FA 设备配置，同基于负荷开关的电压电流时间型 FA 的设备配置。

（2）得到脉冲次数后分闸的电流计数型 FA 一般用基于简单的跌落式自动分段器实现，设备配置如下：

FDK 系列户外 10kV 高压三相连动跌落式自动分段器，采用微电脑控制及操作分闸机构，无须外加辅助电源。这种单相分体组装式高压电器，安装于户外柱上。该产品由瓷瓶绝缘子、触头、导电杆组件等元件组成绝缘及一次导电系统；由电流互感器、电子控制器等元件组成二次控制系统，完成控制信息收集、整理、记忆及控制指令的输出。由储能式操作分闸机构、掣子等元件组成的脱扣动作系统。

分段器用操作杆合闸后，当线路出现大于整定的启动电流时，分段器中的电子控制器开始计数，当上一级开关跳闸，线路失压，线路中的电流低于 300mA 时，并完成了规定的计数次数（1、2、3、4 次）后，控制器给出一个信号使机构的线圈启动，驱动已储能的机构之动铁心，使分离掣子分闸，导电机构组件跌落（200ms 内），隔离故障区段，重合器（或断路器）成功地重合上无故障区段，将故障停电限制在小范围，保证无故障线路的正常运行。如果是瞬时故障，则分段器可在记忆时间后恢复到故障前的状态。

FDK-12/D200-10 型系列户外 10kV 三相连动跌落式自动分段器与重合器（或具有重合闸功能的断路器）配合使用，自动隔离故障区段，使无故障区段正常运行的自动保护开关。分段器具有记忆复位功能，即分段器能够记住故障电流出现次数的时间（记忆时间），分段器每次计数后，恢复到计数前初始状态所需要的时间（复位时间）。

重合器、分段器及变电站出线断路器整定配合的原则：阶段特性配合，同种故障类型的保护之间进行配合，即相间保护和相间保护、接地保护和接地保护。

分段重合器保护定值应于与变电站出线断路器保护定值进行级差配合，保证分段重合器负荷侧线路发生故障，变电站出线断路器不动作，且重合器定值应整定为保护到整条线路的末端，与分段器实现配合。

分段器控制器的启动电流整定值应大于线路最大负荷电流 1.2~1.5 倍，同时应与上级保护设备（重合器）定值进行级差配合，比上级保护设备定值小一个级差，启动电流应小于线路最小短路电流。

分段器控制器的复位时间整定值应比分段重合器重合时间及故障处理时间之和大一个级差，如重合器重合时间及故障处理时间为 18s，则智能分段控制器的复位时间整定值应大于 18s，可整定为 20s。

智能分段控制器的记忆次数整定：主干线控制器一般整定为 2、3 次，分支线一般整定为 1、2 次，且分段控制器主干线之间，及主干线与分支线分段控制器整定次数必须有级差配合，即上级保护分段器整定次数应比下级保护分段器整定次数多一次，否则线路故障时，会发生多台分段器同时分闸的保护配合失当事故发生。

2.7.3　动作逻辑

电流计数型 FA 的动作逻辑：

（1）基于电压时间的电流计数型 FA，具备失压立即分闸，得压延时合闸，残压而闭锁合闸功能。得到 M 次电流脉冲后失压分闸并闭锁合闸功能：检测到短路电流脉冲次数得到设定的 M 次电流脉冲后，保持分闸状态，闭锁合闸，得压之后也不合闸。

（2）得到脉冲次数后分闸的电流计数型 FA，具备过流脉冲计数 M 次分闸闭锁功能：当计数至设定次数后，在线路失压后，开关分闸。这种模式一般基于简单的跌落式自动分段器即可实现。分段器自动跌落分闸必须具备三个条件：①故障电流超过整定的额定启动电流值；②计数次数达到整定值（1、2、3、4 次）；③线路失压，线路电流低于 300mA。三者缺一不可，才能自动分闸。

2.7.4　基于电压时间的电流计数型 FA 故障处理过程

每台分段器设置的脉冲闭锁次数不同，线路的最末分段器的电流脉冲设定一次脉冲闭锁，其余的分段器计数脉冲每上一级增加一次。

如图 2.188 所示为一个典型的开环运行 10kV 配电网。变电站出线 CB1 配置速断保护，三次重合闸，线路 FS1、FS2、FS3、LS 等线路分段或联络开关为电压电流时间型自动化负荷开关，具有电流计数的电压电流时间型负荷开关的基本功能。FS3 在第 1 次短路电流脉冲后跳闸闭锁，FS2 在第二次短路电流脉冲后跳闸闭锁，FS1 在第三次短路电流脉冲后跳闸闭锁。

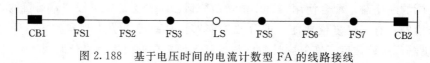

图 2.188　基于电压时间的电流计数型 FA 的线路接线

（1）当 f1 处发生短路故障，CB1 保护动作开关第一次跳闸，FS1、FS2 流过并检测到 1 次短路电流脉冲，如图 2.189 所示。

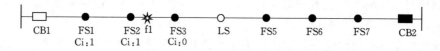

图 2.189　出线断路器第一次跳闸

（2）之后，FS1、FS2、FS3 失压后分闸，如图 2.190 所示。

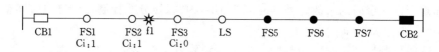

图 2.190　电流计数型开关失压分闸

（3）CB1 第一次重合闸，FS1 得压延时合闸，如图 2.191 所示。

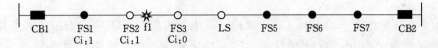

图 2.191 电流计数型开关得压合闸

（4）FS2 得压延时合闸，若是瞬时性故障，则故障已消失，合闸成功，之后 FS3 得压合闸，恢复供电，如图 2.192 所示。

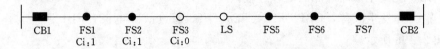

图 2.192 电流计数型开关得压合闸

（5）若是永久性故障，FS2 合闸到了故障点，线路出现故障电流，CB1 第二次跳闸，FS1 和 FS2 检测并记录第 2 个短路电流脉冲，如图 2.193 所示。

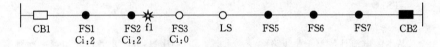

图 2.193 出线断路器第二次跳闸

（6）FS1 和 FS2 失压分闸，FS2 设定为第 2 次电流脉冲时闭锁，现已检测到 2 次脉冲电流，保持分闸状态，闭锁合闸，FS3 检测到低电压信号，闭锁逆向得压合闸，完成故障隔离，如图 2.194 所示。

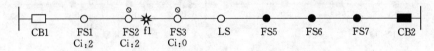

图 2.194 电流计数型开关失压分闸

（7）CB1 第二次重合闸，FS1 设定为 3 次电流脉冲后闭锁，现检测到 2 次短路电流脉冲，不闭锁，得压延时后合闸，如图 2.195 所示。

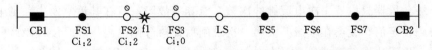

图 2.195 出线断路器重合与电流计数型开关得压合闸

（8）LS 左侧失压，经 XL 延时后合闸，送电到 FS3，但 FS3 被逆向得压合闸闭锁，逆向送电不合闸，线路恢复，如图 2.196 所示。

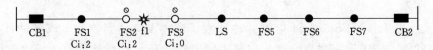

图 2.196 联络开关合闸转供电

2.7.5 达到脉冲次数后分闸的电流计数型 FA 故障处理过程

如图 2.197 所示为一个开环 10kV 线路，变电站出线断路器 CB1 选用多次重合的断路器，设置常规过流保护，重合闸整定为"一快三慢"4 次。线路分段或分支开关 FS1、FS2、FS3、FS4、FS5、FS6 选用跌落式自动分段器，分段器电流脉冲计数值的额定启动计数电流值与出线断路器过电流保护的电流值相配合，设置 FS1 电流脉冲计数次数 3 次，f2、f4 电流脉冲计数次数 2 次，f3、f5、f6 电流脉冲计数次数 1 次。

（1）用户侧发生短路故障的处理过程。

1）当 f1 处发生故障，CB1、FS1、FS4、FS6 通过故障电流，CB1 保护动作开关跳闸，如图 2.198 所示。

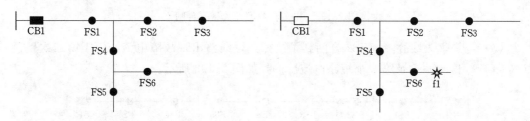

图 2.197　基本的电流计数型 FA 线路接线　　　图 2.198　出线断路器第一次跳闸

2）全线路失压，FS6 记录故障电流脉冲次数达到整定值 1 次，自动跌落分闸，隔离故障区段，如图 2.199 所示。

3）CB1 进行第一次重合闸，恢复除 f4 后段之外区段的供电，如图 2.200 所示。

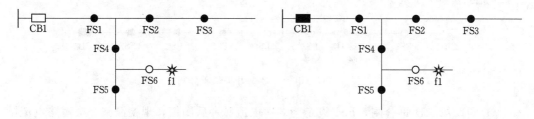

图 2.199　最末级电流计数型开关自动跌落分闸　　　图 2.200　出线断路器第一次重合闸

最末级分段器只设置 1 次电流脉冲次数，意味着故障一旦在其后端发生，则电流脉冲记录就得到设定值，就会在上级开关第一次跳闸后掉落分闸隔离故障，使故障区段没有机会再得压，也无法恢复瞬时性故障的送电。但一般最末级是用户级，为减少主线停电次数，可以不对瞬时性故障进行恢复。

（2）支线发生短路故障的处理过程。

1）当 f2 处发生故障，CB1、FS1、FS4 通过故障电流，CB1 保护动作开关跳闸，如图 2.201 所示。

2）全线路失压，FS1、FS4 电流脉冲计数 1 次，没有达到整定电流脉冲计数次数，保持合闸状态，CB1 第一次重合闸，如果为瞬时性故障，全线路恢复供电，如图 2.202 所示。

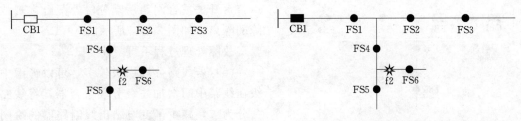

图 2.201　出线断路器第一次跳闸　　　　图 2.202　出线断路器第一次重合闸

3）如果为永久性故障，CB1 保护动作第二次跳闸，线路再次失压，FS1、FS4 电流脉冲计数 2 次，FS1 没有达整定的计数次数 3 次，保持合闸状态，FS4 电流脉冲次数达到整定 2 次，自动跌落分闸，隔离故障区段，如图 2.203 所示。

4）CB1 第二次重合闸，恢复线路正常段供电，如图 2.204 所示。

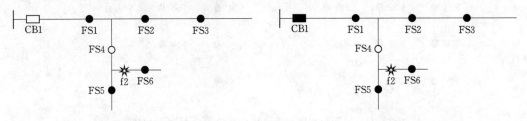

图 2.203　出线断路器第二次跳闸与第二级　　图 2.204　出线断路器第二次重合闸
电流计数型开关自动跌落分闸

（3）主干线发生短路故障的处理过程。

1）若 f3 处发生故障，FS1 通过故障电流计数 1 次，CB1 保护动作第一次跳闸，如图 2.205 所示。

2）设定时间后 CB1 进行第一次重合闸，如果为瞬时故障，FS1 没有达到整定计数次数应处于合闸状态，CB1 重合成功恢复供电。

3）如果为永久性故障，CB1 第一次重合闸，不成功，第二次跳闸，FS1 通过故障电流计数 2 次；CB1 第二次重合闸，不成功，第三次跳闸，FS1 通过故障电流计数 3 次，达到整定 3 次计数次数，线路失压，自动跌落分闸，隔离故障区段。CB1 第三次重合闸，恢复线路正常段供电，如图 2.206 所示。

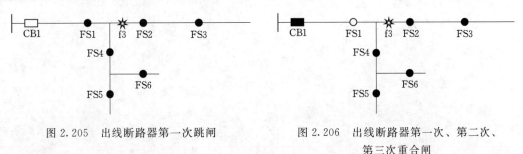

图 2.205　出线断路器第一次跳闸　　　图 2.206　出线断路器第一次、第二次、
第三次重合闸

（4）若变电站出线断路器不具备多次重合闸的功能，但具备与首级分段开关级差保护配合的条件，比如速断保护有延时，则可以考虑将首台开关配置成重合器，线路后端故障

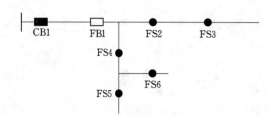

图 2.207 首级分段断路器跳闸配置
电流计数型 FA 模式

由首台开关重合闸与后端分段器配合实现故障的隔离，如图 2.207 所示。

故障处理过程不再赘述。

（5）若线路分段层级较多，可以考虑中级在线路中间增加一级分段重合器，将线路一分为二，减少了变电站出线断路器的跳闸次数，且最大可将主干线线路划分为 9 段区域进行故障隔离，从而提高了供电可靠性，如图 2.208 所示。

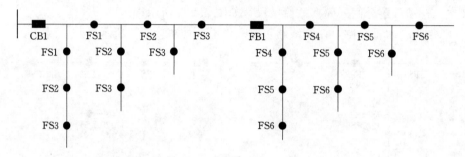

图 2.208 线路分段断路器跳闸配置电流计数型 FA 模式

2.7.6 技术特点

这种 FA 原理模式简单，开关配置简单，但需要变电站出线断路器配置多次重合闸，多次重合闸对系统冲击影响大，这是供电质量所不能接受的。因此，笔者收集整理该 FA 模式，推荐在特殊条件下使用该模式中，若使用 FDK 跌落式自动分段器，具有造价低、运维简单方便的特点。

该模式具有就地型 FA 解决方案共同的优缺点。

第3章 分布智能型FA

3.1 分布智能型FA

3.1.1 基本原理

无论是集中智能型FA还是就地智能型FA，在馈线发生故障时，都不能避免发生越级跳闸或多级跳闸，从而使故障区段上游健全区域遭受短时停电。分布智能型FA是一种崭新的馈线故障处理模式，是处于研究试验阶段的新技术。有人将此技术称为面保护，也有称为网络式保护，也有称为广域保护或区域保护，但笔者认为，这些保护更多地强调是故障的切除，但分布智能型FA更多强调的是故障定位、故障隔离、恢复送电等信息处理与优化利用。

分布智能型FA，是一种去中心化的馈线自动化方案，故障处理可以无需主站干预，由相邻开关的智能终端之间交换故障检测信息，决策并协同完成馈线故障区段的定位与隔离，由联络开关处的智能终端进行故障点下游非故障区段的供电恢复控制。可适用于开关站、环网箱、配电室等场合。将故障处理的决策权下放到配电终端层级，将全网划分为若干独立的自治区域，自治区内站点之间以对等或非对等通信方式，实现故障信息的可靠交换，依据制定的故障处理逻辑，判断相邻站点信息，智能决策开关动作，实现对馈线故障的就地分布型处理，是对集中型FA处理机制的优化。

由于变电站在管理上、在技术上与配网要求差别较大，变电站开关难以与线路开关相互通信并执行规定的策略，因此，实践中经常以馈线上的第一个开关作为首级开关，首级开关与之后的其他开关构成一个可以相互通信的分布智能FA系统。

采用这种全新的分布型FA思路，解决了配电系统中短距离、多级开关串联，其保护互相之间无法配合的问题，解决了传统保护和集中仲裁式保护存在的问题，在网络拓扑理论的基础上，具有广泛适用性和良好选择性的分布智能保护算法，适用于对供电可靠性要求特别高的核心地区或者供电线路。

这种模式不依赖主站进行故障处理，但需要有高速可靠的通信网络。随着高速网络通信技术的逐渐成熟，特别是5G无线通信的商用化，为实现分布智能型FA提供了技术支持。

分布型馈线自动化的故障判断可采用配电终端检测电流，以判断是区内故障还是区外故障。基本逻辑是两相邻开关若均在合位，且都检测到故障电流，则认为故障点在两开关之后。两相邻开关若均在合位，且仅其中一个检测到故障电流，则认为故障点在两开关之间。

馈线分段分支开关有断路器的，也有负荷开关的，有时候一条线路可能存在多种类型开关并存。开关的种类不同，采取的分布智能型 FA 策略也不一样。

当馈线开关是断路器时，它能在短路故障发生后，开断故障电流，并根据设定进行一次或多次重合闸。相邻开关智能终端根据通信得到的信息，分别延时进行分闸或合闸操作，以隔离故障、恢复非故障区段的供电。对于分段开关控制范围的故障，出线断路器不跳闸。

当馈线开关是负荷开关时，需要与上级断路器配合，在上级开关清除故障后，分布智能 FA 终端控制故障两侧的开关再跳闸隔离故障，联络开关依据设定或控制进行合闸，达到恢复供电的目的。

3.1.2 分类

分布智能型 FA 本质是依靠保护或智能终端等终端之间的信息传递实现故障定位后切除。各智能终端之间传递的信息内容可能不同，传递对象可能不同，实现控制方式可能不同，通信方式也可能不同，因此分布智能型 FA 一定有很多种分类办法。

根据开关动作逻辑先后次序，可以把分布智能型 FA 分为两类。一类是基于断路器及时断开故障的速动式分布智能型 FA，另一类是基于开关先跳闸之后通信确定故障位置进行故障处理的缓动式分布智能型 FA。

速动式分布智能型 FA 故障处理动作过程为，线路开关采用断路器，出线断路器保护能够设置带时限速断保护，提供 150ms 以上动作延时，各开关分布型智能终端相互通信，在更短的时间内完成故障判断、故障定位，就近故障点的开关在出线断路器之前动作，及时切除故障，出线断路器保护返回，实现配电线路全线无级差故障判断、隔离，出线断路器无需跳闸。相关开关智能终端通信，对联络线转供下游非故障区进行过载预判，满足转供条件再自动合闸联络开关，恢复非故障区域供电。缓动式分布智能型 FA 故障处理动作过程为，线路开关采用负荷开关，或虽然采用断路器，但变电站出线保护不能提供动作延时，故障发生后，出线断路器第一时间跳闸并重合闸，永久性故障将重合不成功，导致全线路再次停电，之后分段分支开关的分布型智能终端之间通信，实现故障判断、隔离，再协调控制出线断路器，恢复上游非故障区域供电，对联络线转供下游非故障区进行过载预判，满足转供条件再自动合闸联络开关，恢复非故障区域供电。

根据控制方式上差别，有文献将分布型 FA 可分为子站级分布型、馈线级分布型和开关级分布型三种。

子站级分布智能型 FA 系统，由子站对应的 FA 智能终端收集属于本子站范围内的所有终端设备采集的信息，并与相邻变电站的 FA 智能终端对等通信，实现故障定位、隔离与非故障区域恢复供电。馈线级分布智能型 FA 系统，由馈线对应的 FA 智能终端收集本馈线范围内的所有终端设备采集的信息，并与其相邻的其他馈线对应的 FA 智能终端相互对等通信，实现故障定位、隔离与非故障区域恢复供电。可以把馈线级分布智能型 FA 系统简单理解为仅包含一条馈线的子站，其工作原理与子站级分布智能型 FA 系统一致。开关级分布智能型 FA 系统，由分布在各个开关处的 FA 智能终端采集就地的信息，并与相邻的 FA 智能终端相互通信实现故障定位、隔离与非故障区域恢复供电。有文献将分布型

FA分为协同控制分布型和区域代理控制分布型。协同控制分布型其实就是开关级分布智能FA。区域代理控制分布型，就是子站级或馈线级分布智能FA。有文献将分布型FA分为基于主从式工作模式和基于对等式工作模式。基于对等式工作模式的分布型FA其实就是开关级分布智能FA，基于主从式工作模式的分布型FA就是子站级或馈线级分布智能FA。

根据开关配置的保护类型，可以把分布智能型FA分为两类。一类基于通信过电流保护配合的分布智能型FA，另一类是基于差动保护配合的分布智能型FA。这两种FA本质上都是速动式，但与3.2节有所不同，因此，本书将收录这两种分布型FA。

3.1.3　与配电主站的配合

分布型FA也可以与主站系统连接，与主站FA分工配合、协调控制。

由于分布型FA有就地故障处理功能，因此只实现"一遥"，"两遥"功能的智能终端的分布型FA，建设功能简单、使用方便的"小主站"就可以满足需要，这样可以降低主站造价，缩短建设工期，提高运行的可靠性。

当故障发生后，首先发挥分布智能FA故障处理速度快的优点，不需要主站参与迅速进行紧急控制，若是瞬时性故障，则通过重合自动恢复到正常运行方式，若是永久性故障，则自动将故障隔离在一定范围。当主站将全部故障相关信息收集完成后，再发挥集中智能处理精细优化、容错性和自适应性强的优点，结合故障指示器等进行故障精细定位，生成优化处理策略，将故障进一步定位在更小范围、恢复更多负荷供电，达到更好的故障处理结果。

通过主站进行全局优化，消除传统集中控制和就地控制的缺点。配电自动化的紧急控制功能尽可能下放到配电终端上实现，充分发挥分布智能FA的实时性和可靠性，尽快完成故障隔离，恢复非故障区域供电，减少停电时间和停电面积。同时基于主站提供优化的后备方式，一方面在就地控制出现错误时及时纠正，另一方面在综合考虑了各种系统约束条件后，给出最佳的故障处理方式选择，同时也提供了人工干预的接口，便于调度员监视和控制故障的自动处理过程。

集中智能和分布智能协调控制能相互补救，当一种方式失效或部分失效时，另一种方式发挥作用获得基本的故障处理结果，从而提高配电网故障处理过程的鲁棒性。即使由于继电保护配合不合适、装置故障、开关拒动等原因，严重影响了分布智能故障处理的结果，通过集中智能主站的优化控制，仍然可以得到良好的故障处理结果。即使由于一定范围的通信障碍，导致集中智能故障处理无法获得必要的故障信息而无法进行，通过分布智能的快速控制仍然可以得到粗略的故障处理结果。

3.1.4　技术特点

（1）优点：

1）适应性强，适用于各种网络，而不必关心网络的连接结构和系统的运行方式。只要域内开关具备能执行分布型馈线自动化程序的智能终端，以及终端间具备快速通信条件，无论是电缆线路、架空线路、混合线路，还是柱上开关、环网柜、户外开关箱，都可以构建分布智能型馈线自动化。

2）对于有多级开关串联的配电线路，利用分布智能型 FA 系统可以解决传统的电流保护原理难以解决的保护快速性和选择性的矛盾问题，保证离故障点最近的开关速断跳闸。配电终端通过横向对等通信交互故障信息与控制信息，实现配电线路全线故障处理无级差配合。

3）逻辑算法简单可靠，开关级分布智能 FA 逻辑判据只需知道自己和相邻开关的保护启动状态，简单快捷而又非常可靠。

4）不依赖主站，开关级分布智能 FA 无需保护子站。

5）提供后备保护，所有感受到故障的开关，若判断自己非故障末端，则转入后备保护。一旦末端开关跳闸失败，则由后备开关切除故障。

6）自投前过载预判，避免盲投；区段隔离成败识别，避免误投。

7）快速故障处理。就地自主完成故障区段毫秒级定位，秒级快速隔离，非故障区域数秒内供电恢复；停电时间及次数少。一次完成故障定位隔离，减少停电及重合次数，缩小停电范围，减少停电时间。

（2）局限性：系统集成测试成本高；现场系统测试手段缺乏；对通信系统依赖性强，要求高。

3.2　速动式分布智能型 FA

3.2.1　基本原理

该模式基于馈线开关为断路器，通过配电终端之间的相互通信，不依赖于主站控制，判断故障区域，隔离故障，恢复非故障区域供电，并可以向主站上报处理过程及结果，这就是速动式分布型 FA。发生相间故障后，故障电流流过的各开关智能终端立刻启动，通过快速通信方式与相邻智能终端或主控智能终端通信，计算分析后确定出发生故障的区段，跳开该区段两端的开关，完成故障隔离。

分布智能型 FA 系统中各开关智能终端的检测数据、故障判别、开关状态等信息与相邻开关智能终端或主控智能终端实时共享，利用多个终端的测控信息，使不同地点的终端能够在毫秒级时间内进行协调和配合，离故障点最近的断路器快速跳闸，其他开关进入后备保护状态、不跳闸，使故障停电范围最小、故障停电时间最短，实现了保护的快速性和选择性的统一。

分布智能型 FA 智能终端连接在一个光纤以太网中，智能终端之间的实时数据传输延时控制可以控制在 10ms 以内，完全满足分布智能型 FA 对动作速度的要求。

开关站、环网箱、配电室安装具备分布型 FA 功能的智能终端，可控制站所内的馈线开关，实现站所电缆进出线故障的快速定位、隔离，控制联络开关实现非故障区域的快速恢复，实现无时间和电流级差馈线故障处理，避免馈线故障导致进线停电事故。

3.2.2　设备配置

建设速动式分布智能型 FA 系统，设备具体配置要求如下：

（1）变电站出线断路器配置要求。配置限时速断、过流、零序和二次重合闸功能。

（2）开关箱（含环网箱）配置要求。

1）采用智能分布型时，主干线分段、联络开关、分支线宜配置动作特性一致、动作时间快的断路器。开关配置电压互感器、电流互感器和电动操作机构，其中电动操作机构宜选用快速分闸的弹操机构或永磁机构。

2）开关箱进出线、各分支出线间隔配置三相电流互感器和零序电流互感器，保护、测量一体，三相电流互感器变比 600/5，准确等级 10P20，容量 5VA；零序电流互感器变比 20/1，容量 0.5VA。

3）通信方式：采用光纤或 5G 通信方式。

（3）配电自动化终端配置要求。

1）采集三相电流、三相电压、零序电压、零序电流和开关量状态量，并具备测量数据越限处理及远传功能。

2）应具备故障检测、故障判别、故障指示、故障录波功能；故障指示可手动、自动和远程复归。

3）具备串行口和网络通信接口，支持对时功能及点对点通信功能。

4）具备后备电源自动管理功能及为通信设备、开关分合闸提供配套电源的能力。

（4）网路拓扑保护功能要求。可配置带方向判别的网络拓扑保护作为环网进出线的主保护，实现线路发生故障时的保护全线速动，快速切除并有选择的隔离故障点。拓扑保护不依赖子站和主站，采用基于 GOOSE 的环网横向对等通信，单环网内节点为平等关系，而非主从关系，通过环网各节点间的故障信号量允许/闭锁综合逻辑计算，实现保护全线速动。具有开关失灵保护功能，能通过保护动作出口信号和开关位置等逻辑关系智能判别失灵开关。

（5）智能分布型功能要求。

1）在拓扑保护快速隔离故障点后，配电终端不依赖子站和主站智能快速地投入开环点，自主恢复对非故障区域供电。

2）宜具备自适应配电网络运行方式改变功能；当环网某节点因故障或检修等原因退出时，装置应自动重建网络拓扑，并在不依赖主站或子站的情况下，既能实现网络拓扑保护的选择性快速故障隔离，也能快速恢复非故障区域供电。

3）具备异常处理功能，在通信中断、开关拒动等异常情况时，应闭锁相关回路 FA 功能；并自动切换到后备馈线自动化模式。

4）具备故障处理过程自动生成 FA 动作信息功能，动作信息以 SOE 方式上报配电自动化主站。

5）具备 FA 投退功能，可通过硬压板或者软压板方式投退 FA 功能。

（6）继电保护配置要求。

1）智能分布型馈线自动化宜采用电流差动保护或其他网络保护实现线路发生故障时的全线速动，快速切除并有选择的隔离故障点。

2）智能分布型馈线自动化可采用带方向判别的网络拓扑保护作为环网进出线的主保护。网络拓扑保护采用对等通信方式，通过环网各节点间的故障信号量允许/闭锁综合逻辑计算，实现保护全线速动。

3）设三段可经方向闭锁的定时限过电流保护，各段方向可经控制字投退。带方向的过电流保护在 PT 断线时，自动退出方向，过电流保护动作行为不受 PT 断线影响。

4）设两段零序过流保护，不带方向，零序电流输入采用外接方式。过流保护可整定为跳闸或告警。

5）应具备三相一次重合闸功能和三相二次重合闸功能，可通过控制字选择投退一次或二次重合闸，也可遥控或投退硬压板实现重合闸功能投退。过流保护启动重合闸功能，手动分闸不应启动重合闸。重合闸方式包括不检、检线路无压、检同期。

6）实现保护启动、跳闸、出口、模拟量等全过程录波。

7）实现开关站或环网柜内简易母线保护，母线区外故障时，相关保护发出闭锁信号。

（7）电源配置要求。

1）户外环网箱设置 PT 间隔，配置 2 组单 PT，为进线开关及终端、通信设备提供电源，并为 FA 提供线路电压检测信号。PT 变比 10/0.22，精度 3 级，容量 500VA。

2）当户内开关站（所）配有站用变压器时，安装三相 PT 接于母线，采用 Y/Y 接线方式。当户内开关站（所）未配置专用站用变压器时，PT 配置要求同户外环网箱。

（8）配电自动化主站接入。通过建立的光纤通信通道，配电自动化终端可信息采集和处理功能，采集开关正常电流和故障电流，交流输入电压，状态量信息，具有重要状态量变位上报及时间记录功能，接受并执行遥控指令，实现配电自动化主站实时状态监视和远方遥控功能。智能型配电自动化终端还可不依赖配电自动化主站和子站，实现终端间的相互通信完成故障快速就地定位。

3.2.3 动作逻辑

（1）故障定位。以过电流作为保护的分布型 FA 的故障定位原理可分为开环运行模式、闭环运行模式、通信异常处理等多种类型。

1）开环运行模式。开环运行网络拓扑为树状放射结构，当馈线发生故障时，故障电流流经的线路是从电源到故障点的一条路经，故障区段必定位于最后一个经历了故障电流的开关和第一个未经历故障电流的开关之间。故障末端的开关除自身会感受到过流，其相邻的多台开关中只有一个开关，即其上游开关会经历故障电流。

对于普通开关，自身感受到故障电流，且相邻开关中有且只有一个感受到故障电流，判定为故障末端，应跳闸清除故障。

对于一侧连接电源的边界电源开关，自身感受到故障电流，且相邻开关没感受到故障电流，判定为故障末端，应跳闸清除故障。

对于线路末梢开关，自身感受到故障电流，无须相邻过流信息，判定为故障末端，应跳闸清除故障。

2）闭环运行模式。闭环运行线路发生故障时，故障电流路径会从多个电源汇集到故障点，判据需要加入功率方向。因此，配电终端在监测故障电流的同时，需要计算故障功率的方向。

当本开关检测到故障电流时，与故障电流功率指向的那一侧所有相邻开关保护通信，当该侧相邻开关没有故障电流流出，或有故障电流通过且与本开关故障电流方向相反，或没有故障电流，则说明故障就在本开关保护区内，启动本地速断保护跳闸，否则自己只启动后备保护。

对于普通开关，自身感受到故障电流，且故障电流指向的区域没有故障电流流出该区域，判定为故障末端，应跳闸清除故障。

对于一侧连接电源的边界电源开关，自身感受到故障电流，且故障电流指向的区域没有故障电流流出本区域，判定为故障末端，应跳闸清除故障。

对于末梢开关，自身感受到故障电流，无须相邻过流信息，判定为故障末端，应跳闸清除故障。

（2）故障切除与隔离。故障发生瞬间，故障点前端开关要在 40ms 内保护出口，100ms 完成故障切除，故障点后端开关短时间内（最短 100ms，累计 200ms）跳闸。动作电流限值要满足可靠检测到故障，随着线路运行拓扑的改变，动作电流限值要适用不同的运行方式。动作时限需满足线路开关在变电站出线断路器保护动作前动作的原则，因此充分考虑断路器动作时间、通信的延迟时间和配电终端的计算过程等。

开环运行的配电网故障隔离逻辑：若与某一个开关相关联的所有配电区域内部都没有发生故障，则即使该开关流过了故障电流也没有必要跳闸来隔离故障区域；只有当与某一个开关相关联的一个配电区域内部发生故障时，该开关才需要跳闸来隔离故障区域；若某个开关收到与其相邻的开关发来的开关拒分信息，则立即分断该开关来隔离故障区域；闭环运行的配电网故障隔离机制与开环运行的配电网相同。

（3）非故障区域的恢复供电。处于分闸状态的联络开关收到故障隔离信息，则启动合闸功能，以恢复非故障区域供电。

正常开环运行时，联络开关处于分闸状态，其开关两侧均带电。若联络开关的一侧发生故障，故障区域隔离后，联络开关一侧失电，健全区域自动恢复供电的逻辑：若一个联络开关的一侧失压，且与该联络开关相关联的配电区域内部都没有发生故障，则经过预先整定的延时后，该联络开关自动合闸，恢复其故障侧健全区域供电；若一个联络开关的一侧失压，且故障发生在与该联络开关相关联的配电区域内，则该联络开关始终保持分闸状态；若联络开关收到与其相邻的开关发来的开关拒分信息，则该联络开关始终保持分闸状态；若一个联络开关的两侧均带电，则该联络开关始终保持分闸状态；对于具有多个联络开关提供不同恢复途径的情形，可以通过调整延时合闸来设置它们的优先级。

闭环运行的配电网健全区域自动恢复供电机制：对于各个电源的容量都比较大、足够为一个闭环馈线组上的所有负荷供电的情形，故障发生后，由于不止一个供电电源，因此隔离了故障区域后，健全区域的正常供电就自动得到了恢复，再不必再采取其他控制措施。

对于容量较小的电源（比如可再生能源）存在的情形，故障发生后必须先将容量较小的电源全部切除，为这些容量较小的电源的并网开关配置常规保护设备即可满足上述要求。

若经过故障区域隔离和小容量电源切除处理后，存在不能恢复供电的健全区域，则需要配电自动化主站，根据各段馈线所带负荷的实际情况，将剩余的未供电的健全区域遥控分割成若干合适的微网，然后遥控接入相应小容量电源为其供电。在这个过程中，有时会甩去部分负荷以满足小容量电源的容量限制。

（4）通信故障时的处理策略。当通信系统出现故障，配电终端收不到相邻开关的电压、电流、开关状态以及故障跳闸等数据信息时，默认没有此相邻开关，保护依然按照原有判据进行判断，这样有可能出现保护越级跳一级或几级，扩大了故障停电范围。因此，需要考虑此情况下的容错判据和方案，增强分布型 FA 的普适性。

当通信系统故障时，无论配电终端自身通信故障，相邻开关配电终端通信故障，都记通信不上的开关过流状态为零，不考虑此开关实际状态是否过流。以此思路对开环模式或者闭环模式等的判据进行修正。实现判据与正常通信状况一致，从而简化处理过程。

需要特别注意的一种故障状况是：当某开关自身处于过流状态，自身有通信故障，或者相邻开关均有通信故障，为使故障能够快速隔离故障，则应立刻跳闸以清除潜在故障。

3.2.4 故障处理过程

变电站出线断路器具备安装分布智能型 FA 的智能终端，出线开关可以与馈线终端组成对等工作模式的 FA 系统。若变电站出线断路器不具备安装分布型 FA 智能终端，则需要以馈线首级开关及以后开关组成分布型 FA 系统，出线断路器过流速断保护需要配置 300ms 以上的延时，以防 FA 隔离馈线故障之前，变电站出线开关已越级跳闸。

（1）以图 3.1 所示为以过电流作为保护具备分布智能型 FA 功能的开环运行线路接线，故障处理过程如下：

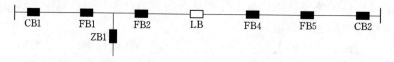

图 3.1　具备速动式分布智能型 FA 功能的开环运行线路接线

1）当 f1 处发生故障，开关 CB1 和 FB1 均流过了故障电流，而其余开关均未流过故障电流。CB1 的终端采集到 CB1 和 FB1 都流过了故障电流，则判断出故障不在其关联区域 CB1 - FB1，开关 CB1 不跳闸。

FB1 的终端采集到 CB1 和 FB1 都流过了故障电流，则判断出故障不在其关联区域 FB1 - CB1。FB1 的终端采集到 FB1 流过了故障电流，FB1 和 ZB1 都没有流过故障电流，则判断出故障发生在其关联区域 FB1 - FB1 - ZB1，该终端控制 FB1 开关跳闸隔离故障区域，如图 3.2 所示。

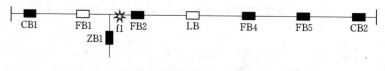

图 3.2　故障的定位与隔离 4

2）FB2 的终端采集到 FB1 流过了故障电流，FB2 和 ZB1 都没有流过故障电流，则判断出故障发生在其关联区域 FB1 - FB2 - ZB1。该终端控制 FB2 开关跳闸隔离故障区域，如图 3.3 所示。

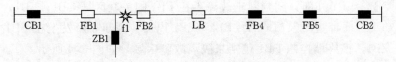

图 3.3 故障的定位与隔离 5

3）同理，开关 ZB1 跳闸隔离故障区域，如图 3.4 所示。

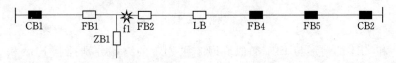

图 3.4 故障的定位与隔离 3

4）开关 CB2、FB5、FB4 的终端均未采集到故障信息，则判断它们的关联区域都没有发生故障。因此，它们分别保持原来的合闸状态不变。故障区域 FB1 - FB2 - ZB1 被隔离后，联络开关 LB 的配电终端检测到其一侧失压，且未采集到 FB2 流过故障电流的信息，则判断故障不在其关联区域 FB2 - LB，经过一定时延后，联络开关 LB 自动合闸，恢复了健全区域的供电，如图 3.5 所示。

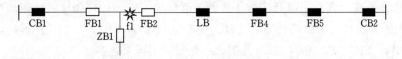

图 3.5 故障点下游非故障分段恢复供电

（2）以图 3.6 所示为具备分布智能型 FA 功能的闭环运行线路接线，故障处理过程如下：

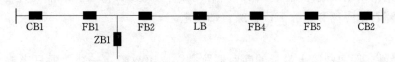

图 3.6 具备速动式分布智能型 FA 功能的闭环运行线路接线

1）当 f1 处发生故障，则除了开关 ZB1，其他开关都流过故障电流，故障功率方向如图 3.7 中箭头所示。

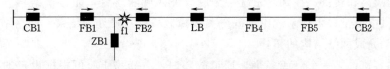

图 3.7 闭环运行线路接线故障功率方向

2）开关 CB1 的终端采集到开关 CB1 和 FB1 都流过了故障电流，FB1 传送的故障功率方向指向 CB1 - FB1 外部，则判断出故障不在开关 CB1 的关联区域 CB1 - FB1，开关 CB1 不跳闸。

FB1 的终端采集到开关 CB1、FB1、FB2 都流过了故障电流，但是 FB1 传送的故障功率方向指向 CB1 - FB1 外部，则判断出故障不在 FB1 的关联区域 CB1 - FB1；FB1 和 FB2 传送的故障功率方向都指向区域 FB1 - FB2 - ZB1 内部，判断故障发生在 FB1 的关联区域 FB1 - FB2 - ZB1，该终端控制 FB1 跳闸来隔离故障区域，如图 3.8 所示。

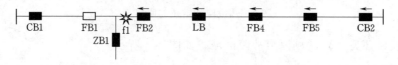

图 3.8　故障的定位与隔离 4

3）FB2 和 ZB1 的情形与 FB1 类似。FB2 和 ZB1 的终端分别控制 FB2 和 ZB1 跳闸来隔离故障区域，如图 3.9 所示。

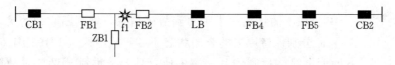

图 3.9　故障的定位与隔离 5

LB 的终端采集到 FB2、LB、FB4 都流过了故障电流，但是 FB2 传送的故障功率方向指向 FB2 - LB 外部，判断出故障不在 LB 的关联区域 FB2 - LB，LB 的故障功率方向指向 LB - FB4 外部，则判断出故障也不在 LB 的关联区域 LB - FB4，开关 LB 不跳同。

开关 FB4、FB5、CB2 的情形与开关 LB 类似，不再赘述。

3.2.5　技术特点

相对于就地型馈线自动化，智能分布型馈线自动化更优，它可以一次完成故障定位、隔离，避免变电站出线断路器多次保护跳闸、重合，减少故障查找和隔离过程中停电的范围，实现故障自动隔离和非故障段秒级自动复电。

（1）优点：

1）选择性：距离故障点最近的断路器跳闸，隔离故障，一处故障只影响一个分支或一个分段停电，其他分段分支不停电，缩小了停电范围。

2）快速性：故障处理过程不依赖主站或子站，缩短了故障处理时间，有的厂家设备可实现 50～60ms 保护出口，100ms 隔离故障，故障切除速度快速。

3）自动隔离和转供：在开环系统中完成故障区域隔离后，能够根据自愈逻辑完成非故障区域的供电恢复；闭环系统中准确隔离故障区段，故障处理结束，网络结构发生变化时，能够自动完成网络结构的拓扑。

4）自动容错：某一个（或多个）通道故障时，分布型 FA 可根据设定的容错方案完成故障的定位、隔离和转供。

（2）局限性：

1）故障处理过程必须依靠快速可靠的通信系统，建设可靠的通信系统建设成本高，维护成本高。

2）若不配置主站系统，则调度人员不能及时发现故障被隔离，运行方式发生变化，不能监视线路负荷等情况。

3）因为各智能终端协同工作，并处于相隔较远的不同地点，因此系统测试难度大。

3.3 缓动式分布智能型 FA

3.3.1 基本原理

速动式分布智能型 FA 线路分段分支开关与左右相邻开关的通信实现了故障定位和隔离。智能终端之间通信耗时、智能终端程序计算耗时、断路器的分闸耗时构成了整个故障定位隔离处理过程的总时长，目前的系统基本能在 200ms 以内完成，如果变电站出线断路器电流速断保护时间在 300ms，则出线断路器还没动作，线路故障已经隔离，线路故障点上游区域可以不停电，下游区域在几百毫秒内恢复供电，除了故障区段，其他区段用户几乎没有感觉，故障已经切除、隔离。因此，供电可靠性非常高，达到毫秒级。

如果线路的分段开关采用负荷开关，不能断开故障电流，故障电流必须在变电站出线或前级断路器动作切除故障后，才能隔离故障。因此基于负荷开关的分布智能型 FA 的开关动作需要等待出线断路器跳闸后再执行，馈线开关检测无压后，再进行故障隔离和网络重构。出线断路器可配置一次重合闸，对于瞬时性故障可以及时恢复线路供电。对于这种分布型 FA 策略有文献定义为缓动式分布智能型 FA，也文献定义为配合式分布智能型 FA，或基于对等通信一次重合闸 FA 等，其故障定位原理、转供电原理与速动式分布智能型 FA 一致，但各开关的动作时序与速动式不同。缓动式分布智能型 FA 也可根据通信故障信息、设备异常信息、保护信号失真信息、开关拒动信息等畸变信息决定后备保护、远后备保护策略。

由于缓动式分布型 FA 对于通信及时性要求没有速动式严格，因此，有文献显示国内有建成基于 3G 网络重构的分布智能型 FA，该系统采用 3G 双通道通信方式，可不受通信通道空间制约，实现数据纵横两向传递。

缓动式分布型 FA 系统中各开关智能终端，依据是否设置主控智能终端，可分为对等工作模式，和主从工作模式。

对于主从工作模式的分布智能 FA，依据上文定义，这是属于馈线级分布型，每一条的馈线均配置 1 台智能终端作为分布智能 FA 主控装置，即主控终端，其他智能终端为从控终端。当线路出现故障时，所有从控终端向主控终端发送线路故障信息，主控终端根据线路拓扑信息、线路故障信息，确定故障区段，再通知相应的从控终端，进行故障隔离、恢复送电等操作。

对于对等工作模式的分布智能 FA，馈线中各开关包括出线开关，相应终端只需向相邻开关终端通信，依据自身内置的区域拓扑结构信息、分布型算法进行分析故障判断、隔离故障区域，完成故障区域的隔离和复电。

为了解决支线或用户故障，导致缓动式分布型 FA 馈线全线路短时停电问题，在分支线或用户分界处安装分界断路器，与出线断路器过电流保护级差配合，实现分支线路的故障就地切除与隔离。

3.3.2　设备配置

按照分布智能型的基本原理，设备需要有断路器或负荷开关，配置 CT/PT 等故障检测设备，需要配置分布型 FA 智能终端等。

当前，国内已经有成套开关柜、户外环网箱、柱上开关、单独的智能终端，均能满足分布智能型要求。用于架空线路的主流设备是成套柱上开关，包括柱上断路器或负荷开关、智能终端、PT、电源模块、电池。用于电缆线路的主流设备是成套自动化环网箱，内部开关柜可以是断路器，也可以是负荷开关，智能终端支持分布型 FA 功能。

建设改造过程中，需要根据实际应用环境，考虑故障检测能否满足网络保护的要求。例如，变电站 10kV 系统是有效接地系统，通过三相 CT 和零序 CT 就可以满足检测相间短路和接地短路。如果变电站 10kV 系统是非有效接地系统，如是经消弧线圈接地系统，那么可能需要三相 PT 配合，通过零序电压暂态录波法判断故障点。小电阻接地是广东电网公司 10kV 主流的接地系统，2017 年主推的馈线自动化模式是电压电流型 FA，开关、CT、PT 是标准配置，因为 FA 需要采集电压和电流。很多技术人员包括厂家，倾向于配齐 CT 和 PT，如果是环网箱，由于进出线断路器之间还有母线，所以要配齐就需要进出线断路器各配一组线路 PT，母线还需要配一组母线 PT，加上不可少的电源和通信，整套环网箱的设备非常多，体积也比常规的大许多，除了增加造价，对安装环境的空间要求也高了，施工难度变大。

由于智能终端包含大量电气元件，还有集成电路，对环境的要求较高，最好是安装在室内。但网架改造面临很多地方只能安装在户外，高温和凝露对运维提出了高要求。

缓动式分布智能 FA 是在现有变电站出线或前级断路器动作切除故障后，本系统负责故障隔离和恢复供电，其最佳是光纤通信，速度最快，通信质量最好。也可以考虑使用通信运营商 4G 或 3G 网络，未来时代的 5G，我们期待可以把 5G 用于各种分布智能的 FA 系统中，包括缓动式分布智能 FA。

智能终端通常采用直流 48V 作为工作电源，一次设备工作电源和操作电源也是 48V。通信模块也需要直流电源。因此，需要在设备附近提供直流电源，据厂家计算，成套环网箱总的电源需求约 17Ah，建议配 20Ah 以上。电源模块的输入通常采用市电，就近取交流单相 220V，如果没有低压电源可取，则需要在设备的 PT 取电。

3.3.3　动作逻辑

缓动式分布型 FA 动作逻辑与速动式分布型 FA 基本一致，主要动作逻辑如下：

（1）故障切除与瞬时性故障恢复供电。基于馈线开关类型为负荷开关或通信的延迟问题，考虑馈线 FA 配置为缓动式策略，但线路发生故障还必须及时切除，以防扩大事故，因此，缓动式 FA 如同集中型 FA 策略，一条馈线至少考虑 1 台断路器配置保护跳闸切除故障。一般配置变电站出线断路器或首级分段开关作为保护动作跳闸开关，同时配置一次重合闸，若是瞬时性故障，则可及时恢复供电，若是永久性故障，则执行 FA 的故障定位、隔离等策略。

（2）故障定位。分布智能型 FA 要坚持最少通信数量原则，线路上的每个开关智能终端与左右相邻的开关智能终端或某一开关总控终端通信，判断定位故障区段。定位故障的原则等同于速动式，基本逻辑是本开关有故障电流，且相邻两侧开关也有故障电流，则判定故障不在本开关的保护区段，保护不动作，仅启动后备模式。本开关有故障电流，且相邻两侧开关仅有一侧有故障电流，则判定故障在本开关的保护区段。本开关没有故障电流，且相邻两侧开关仅有一侧有故障电流，则判定故障在本开关的隔离区段。

（3）故障隔离。故障定位后，由故障点两侧的开关智能终端分别启动故障隔离程序，故障点上游开关跳闸隔离故障，发出故障切除成功信号；故障点下游开关跳闸隔离故障，发出可以转供电请求信号。

（4）下游非故障段的转供电。联络开关智能终端收到转供电请求信号，启动转供电程序，联络开关合闸，完成下游非故障段的转供电。

3.3.4 故障处理过程

如图 3.10 所示为一个典型的开环 10kV 线路。变电站出线断路器 CB1 配置 0s 速断电流保护，0.5s 的一次重合闸，FS1、FS2、FS3、LS 等线路分段或联络开关为自动化负荷开关，配置过电流保护的智能分布式终端，智能终端之间通过专用通信专网交换采集的故障状态、开关位置、开关拒动等相关信息。

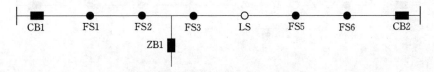

图 3.10 具备缓动式分布智能型 FA 功能的开环运行线路接线

（1）主干线故障处理过程。

1）若 FS2 至 FS3 之间线段发生故障，CB1 速断保护动作开关跳闸，如图 3.11 所示。

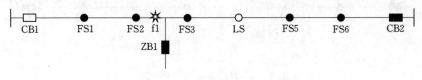

图 3.11 出线断路器第一次跳闸

2）之后 CB1 进行一次重合闸，若是瞬时性故障，则线路恢复正常供电，如图 3.12 所示。

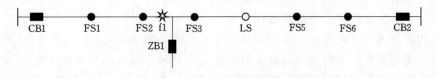

图 3.12 出线断路器第一次重合闸

3）若是永久性故障，则线路再次失压，如图 3.13 所示。

4）检测到过流故障的分段开关智能终端主动与其左右相邻的终端进行对等通信，询问

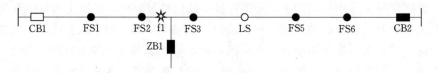

图 3.13   出线断路器第二次跳闸

故障信息状态，进行故障定位。智能终端收到前端电源侧相邻终端的过电流故障信息，而未收到后端负荷侧侧相邻终端故障传送信息时，其认为故障点在其后侧，启动隔离处理过程。依据定位逻辑，故障定位在了 FS2 开关与 FS3 开关之间。FS2 自身开关分闸，同时 FS2 向 FS3 发送跳闸信息，FS3 接收到信息后分闸，完成故障定位、隔离，如图 3.14 所示。

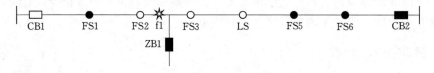

图 3.14   故障的定位与隔离

5）CB1 在 N 秒后进行第二次重合闸，此时故障点已经隔离成功，CB1 重合成功，如图 3.15 所示。

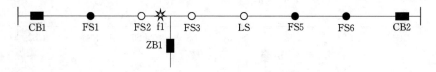

图 3.15   出线断路器第二次重合闸

6）故障点成功隔离之后 FS2 向 LS 发送合闸信息，FS3 与 LS 之间由 CB2 恢复供电。至此故障恢复完成，如图 3.16 所示。

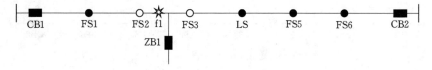

图 3.16   联络开关合闸转供电

（2）分支线故障处理过程。上述已基本说明了分布型 FA 处理线路主干的故障，但是线路上一定还有分支线，如何处理分支故障呢？其实有两种方案。一种是分支开关也和分段开关一样，各分支开关智能终端进行通信，故障处理过程和分段开关之间故障一样。另一种是采用常规的过电流保护，即分支开关与上级断路器跳闸配合，要求上级跳闸开关跳闸时间有一定的延时，考虑到现有设备的制造工艺水平以及电缆线路短路电流承受水平，出线断路器速断保护时间可调整一定延时为 300ms，按照 150ms 进行级差配合，分支故障有分支开关跳闸切除故障、定位故障。

如图 3.17 所示，在 10kV 主干线上采用负荷开关作为分段开关，支线首端装设断路器作为分支开关，出线断路器 CB1 限时速断保护设 300ms 延时，分支断路器 ZB1 速断保护设 0s，分支断路器与出线断路器 CB1 过流保护实现时间级差配合。

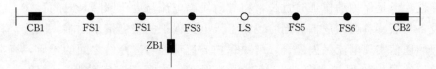

图 3.17 分支断路器与出线断路器 CB1 过流保护配合的分布型 FA 线路接线

当 f2 发生故障后，ZB1 速断保护动作，立即跳闸，CB1 因延时未到而速断保护返回，故障被隔离，支线故障未导致全线路跳闸，如图 3.18 所示。

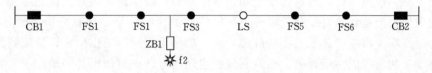

图 3.18 分支断路器跳闸

对于电缆线路，环网箱内分支出线开关配置为断路器，设置就地动作的电流保护功能，速断保护动作延时为 0s，与出线断路器 CB1 和 CB2 构成级差配合，实现分支线故障就地切除。另外考虑分支分界和用户分界同时存在，分支线分界断路器和用户分界断路器均为 0s 的情况下，可同时跳闸，通过分支线分界断路器重合闸来实现用户故障的隔离与分支恢复供电处理。

3.3.5 技术特点

缓动式分布型 FA 系统，变电站出线断路器过流速断保护可设置 0s 分闸，减少了线路和开关设备承受短路电流时间，确保了设备安全。缓动式智能分布型 FA 系统一定程度放宽了对通信时延的限制，降低了对通信网络的要求，更容易在目前技术及运维条件下大面积推广。

（1）优点。缓动式分布型 FA 模式具有灵活、快速的特点。对整个故障的自动检测与隔离以及对非故障区域的自动恢复供电仅需几秒钟，大幅提高了配网运行的可靠性和效率，实现了配网的安全、经济运行。由于在上级开关断开故障后进行故障的隔离，所以对通信的延时要求不是特别苛刻，基于通信供应商无线网络也可以实现。

（2）局限性。这种 FA 策略对故障处理会导致全线跳闸，造成非故障段线路的短时停电，对电压较为敏感的用户影响较大。若不配置主站系统，则调度人员不能及时发现故障被隔离，运行方式发生变化，不能监视线路负荷等情况。因为各智能终端协同工作，并处于相隔较远的不同地点，因此系统测试难度大。

3.4 基于通信过电流保护的分布智能型 FA

3.4.1 基本原理

传统的配电线路分段分支开关保护一般采用过电流保护，由于配电线路长度有限，阻抗沿线路变化幅度不大，不同地点发生短路的电流差别不大，所以一般通过时间上的配合实现选择性，但是保护动作延时过长，将导致短路电流与电压骤降长时间存在，会加重对变配电设备与敏感负荷的危害，同时也给上级电网保护的整定带来困难。因此，利用各级保护之间的通信实现电流保护配合，解决保护的速动性与选择性之间的矛盾，有文献把这种基于通信的过电流保护定义为广域过电流保护，本书把它定位为一种速动式分布型FA，暂且称作基于通信过电流保护的分布智能型 FA 模式。

如文献所述，基于通信过电流保护的分布智能型 FA 有协同控制与区域代理两种分布控制方式，也就是对等工作模式或主从工作模式。

采用主从工作模式时，可选择变电站出线断路器，或线路首级开关智能终端作为主控终端，集中处理当地和来自线路分段分支智能终端的保护信号，计算分析故障处理方案，并向其智能终端发出控制命令，实现故障处理。如果采用对等工作模式，检测到故障电流的智能终端与相邻智能终端通信，获取其保护启动信号，进而作出是否动作于本断路器跳闸的判断，共同控制处理故障。

采用主从工作模式时，主控智能终端需要知道所有馈线的拓扑接线，要对主控终端进行比较复杂的整定配置，在非本地断路器动作时，还需要向其他开关智能终端发送控制命令；而采用对等工作模式，只需要为每个智能终端配置其相邻开关终端的信息，每个智能终端与相邻智能终端仅有一次数据交换过程。因此，建设改造时，应首先考虑选择对等工作方式。

这种基于通信的电流保护配合的分布型 FA，即保证了动作速度，又避免了越级跳闸现象。

根据闭锁信号的来源，这种通信过电流保护配合的 FA 系统可分为单侧闭锁与双侧闭锁两种方式。

3.4.2　动作逻辑

基于通信过电流保护的分布智能型 FA 终端主要动作逻辑分为单侧闭锁逻辑和双侧闭锁逻辑。

单侧闭锁逻辑需配置馈线各级开关终端的过电流保护定值，本地终端过电流保护依据收到的下级终端的保护启动情况，决定本地开关保护是否出口动作。馈线的最后一级智能终端的保护，即末端终端保护，采用常规的无延时的电流速断保护，而其他各级开关终端的保护，即上级终端保护，采用有一定时间级差的延时电流速断保护，一般取 100ms 以上。上级终端的延时电流速断保护，在检测到电流越限后启动，在预定延时内，若收到下一级终端的保护启动信号，则闭锁速断保护，若收到下一级终端的保护未启动信号，说明故障在其保护控制区内，终端将控制本地开关动作跳闸，及时切除故障。之后，开关终端之间通信，继续交换信息，进行故障隔离和恢复送电的程序。

对于带有联络电源的环网配电线路来说，保护之间的上下游关系会随着供电电源的不同而改变。如果采用单侧闭锁保护，在供电电源切换时，就需要为非末端保护重新配置下游保护信息，既增加了保护的整定配置工作量，又可能因为整定配置更新不及时而造成保护不正确动作。

为避免在环网接线方式中，供电电源运行方式改变时，需重新配置保护的上下级关系，提出双侧闭锁逻辑。即将变电站出口终端与末端终端之间的保护，即中间终端保护的闭锁条件改为：接收到双侧相邻保护的启动信号后闭锁。当中间终端保护接收到任何一侧的相邻终端保护没有启动的信号时，说明故障发生在该侧线路区段上，终端保护动作于跳闸切除故障，之后再进行故障的隔离等故障处理。

3.4.3 故障处理过程

（1）单侧闭锁过电流保护的故障处理过程。单侧闭锁过电流保护中的上级保护仅接收下游线路一侧相邻保护的启动信号作为闭锁信号，需要知道保护的上下游关系，主要用于单电源供电的辐射式供电线路。

如图 3.19 所示为一个典型的辐射式开环 10kV 线路，出线断路器、分段开关和联络开关均为断路器，每台开关均配置具备通信过电流保护功能的智能终端，各个智能终端通过以太网交换实时数据。其中 ZB1、ZB2、FB2 智能终端的保护属于末端保护，采用常规的无延时电流速断保护，CB1、FB1 处的保护属于上级保护，配置 0.1s 的延时速断保护。

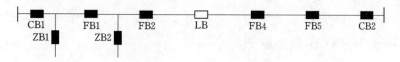

图 3.19　单侧闭锁过电流保护的分布智能型 FA 线路接线

首分段开关之前主干线路发生故障的处理过程如下：

1）当 f1 处发生短路故障时，只有 CB1 终端流过故障电流，启动延时速断保护，在保护启动后 0.1s 内，分别收到 ZB1、FB1 终端的未启动信号，依据动作逻辑，延时保护到时候动作开关分闸，实现了故障的切除，如图 3.20 所示。

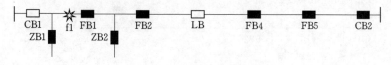

图 3.20　出线断路器跳闸

2）CB1 分闸后下游失电，向下游 FB1 终端发送分闸信号，FB1 收到上游分闸信号后立即分闸，以隔离故障，如图 3.21 所示。

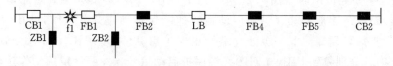

图 3.21　故障点下游开关跳闸隔离故障

3）FB1 分闸后通过 FB2 向联络开关 LB 发送合闸请求，LB 收到信息后合闸，恢复故障下游非故障段的供电，如图 3.22 所示。

首分段开关之后主干线路发生故障的处理过程如下：

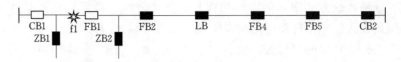

图 3.22 联络开关合闸转供电

1) 当 f2 处发生短路故障时，CB1、FB1 终端检测到短路电流，启动延时速断保护。CB1 终端在启动保护后的 0.1s 内，收到下游 FB1 终端的保护启动信号，依据设定逻辑，闭锁分闸，保持合闸状态。ZB2、FB2 未流过短路电流保护不启动，FB1 在启动后的 0.1s 内，分别收到 ZB2、FB2 的保护未启动信号，依据设定的动作逻辑，收到下游终端保护未启动信号后，本终端保护动作开关跳闸，如图 3.23 所示。

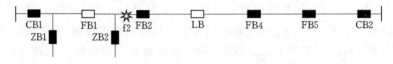

图 3.23 故障点上游开关跳闸隔离故障

2) FB1 分闸后下游失电，向下游 FB2 终端发送分闸信号，FB2 收到上游分闸信号后立即分闸，以隔离故障，如图 3.24 所示。

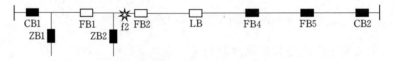

图 3.24 故障点下游开关跳闸隔离故障

3) FB2 分闸后向联络开关 LB 发送合闸请求，LB 收到信息后合闸，恢复故障下游非故障段的供电，如图 3.25 所示。

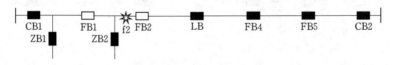

图 3.25 联络开关合闸转供电

分支开关之后线路发生故障的处理过程如下。

当 f3 处发生短路故障时（图 3.26），CB1、FB1、ZB2 终端检测到短路电流，启动延时速断保护，ZB2 终端是末端保护，启动瞬时速断保护动作开关跳闸，FB1 与 ZB2 终端启动过电流保护后，立即向上一级的终端发出保护启动信号，CB1 与 FB1 终端在保护启动后的 0.1s 内，分别收到 FB1 与 ZB2 终端保护启动信号，按照设定的动作逻辑，收到下游终端保护启动信号后，本终端保护闭锁不分闸，从而避免了越级跳闸。

以上介绍仅考虑了主干线与分支线上断路器保护之间的配合。而实际线路中，分段或分支断路器下游有配电变压器与用户配电室，若也要实现通信过电流保护，则配电变压器和用户分界开关都装有通信过电流保护的终端，分段或分支断路器处的保护都成为上级保护。若配电变压器与用户分界处的末端保护采用熔断器，则此处的智能终端将仅负责检测

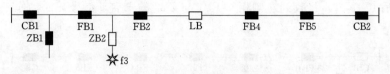

图 3.26　分支断路器跳闸隔离故障

电流，并在电流越限时向上级保护发送保护启动信号，如此可以解决用户故障的处理。当然用户故障能否依据分界断路器或分界负荷开关处理故障机制，与改变的通信过电流保护机制进行配合，实现故障处理是实践课题，希望有兴趣的读者可以分析研究。

（2）双侧闭锁过电流保护的故障处理过程。对于环网接线方式的馈线，将电源出口终端与末端终端之间的保护，即中间终端保护的闭锁条件改为：接收到双侧相邻保护的启动信号后闭锁。当中间终端保护接收到任何一侧的相邻终端保护未启动的信号时，说明短路发生在该终端控制的线路分段上，保护动作于跳闸。

以图 3.27 所示系统为例，FB2 被视为中间终端保护，不再作为末端终端保护。CB1 终端的相邻终端保护是 ZB1 与 FB1；FB1 终端的相邻终端保护是左侧的 CB1 与 ZB1，右侧的 ZB2 与 FB2；FB2 终端的相邻终端保护左侧的 FB1 与 ZB2，右侧的 LB。按照双侧闭锁原理，当线路由 CB1 左侧电源供电时，发生故障后终端保护的动作过程如上述单侧闭锁故障处理过程。

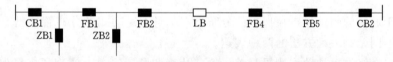

图 3.27　双侧闭锁过电流保护的分布智能型 FA 线路接线

图 3.28 中 CB1 断开，线路由 LB 右侧电源供电的运行方式，当馈线发生故障时，开关保护的动作情况如下。

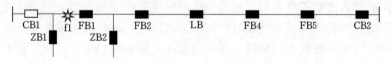

图 3.28　LB 右侧电源供电的线路运行方式

1）当 f1 处发生短路故障时，FB1 与 FB2 流过短路故障电流，终端延时速断保护启动，FB1 在保护启动的 0.1s 内，收到左侧 CB1 与 ZB1 未启动的信号，保护动作开关跳闸，如图 3.29 所示。

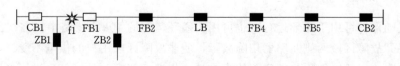

图 3.29　FB1 保护动作开关跳闸

2）当 f2 处发生短路故障时，FB2 流过短路故障电流，终端延时速断保护启动，因其

109

在保护启动后 0.1s 内，将收到左侧相邻 FB1 与 ZB2 的未启动信号，而动作于跳闸，如图 3.30 所示。

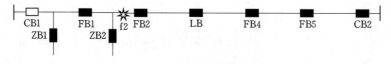

图 3.30　FB2 保护动作开关跳闸

3）当 f3 处发生短路故障时，ZB2 与 FB2 流过故障电流而保护启动。ZB2 作为末端保护，瞬时动作于跳闸，FB2 在 0.1s 内接收到 ZB2 已启动的信号后闭锁，如图 3.31 所示。

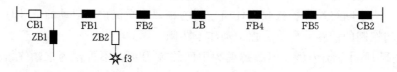

图 3.31　ZB2 保护动作开关跳闸

上述故障切除后，各开关终端相互通信，进行故障的隔离与非故障段的恢复供电。

3.4.4　技术特点

这种基于通信的闭锁过电流保护的分布型 FA 属于速动式的分布智能型 FA，只是通信内容可以不同，是一种方法的两种表达。

（1）优点。终端保护动作逻辑简单，整定计算和配置简单，实现了多级保护的配合，不容易发生越级跳闸，切除故障逻辑容易理解和实现；保护动作逻辑在故障定位和切除方面，上下游终端通信传送内容简单，切除故障实现快速性。

（2）局限性：故障上游开关第一时间内切除故障，但下游开关隔离故障不能同时进行，隔离动作逻辑如速动式分布型；对通信的及时性有一定的要求，建设通道成本高；若不配置主站系统，则调度人员不能及时发现故障被隔离，运行方式发生变化，不能监视线路负荷等情况；因为各智能终端协同工作，并处于相隔较远的不同地点，因此系统测试难度大。

3.5　基于电流差动保护的分布智能型 FA

3.5.1　基本原理

电流差动保护可用于开环运行，也可用于闭环运行的 10kV 线路中，在线路发生短路时，直接跳开故障区段两侧断路器切除故障，使非故障区段用户的供电不受影响，实现故障的无缝自愈。因故障切除与隔离不依靠主站，依据相邻开关的通信，进行电流比对，所以，本书将此定义为基于电流差动保护的分布智能型 FA。

闭环运行的 10kV 线路一般两侧的电源取自同一母线，以避免因两侧电源电压不一致带来的环流、潮流难以控制等问题。目前，实际闭环运行的配电线路主要采用常规的电流差动保护，使用专用的通信通道，相邻开关智能终端之间通过交换、处理线路区段两侧的故障电流信息，识别故障区段。

光纤差动保护与配电自动化主站配合，可以实现自愈控制。

从技术角度讲，电流差动保护有区域代理方式与协同控制方式两种，但从简化保护的整定配置、减少实时数据传输负担、提高保护速度方面的考虑，一般采用协同控制方式。

3.5.2 动作逻辑

电流差动保护可以通过比较两开关终端检测到的故障电流的相位，来识别故障区段。假设参考方向一致，非故障区段两侧故障电流相位一致，而故障区段两侧故障电流相位相反。

闭环运行的馈线中发生永久故障，各开关智能终端在检测到故障电流后，立即与相邻智能终端交换故障电流测量信息。故障点两端的开关智能终端检测到的故障电流反相位，判断出故障在两台开关之间区段上，控制两台开关跳闸切除故障。其他各区段两侧智能终端检测到的故障电流同相位，判为健全区段，保护不动作。

测量故障电流相位需要时间同步信号。由于配电线路距离很短，可以忽略故障电流传播时间，认为线路上所有智能终端同时感受到故障电流。因此，为避免安装额外的同步时钟，可利用故障电流作为同步信号，即以智能终端检测到故障电流出现的时刻作为测量起点，通过判断电流突变量是否超过门槛值，检测故障电流是否出现。在智能终端采样速度足够高，大于每周波 64 点的情况下，故障电流出现时刻检测的误差，完全满足电流差动保护应用要求。

3.5.3 故障处理过程

变电站 10kV 出线断路器保护配置：设置光纤电流纵差保护为主保护、馈线相间及零序过电流保护作为后备保护。变电站与第一级环网箱之间故障由主保护电流纵差保护切除，若通信中断或其他原因导致纵差保护退出，则由后备相间及零序保护延时动作切除故障，相间及零序电流保护同时作为下级环网箱及用户配电室的后备保护。

光纤纵差的保护范围为变电站与环网箱之间、环网箱与环网箱之间的电缆线路，不包括用户配电室内部。纵差保护范围以外的各种开关越级、拒动及环网箱母线故障等，由变电站 10kV 出线断路器的后备相间两段、零序两段保护延时动作切除。光纤纵差保护配置与现有的过电流保护配置及整定值不冲突。

环网箱出线开关配置为断路器，设置两段相间和一段零序过流保护，用来保护环网箱出线断路器至用户配电室进线开关之间的电缆，同时作为用户配电室内设备的后备保护。若保护动作时间裕度不足，用户配电室进线开关定值可以与环网箱出线断路器保护整定相同，环网箱所有故障信号通过 DTU 上传至配电自动化主站。

出线断路器、环网箱出线断路器、用户配电室出线断路器过电流保护分级配合，实现环网箱出线断路器之后故障的相对就近断路器跳闸切除，实现支线故障不扩大，不影响主干线正常供电，线路上下级保护动作时间及配合关系见表 3.1。

表 3.1　　　　　　　　　　　　　10kV 线路开关保护动作时间　　　　　　　　　　　　单位：s

项　　目	相间速断	相间过流	零序速断	零序过流	备注
变电站出线保护	0.5	1	0.5	1	第一级
电缆分界室	0.2	0.7	0.2	0.7	第二级
用户配电室进线保护	≤0.2	≤0.7	≤0.2	≤0.7	
用户配电室出线保护	0	0.4	0	0.4	第三级

如图 3.32 所示，配置光纤纵差的范围为变电站出线 CB1 至 1 号箱的 k1、1 号箱的 k3 至 2 号箱的 k1、2 号箱的 k3 至 3 号箱的 k1、3 号箱的 k3 至 4 号箱的 k1 之间的电缆线路，相间故障和接地故障时，启动光纤纵差保护快速断开两侧断路器，隔离故障点。

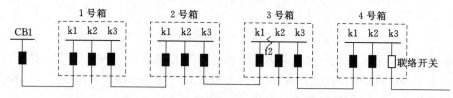

图 3.32　配置光纤纵差的分布智能型线路接线

（1）主干线路故障的处理。

1）T 时刻，主干线 f1 处发生故障，1 号箱与 2 号箱处差动保护动作启动。T+50ms，1 号箱与 2 号箱处差动保护进行信号交互完成，判断故障区段为 1 号箱的 k3 至 2 号箱的 k1 之间，跳开 1 号箱的 k3 与 2 号箱的 k1 开关故障隔离，如图 3.33 所示。

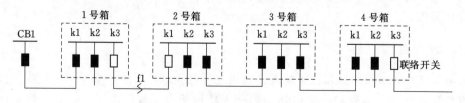

图 3.33　差动保护动作两开关跳闸

2）T+200ms，1 号箱的 k3 与 2 号箱的 k1 开关跳闸成功，DTU 装置将"纵联差动保护动作"信号、"断路器跳闸"信号上送馈线主控智能终端或配电自动化主站系统。T+350ms 馈线主控智能终端或主站收到故障区段两端的差动保护动作信号及断路器跳闸信号，判定事故区间，进行非故障区段供电处理。T+850ms 主站完成故障区间判定，并进行自动转供处理，遥控 4 号箱的 k3 开关合闸。T+1.1s，4 号箱的 k3 开关合闸成功，完成了非故障段的转供电，如图 3.34 所示。

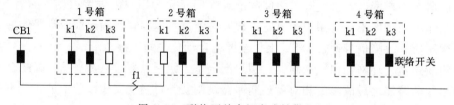

图 3.34　联络开关合闸完成转供电

主干线路故障，差动保护隔离故障失败时，变电站出线的后备过电流保护切除故障，同时 DTU 及变电站远动装置将保护动作信号送至配电自动化主站，由主站判断故障区间，转人工操作。

（2）母线故障的处理。

1）当母线发生短路故障，由于故障处于差动保护范围外，由出线断路器的过流保护或零序保护动作来切除故障，如图 3.35 所示。

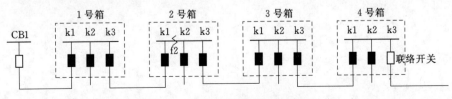

图 3.35　出线断路器跳闸切除故障

2）DTU 将环网箱过电流等故障信息上传馈线主控智能终端或主站，馈线主控智能终端或主站根据上传故障信息，判断故障区间，并进行故障隔离等转供电等操作，如图 3.36 所示。

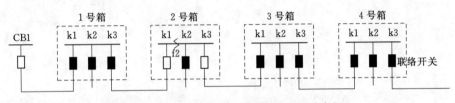

图 3.36　主进主出开关分闸与联络开关合闸

（3）配出支线故障的处理。T 时刻，1 号环网箱分支线 k2 发生故障；T＋50ms 馈线 k2 保护启动；T＋250ms，馈线 k2 保护出口跳 1 号箱的 k2 开关，隔离故障；T＋350ms，1 号箱的 k2 开关跳闸成功，同时通过 DTU 将故障信息上传馈线主控智能终端或主站，馈线主控智能终端或主站收到环网箱出线断路器保护动作（相间或零序）及跳闸信号，启动 FA 功能，判定故障区间，同时闭锁自动转供功能。若故障隔离失败，变电站出线作为后备保护切除故障，由主站判断故障区间，转人工操作，如图 3.37 所示。

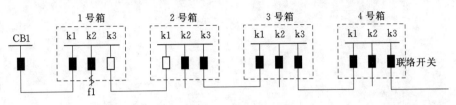

图 3.37　支线断路器跳闸

3.5.4　技术特点

基于电流差动保护的分布型 FA 属于速动式的分布智能型 FA。若变电站出线断路器不具备速断保护的延时设置条件，则线路故障后出线断路器第一时间跳闸，之后再进行故障的隔离和转供电，因此电流差动保护也可以基于缓动式分布型 FA 建设。

做成速动式的分布型 FA，故障发生后第一时间内，实现故障的切除和下游隔离，解决了配网线路中多级开关保护配合困难，出线越级跳闸的问题。

其他优缺点同基于通信过电流保护的分布智能型 FA。

第4章 集 中 型 FA

4.1 基本的集中型 FA

4.1.1 基本原理

集中型 FA，又称主站集中型 FA，是通过现场某开关及时切除故障，之后借助通信手段，配电终端和配电主站的配合，判断故障区域，通过自动或人工遥控隔离故障区域，恢复非故障区域供电。

在实践中，集中型 FA 通过配电终端、通信网络和主站系统实现。当馈线发生故障后，故障由设定的一个开关，一般是变电站出线断路器动作跳闸切除故障，线路中的配电终端设定电流定值，检测判别是否故障电流，通过通信网络将故障信息即分闸或保护动作信号等传送到主站，主站结合配电网的实时拓扑结构，按照计算方法进行故障的定位，再下达命令给相关的馈线自动化终端、断路器等分闸动作，从而实现故障隔离，此后，主站通过计算，考虑网损、过负荷等情况后，确定最有效的恢复方案，命令有关配电终端、断路器来完成负荷的转供。

对于投重合闸的线路，发生瞬时性故障，通过出线断路器的一次重合闸予以恢复送电，配电终端上报故障信号给主站。发生永久性故障，出线断路器重合不成功，由配电终端上报故障信息给主站，主站利用配电终端故障信息，根据故障点前的配电终端能够检测到故障电流，故障点后的配电终端检测不到故障电流，以及拓扑计算信息确定故障区域，控制开关进行故障隔离与恢复非故障区供电。

这种基于通信的馈线自动化方案以集中控制为核心，综合了电流保护、配电终端遥控及重合闸的多种方式，能够快速切除故障，在几秒到几十秒的时间内实现故障隔离，在几十秒到几分钟内实现恢复供电。该方案是目前配电自动化的主流方案，能够将馈线保护集成于一体化的配电网监控系统中，从故障切除、故障隔离、恢复供电方面都有效地提高了供电可靠性。同时，在整个配电自动化中，可以加装电能质量监测和补偿装置，从而在全局上实现改善电能质量的控制。

根据《国家电网公司"十三五"配电自动化建设实施意见》，"大部分 A＋、A、B 类和部分 C 类供电区域，对配电线路关键节点进行自动化改造，实现故障分段就地定位和隔离，非故障区域可通过遥控或现场操作恢复供电。针对 A＋和 A 类供电区域，新建改造线路以安装'三遥'终端为主，馈线自动化以集中型方式为主；针对 B、C 类供电区域，架空线路馈线自动化优先采用就地重合式，电缆线路馈线自动化采用集中式。"在目前的建设模式下，集中型 FA 成为城区及部分城郊馈线自动化的主要部署模式，在配电自动化建设应用过程中占据举足轻重的地位。

集中型 FA 包括 3 层结构，一是主站层，负责整个配电自动化系统内状态信息的监控和管理，馈线自动化动作策略的制定；二是通信层，负责信息传输；三是终端层，包括配电终端和一次设备，负责系统内设备状态信息的采集，并执行馈线自动化策略。整体架构如图 4.1 所示。

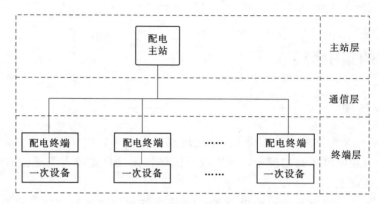

图 4.1　集中型 FA 整体架构

集中型 FA 的核心在于配电主站收集到故障区域内配电终端的告警及状态信息之后，能够准确推送故障隔离方案。采用主站集中型的 10kV 线路发生故障后，主站根据各配电终端检测到的故障信号，结合变电站、环网箱等继电保护信号、开关跳闸等故障信息，启动故障处理程序，经主站逻辑判断，确定故障类型和发生位置，并自动进行故障隔离、网络重构。采用声光、语音、打印事件等报警形式，在自动推出的配网单线图上，通过网络动态拓扑着色的方式明确地表示出故障区段。

主站集中型 FA，可以对具体某一馈线设置不同的运行状态和故障处理方式。运行状态可以设置为在线、离线、仿真 3 种之一。

在线状态也称为投入状态，表示系统正常监视该线路的运行状态，一旦发现该线路的故障，则启动故障分析处理过程。离线状态也称为退出状态，表示系统不监视该线路的运行状态，即便线路发生故障，系统也不会对其处理，该状态主要用于线路检修、新设备投运等临时性的情况。仿真状态也称为测试状态，表示系统不接受该线路的实时信息只接受仿真信息，仿真状态主要用于该线路的馈线自动化故障处理投入在线运行前的仿真测试。

集中型 FA 根据其故障处理方式，又可分为全自动方式和半自动方式。

全自动方式是指线路发生故障后，主站或子站通过快速收集区域内配电终端的信息，判断配电网运行状态，推出故障隔离和转供电方案，自动根据方案下发遥控命令，自动完成故障区段隔离以及非故障停电区域的转供电。

半自动方式相对于全自动的集中处理 FA 功能进行了简化，只要求系统通过 DSCADA 系统采集故障信息，结合拓扑结构进行故障定位分析，由调度员根据主站提供的隔离和恢复供电方案，进行遥控故障隔离和遥控恢复供电操作。对于不具备遥控的区段，人工到现场控制处理。半自动方式对配电终端的装置及通信的要求，都比全自动方式要求大大降低，有利于系统可靠性的提高和设备成本的降低。因此，半自动 FA 方式适于供电可靠性要求一般的供电区域使用。

半自动 FA 方式的遥控处理过程如图 4.2 所示。

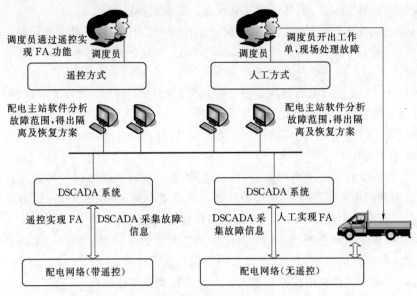

图 4.2 半自动 FA 方式的遥控处理过程

在具体实施步骤上，采取先实现半自动集中型 FA，再全自动集中型 FA 的建设方式。在配电自动化系统建设初期，实现"三遥"基础上，线路故障时，系统给出故障隔离及恢复方案，调度员按照相应方案进行故障隔离和方式调整，实现半自动集中型 FA。在半自动型馈线自动化安全稳定运行一段时间，进行集中型全自动馈线自动化试运行，待系统运行及管理稳定后投入全自动馈线自动化运行。对于架空线路采用"二遥"自动化方案，主站采用半自动方式进行故障定位，主要功能是确定故障区段、同时考虑容量约束，给出故障处理方案，由人工现场处理。

4.1.2 设备配置

建设基本的主站集中型 FA 系统，必须具备以下几个条件：一是有可电动、遥控操作的开关；二是有故障检测功能的配电终端；三是有可靠的通信接口和通道；四是有相应计算机软、硬件的主站。

（1）对开关的配置要求。

1）线路开关配置为负荷开关或断路器，具备相间短路故障检测功能，发生故障时能快速判别。配电终端配负荷开关时，可与变电站出线断路器动作逻辑配合，实现故障自动隔离；配备断路器时，发生故障后，可自动切除故障。

2）开关配备电动操作机构。

（2）配电自动化终端功能要求。

1）可采集三相电流、两侧三相电压、零序电流。

2）可检测、判别瞬时性故障和永久故障，判别相间短路、单相接地等故障，故障类型及相关信息主动上报主站。

3）应含有多种自动化算法，具备线路保护功能，可基于配电线路的结构特点，通过多种保护功能类型的配合，实现就地故障查寻、就地故障隔离。

4）具有过电流保护功能，可对电流保护动作时限、相间电流定值进行设定。最少分两段进行故障判断，每一段的动作电流（0～20In）和跳闸延时（0～99s）均可以由用户自由平滑设定。

5）可检测零序电流，具有零序电流保护功能，动作电流（0～20In）和跳闸延时（0～99s）均可以由用户自由平滑设定。

6）依据新的《配电网技术导则》，开关具备单相接地故障的检测和告警功能，可选配自动切除故障功能。

7）可设置两次自动重合闸功能，可根据需要设定重合闸次数以及每次重合闸延时时限定值，重合闸投退可采用压板或开关投退。一次重合闸延时 0.5～60s，可以由用户自由平滑设定。二次重合闸 1～300s，可以由用户自由平滑设定。

8）具有闭锁二次重合闸功能，可设定闭锁二次重合闸时限定值。一次重合闸后，在可整定的设定时间之内检测到故障电流，则闭锁二次重合闸。

9）可以检测开关两侧电压差、角差，支持合环功能（选配）。

（3）互感器配置要求。单相 CT 技术要求：单绕组，变比 600/5，容量不小于 5VA，精度 10P10 级。消弧线圈接地和不接地系统零序 CT：变比 100/5，容量不小于 5VA，精度 10P5 级。小电阻接地系统零序 CT：单绕组，变比 100/1，容量不小于 5VA，精度 10P5 级。

（4）电源配置要求。

1）应统筹考虑配电自动化终端、通信系统及开关操作电源的需求选择工作和后备电源。正常情况下，工作电源优先采用 PT 取电方式，后备电源宜采用蓄电池供电。

2）工作电源采用 PT 取电时，开关柜（环网箱）侧宜设独立 PT 单元，设隔离开关或熔断器，PT 一次侧采用屏蔽型可触摸肘型电缆接头，V/V 接线，变比 10/0.22，容量不小于 500VA。

3）蓄电池容量应满足工作电源掉电后，维持配电自动化终端（含通信模块）持续 8小时正常工作，且开关分、合闸各 3 次以上。

（5）配电自动化主站接入。在建立无线或光纤通信通道之后，配电自动化终端可自动上传开关位置及动作、电流电压越限告警、故障等信号及电流、电压等量测信息，实现配电自动化主站实时状态监视和远方遥控功能。其中开关位置包括分、合闸状态信息，故障信息包括短路、接地等故障信息，如需采集电流、电压等量测信息，电流量测至少包括A、C 相电流，电压量测至少包括 AB、BC 相间电压。

4.1.3　动作逻辑

建立在光纤通信基础上的集中型 FA 故障处理分五个阶段：第一阶段是故障发生后，开关启动电流保护切除故障；第二阶段是集中型 FA 功能的配电主站依据各开关上报的信息启动 FA；第三阶段是主站依据故障信息定位故障分段，推出 FA 策略窗口；第四阶段是遥控或现场操作配电终端实现故障分段隔离和故障上游恢复供电；第五阶段是遥控或现场操作配电终端实现向非故障区域的恢复供电。

4.1.3.1 主站 FA 启动

主站集中型 FA 有多种启动条件，一般有开关分闸加事故总信号方式、开关分闸加保护方式、在断路器重合闸最大等待时间内的分闸一合闸一分闸方式、正常操作以外的分闸动作（含误跳）、遥测越限事故、遥测跳变事故等。

使用比较多的启动条件是开关分闸＋保护动作信号方式。对于集中型 FA 的线路发生故障，主站收到变电站出线断路器分闸信号，且收到保护动作信号，包括事故总、过流信号、速断信号等，才能启动 FA 程序。开关分闸信号和保护动作信号需要时间的配合，配合时间可以在系统中自定义。一般当先收到保护动作信号，后收到开关跳闸信号时，二者时间差为 30s 之内。当先收到开关跳闸信号，后收到保护动作信号时，二者时间差为 5s 之内，超过这个时间限定，将不启动故障处理程序。启动条件还有：变电站通信正常、母线为带电状态，跳闸必须产生停电分段，必须事故跳闸才能启动 FA，遥控引起的开关变位不能启动 FA，电容器组及备用线跳闸不启动 FA。配合启动的保护信号有：过流、速断、事故总等保护信号，也可自定义保护信号启动 FA。

4.1.3.2 故障定位

当变电站出线断路器具备重合闸功能，若线路发生瞬时性故障，则重合成功，主站仅进行故障的分段定位，推出单线图进行故障范围着色，FA 方案窗口显示发生瞬时性故障，并描述故障分段范围。

当变电站出线断路器无重合闸或重合闸失败时，主站利用线路上自动化开关上送的故障告警信号进行故障分段定位；考虑变电站信号与站外终端的信号存在有延迟现象，主站收到某一故障告警信号动作后，系统在 30s 等待其他信号的上送。依据集中型故障定位原理，主站判断出故障发生的分段，该分段以通信正常的自动化开关为边界。

根据网架结构的不同，集中型 FA 主要的故障定位原理有两种，一是针对单电源的辐射线路或开环运行的线路，由于故障功率方向确定，只需要根据故障电流的分布，即可判断出故障点；二是针对多电源闭环运行环网线路，由于故障功率方向不确定，通常需要根据故障功率方向综合判断出故障点。

（1）单电源点开环运行线路故障点定位。开环运行网络拓扑为树状放射结构，当馈线发生故障时，故障电流流经的线路是从电源到故障点的一条路经，故障区段必定位于最后一个检测到了故障电流的开关和第一个未检测到故障电流的开关之间。故障末端的开关除自身会感受到过流，其相邻的多台开关中只有一个开关，即其上游开关会经历故障电流。

（2）多电源点闭环运行线路故障点定位。闭环运行线路发生故障时，故障电流路径会从多个电源汇集到故障点，判据需要加入功率方向。因此，配电终端在监测故障电流的同时，需要计算故障功率的方向。故障区段处于故障功率方向相反的两个相邻开关之间，或处于一个没有故障电流开关与另一检测到故障电流开关之间。

4.1.3.3 故障隔离和故障上游恢复供电

故障分段判定结束后，若故障处理模式为"全自动"的线路，主站进行故障分段自动隔离和非故障分段恢复供电。故障分段自动隔离原则是将故障分段边界所有的自动化开关都进行隔离，但不包含当地状态、操作禁止、挂保持合牌、检修牌、故障牌、不在线的设备。

若故障处理模式为"半自动"的线路，主站推出单线图进行故障范围着色，FA 方案窗口，由调度人员操作完成遥控操作或现场人员操作。

4.1.3.4 故障下游非故障停电分段转供电

隔离及电源侧恢复供电完成后，进入故障下游非故障停电分段转供电流程。主站进行负荷计算，生成负荷转供操作方案。负荷转供电计算中，检查条件多而复杂，其中考虑变电站主变接带能力、配电线接带能力、线路开关最大允许通过电流、线路最大允许电压降、分段最大允许通过电流、环网状态、变电站、变压器、配电线实时电流采集是否正常、待操作开关在线状态等。负荷转供策略以最大限度减少停电分段为目的，并在一定程度上考虑线路负荷均衡。执行转供电方案时，若发生开关拒动，将该拒动开关作为操作禁止开关处理，再次进行负荷计算，生成新策略进行负荷转供电。

4.1.4 基本的集中型 FA 故障处理过程

以图 4.3 所示线路为例。线路为集中型 FA，各环网箱安装配电自动化终端，采用光纤通信接入主站。各主进主出开关设置电流保护定值只传信号到主站但不跳闸，配电主站具备集中型 FA 功能，FA 启动条件设置为分闸加保护，系统不断监听故障信号，判断故障信号是否满足启动条件。4 号箱 k3 开关为联络开关，下侧带有电压。故障处理过程如下：

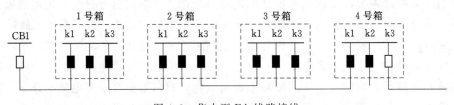

图 4.3 集中型 FA 线路接线

（1）FA 启动：当 1 号箱 k3 与 2 号箱 k1 之间线路发生故障，出线断路器 CB1 保护动作开关第一次跳闸。CB1 重合闸延时到后进行第一次重合闸，主站收到出线断路器分闸信号和电流保护动作信号，启动 FA 程序，如图 4.4 所示。

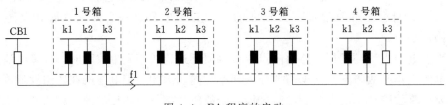

图 4.4 FA 程序的启动

（2）故障定位：若是瞬时性故障，则 CB1 重合成功。一定延时后，主站收到 1 号箱 k1、k3 过电流保护动作信号，进行故障处理计算，推出 FA 方案窗口，故障定位为 1 号箱 k3 与 2 号箱 k1 之间线路发生瞬时性故障，同时推出相关单线图，对故障分段进行着色显示，如图 4.5 所示。

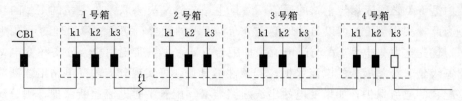

图 4.5 线路瞬时性故障分段定位

若是永久性故障，则 CB1 重合不成功第二次跳闸，主站收到 1 号箱 k1、k3 过电流保护动作信号，进行故障处理计算，推出 FA 方案窗口，故障定位为 1 号箱 k3 与 2 号箱 k1 之间线路发生永久性故障，同时推出相关单线图，对故障分段进行着色显示，给出故障隔离方案为断开 1 号箱 k3 和 2 号箱 k1 两台开关，给出恢复故障点上游方案是合上 CB1 开关，恢复故障点下游的方案是合上 3 号箱 k3 开关。若该线路的 FA 故障处理方式为全自动，则继续下面程序，如图 4.6 所示。

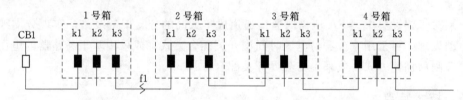

图 4.6 线路永久性故障分段定位

（3）故障隔离和故障上游恢复供电。主站向 1 号箱 k3 和 2 号箱 k1 配电终端下发分闸命令，对 1 号箱 k3、2 号箱 k1 开关执行分闸操作。主站向 CB1 下发合闸命令，对 CB1 进行合闸操作，如图 4.7 所示。

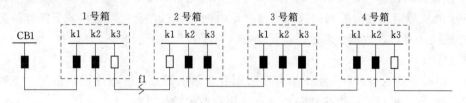

图 4.7 故障隔离和故障上游恢复供电

（4）故障下游非故障停电分段转供电。隔离成功后，主站向 4 号箱 k3 下发开关合闸操作命令，进行故障点下游非故障区域的恢复供电，如图 4.8 所示。

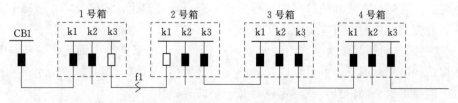

图 4.8 故障下游非故障停电分段转供电

4.1.5 与就地型或分布型 FA 的配合

集中型 FA 必须依靠与主站的通信，一旦主站与终端失去联系，主站的 FA 的功能将失效。为此，集中型 FA 可以与就地型或分布型 FA 的配合，提高故障处理的可靠性。

（1）优先选取集中型 FA 与过电流保护配合方式。尽量实现用户、分支和变电站出线断路器三级延时级差配合的电流保护；若条件不具备，可实现分支和变电站出线断路器两级级差配合的电流保护；如果变电站出线断路器必须配置瞬时电流速断保护，则分支配备不延时电流保护，此时仍能实现不完全配合，即一定的选择性。

（2）与就地型 FA 的配合方式下，故障隔离的优化控制、健全区域恢复供电方案的优化选择可由主站集中型 FA 完成，联络开关由集中型 FA 遥控。

（3）对于架空馈线或架空和电缆混合馈线，集中型 FA 可配置自动重合闸，以便在瞬时性故障时能够快速恢复供电。

（4）对于采用双电源供电的可靠性要求比较高的重要用户，集中型 FA 可配置备自投控制，以便在主供电源因故障而失去供电能力时，快速切换到另一电源，迅速恢复用户供电。

（5）对于建设集中型 FA 所需的通信通道成本太高的分支架空线路，实现分支线路的故障自动处理，可采用重合器与电压时间型开关配合方式，或采用基于断路器的电压电流时间型合闸后加速方式，或采用与分界开关配合方式。

4.1.6 技术特点

集中型 FA 适用于电缆、架空及架空电缆混合网，适用于任一种接地系统，包括中性点经小电阻、消弧线圈或不接地系统，适应于单辐射、单环网、双环网等网架。

集中型 FA 通过配电主站搜集配电终端上送的告警信息，综合判断故障分段，信息收集的全面性是其故障判断准确性的基本保障，因此通常情况下，集中型 FA 启动后将预留 15～30s 的故障信息收集时间，故障区段判定时间需数秒，全自动化模式下整体故障处理耗时一般在十秒级，故障处理效率较传统方式有了极大提升。

（1）优点：

1）相对于就地型，集中型 FA 大量采用有通信的模式，配电终端也多为"三遥"类型，不需要人工进行故障查找和隔离，自动化程度相对较高。

2）集中型 FA 可以在全自动、半自动模式下进行切换，策略灵活性较强，在城市核心区进行应用有较大的技术优势。

3）不仅在线路发生故障时可以发挥作用，在正常运行时也可进行集中监测和遥控。能使系统的正常运行方式和故障时的运行方式实现自动最优化，调度灵活，故障修复后返回正常运行方式的控制，可有由主站实现。

4）实时采集包括故障信息在内的配电网运行信息，可以进行全网优化分析计算，适用于任意结构的配电网络，并且可以处理一些特殊情况，可以考虑实际负荷水平和网络约束。由于能够得到全局信息，故障定位具有一定的容错性。

5）适用于就地型 FA 升级加装主站，实现数据采集与监控，网络重构等高级功能。

由于主站的故障处理算法是在配电网络的实时拓扑结构基础上完成的，因此，即使是多电源复杂的网络，同样适用。

6）通过变电站出线断路器一次重合，即可完成故障处理，不需要进行保护装置改造。

（2）局限性：

1）基本的集中型 FA 在故障处理过程中，一般都是变电站出线跳闸，不是故障就近的开关跳闸，相当于发生了越级跳闸，从而扩大故障停电影响范围。该模式实质上是在保护装置无选择性动作后的恢复供电。

2）集中型 FA 的建设依赖"三遥"配电终端，需要采用通信方式，对应的建设、调试、维护成本相对较高。

3）配网的网络结构变化快，主站使用的配电网络结构数据一般不能及时与现场同步，因此这种系统要求的维护量较大。当配电网发生线路更改时，必须对主站和子站的拓扑进行维护和更新，否则会造成局部的变更引起全部功能的停用。

4）配电终端必须配备蓄电池，开关必须改造为电动操作。采用蓄电池作为储能部件，而在运行一段时间后，蓄电池陆续损坏失效，严重影响了故障处理功能的实现，相应的运维工作量较大，运维成本较大。

5）必须要建设有效而又可靠的通信网络，对通信的依赖性强，当通信系统发生故障时，则不可避免地导致整个系统瘫痪，失去功能。

6）配电自动化终端、通信设备厂家较多，设备质量参差不齐，且由于设备运行于户外，运行条件较恶劣，加之受到市政施工的影响，导致设备故障率较高。配电终端掉线、信号误发或漏发，对于集中型 FA 的实用化投入产生了极大的影响。现实中由于实用性能不足，真正理想运行的少。

7）由于传统配电运检主要以一次设备为主，相关技术人员对配电自动化设备的运维经验不足，对馈线自动化的基本原理、部署模式、技术关键点等还比较模糊，运维技术力量有限。目前集中型 FA 投入率较低，实用化情况欠佳。

4.2 基于过流保护配合的集中型 FA

4.2.1 基本原理

基本的集中型 FA 系统，在线路发生故障后，都会引起变电站出线断路器保护动作跳闸，造成全线短暂停电，且故障处理时间较长。

为了实现故障的就近及时切除，减少变电站出线断路器跳闸次数，减少故障对全线路停电影响，可采用"支线故障不扩大，用户故障不出门"的原则，实现出线断路器、支线首端开关、用户分界开关的过电流保护时间级差配合跳闸，可以将分支和用户故障限制在分支以内，不影响主干线，并且可以将一部分用户故障限制在用户处，快速完成故障处理，仅仅是在主干线故障时才会造成干线短暂停电。对于较长的架空线的重要分段开关，也可加入保护跳闸，与上下级开关实现多级保护配合。在此基础上搭建集中型 FA 系统，可实现过电流保护时间级差配合的集中型 FA。

这种继电保护与集中型 FA 配合方式，当继电保护越级跳闸或没有将故障切除在最小范围内时，则集中型 FA 可以进行优化控制，并选择优化供电恢复方案，可以显著提高故障处理性能。

一般的 10kV 线路可以实现分支或用户开关与变电站出线断路器两级保护配合，分支或用户故障发生后，相应分支或用户断路器先于出线断路器跳闸切除故障，出线断路器保护不动作或返回而不跳闸，之后借助通信手段，配电终端和配电主站的配合，判断故障区域，并通过自动或人工遥控隔离故障区域，恢复非故障区域供电。

保护配合分为完全配合和不完全配合。完全配合一般是时间级差上和保护范围上的配合，上游开关保护动作延时大于下游开关保护动作延时，保护范围的配合也就是灵敏度上的配合。但保护范围受运行方式影响，运行方式调整后，保护范围发生变化，可能出现不配合问题或保护死区问题，需及时调整保护电流定值，适应性差，所以不推荐。保护不完全配合，是指在一定情况下保护配合的，不发生越级跳闸，在一些情况下保护不配合，可能发生越级跳闸或多级跳闸。在小短路电流情况下，上级下级开关都启动延时电流保护，则可以实现配合，在大短路电流情况下，上级开关启动无延时速断保护，则不能实现配合。从保护范围上说，在上级开关的无延时 I 段过流保护范围之外，可与下级开关实现时间级差的配合，在上级开关的无延时 I 段过流保护范围内，不能保证全部配合。

4.2.2 设备配置

过流保护配合是指投跳闸的上下级断路器实现阶段式过电流保护的配合，因此，线路中配合的开关必须配置为断路器。考虑小电流接地系统中接地选线选段的要求，断路器应该具备检测单相接地故障的能力，以适应新一代主站系统对接地故障处理的要求，满足小电流接地系统中单相接地故障及时切除的需求。

系统中应用的无需投跳闸的分段分支开关，可采用具备电流型功能的负荷开关，也可采用断路器。

本模式 FA 所需开关的具体配置见本书中基本的集中型 FA 这一节的相关内容。

4.2.3 动作逻辑

4.2.3.1 两级级差保护配合的集中型 FA 故障处理策略

（1）两级保护时间级差完全配合的集中型 FA 保护配置和动作逻辑。

1）保护配置原则。变电站出线断路器设置限时速断保护，保护动作延时设定 Δt（如 200～250ms）。主干线可采用较经济的负荷开关，配置故障检测与上报功能，故障检测电流值可按照开关额定电流设置，故障检测延时按照 60ms 设置，具备"三遥"终端和通道。分支或用户开关采用断路器，与出线断路器实现时间级差完全配合投跳闸，保护动作延时设定为 0s，具备"两遥"终端和通道。主站中各投跳闸的断路器配置分闸加保护的 FA 启动条件。

2）故障处理策略。若主干线发生故障，出线断路器保护动作跳闸，集中型 FA 发挥作用，恢复供电。若用户开关或分支断路器下游发生短路故障后，因保护配合原因，分支或用户断路器保护动作跳闸，切除故障，主站启动集中型 FA 程序，完成故障定位等。

（2）两级保护时间级差不完全配合的集中型 FA 保护配置和动作逻辑。

1）保护配置原则。变电站出线断路器必须设置速断保护，则配置速断保护（0s）和过电流保护（Δt）。主干线可采用较经济的负荷开关，配置故障检测与上报功能，故障检测电流值可按照开关额定电流设置，故障检测延时按照 60ms 设置，具备"三遥"终端和通道。分支或用户开关采用断路器，与出线断路器实现不完全配合，配置速断保护（0s）和过电流保护（Δt）投跳闸，即在三相大短路电流情况下，出线断路器和分支或用户断路器均启动速断保护，发生同时两级跳闸。具备"两遥"终端和通道。主站中各投跳闸的断路器配置分闸加保护的 FA 启动条件。

2）故障处理策略。若主干线发生故障，出线断路器保护动作跳闸，集中型 FA 发挥作用，恢复供电。若用户或分支断路器下游发生短路故障后，分如下两种情况：

第一种是故障为小短路电流，出线断路器启动了延时过电流保护，则两级保护可实现配合，故障处理过程同上述完全配合的情形。

第二种是故障为大短路电流，出线断路器启动了速断保护，则发生出线断路器和分支或用户断路器两级开关均同时跳闸，对于架空馈线或电缆架空混合馈线，出线断路器配置自动重合闸，由于故障已经被用户或分支断路器隔离，出线断路器一次快速重合就可恢复健全区域供电，之后主站启动集中型 FA 程序，完成故障定位等处理。对于全电缆馈线，出线断路器不宜配置自动重合闸，则由配电主站集中型 FA 程序，根据收到的故障信息，进行故障定位，故障隔离，遥控出线断路器合闸恢复健全区域供电。

4.2.3.2 三级级差保护配合的集中型 FA 故障处理策略

（1）三级保护时间级差完全配合的集中型 FA 保护配置和动作逻辑。

1）保护配置原则。变电站出线断路器设置延时速断保护，保护动作延时设定 $2\Delta t$（如 500ms），作为第三级保护。某台主干线断路器或分支断路器作为第二级保护投跳闸，与出线断路器配合，保护动作延时设定 Δt（如 250ms），其他主干线开关可采用较经济的负荷开关，配置故障检测与上报功能，故障检测电流值可按照开关额定电流设置，故障检测延时按照 60ms 设置，具备"三遥"终端和通道。次分支或用户开关采用断路器作为第一级保护投跳闸，与第二级保护的断路器实现时间级差完全配合，保护动作延时设定为 0s，具备"两遥"终端和通道。主站中各投跳闸的断路器配置分闸加保护的 FA 启动条件。

2）故障处理策略。线路发生故障后，距离故障点最近的上游投跳闸断路器保护动作跳闸，切除故障，主站启动集中型 FA 程序，完成故障定位等。

（2）三级保护时间级差不完全配合的集中型 FA 保护配置和动作逻辑。

1）保护配置原则。变电站出线断路器必须设置速断保护，作为第三级保护，则配置速断保护（0s）和延时过电流保护（$2\Delta t$，如 500ms）。某台主干线断路器或分支断路器作为第二级保护，与出线断路器保护不完全配合，配置速断保护（0s）和延时过电流保护（Δt，如 250ms），同时配置故障检测与上报功能，故障检测电流值可按照开关额定电流设置，故障检测延时按照 60ms 设置。其他主干线开关可采用较经济的负荷开关，配置故障检测与上报功能，定值同上，具备"三遥"终端和通道。次分支或用户开关采用断路器作为第一级保护投跳闸，与第二级保护的断路器实现时间级差完全配合，配置速断保护

（0s），同时配置故障检测与上报功能，定值同上，具备"两遥"终端和通道。主站中各投跳闸的断路器配置分闸加保护的 FA 启动条件。

2）故障处理策略。依据短路电流大小以及各级投跳闸断路器是否启动速断保护分两种情况。

对于小短路电流情况，故障点上游第三级和第二级保护启动延时过电流保护，则三级保护可以实现配合，不发生越级或多级跳闸，线路发生故障后，距离故障点最近的上游投跳闸断路器保护动作跳闸，切除故障，主站收到分闸和保护信号后，启动集中型 FA 程序，进行故障定位、隔离、故障点下游非故障区段的转供电等故障处理。

对于大短路电流情况，故障点上游第三级和第二级保护启动无延时速断保护，则三级保护不能实现配合，会发生越级或多级跳闸。线路发生故障后，某级保护断路器跳闸，主站依据该断路器的分闸和保护信号，启动集中型 FA 程序，收集整条线路开关的分闸和保护动作信号。若线路故障点上游断路器发生多级同时跳闸，主站会收到故障点上游所有开关上报的故障信号，主站依据这些故障信号，可以准备定位故障点区段，进行正确的故障处理。若线路断路器发生越级事件，即距离故障点最近的断路器没有跳闸，但所有开关均设置了故障检测上报功能，主站收到故障点上游所有开关保护被越级的断路器上报的故障信号，依据这些故障信号，可以准确定位故障点区段，进行正确的故障处理。

这种保护不完全配合的集中型 FA 方案，对三级投跳闸的断路器均配置了两段保护作用于跳闸，同时配置了一个检测故障保护，这个检测故障保护电流定值灵敏，检测延时60ms，既使前级断路器速断保护动作，本开关被越级，也能检测并上报故障信号，这是本 FA 方案的重要创新点。方案设计中就考虑到会发生越级和多级跳闸，但相较于基本的集中型 FA，可以减少出线断路器跳闸次数，减少全线停电次数。若投跳闸断路器配置一次重合闸，则可以解决瞬时性故障的及时恢复供电问题。这种模式适合于出线断路器必须配置无延时速断保护，线路较长，线路故障后启动延时过电流保护的情形占一定比例的线路。也适用通信系统不稳定，FA 启动不理想，基本的集中型 FA 导致出线断路器跳闸，线路故障定位困难的情形，这样配置有助于 FA 不启动的情况下，人工依据开关分闸情况或现场配电终端故障检测信号来定位故障，解决故障定位难题。

4.2.4　保护完全配合的集中型 FA 故障处理过程

对于图 4.9 所示的典型架空 10kV 线路，线路采用两级保护与集中型 FA 配合的自动化方案。配置如下：变电站出线断路器 CB1 和分支断路器 ZB1、分段断路器 FB1 配置两级时间级差完全配合，CB1 限时速断保护动作延时设定 250ms，ZB1、FB1 断路器速断保护动作延时设定为 0s，断路器均配置一次重合闸，断路器可配置过电流保护，CB1 过电流延时大于 ZB1、FB1 过电流延时一个 Δt。其他开关采用负荷开关，配置故障检测并上报功能。主站中各投跳闸的断路器配置分闸加保护的 FA 启动条件。

（1）若 ZB1、FB2 断路器之前线路发生故障，则故障处理过程完全和基本的集

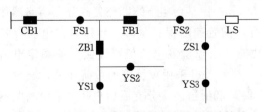

图 4.9　保护完全配合的集中型 FA 线路接线

中型 FA 故障处理过程一样，不再赘述。

（2）若 ZB1、FB2 断路器之后线路发生故障，则故障功处理过程如下：

1）若 f1 处发生短路故障。因 FB1 与 CB1 保护级差配合，FB1 先于 CB1 动作第一次跳闸，如图 4.10 所示。

2）FB1 跳闸 1s 后重合闸。若是瞬时性故障，则重合成功。主站依据 FB1 分闸和保护动作信号，启动集中型 FA 程序，依据收集到的 FS2、ZS1 开关的故障检测信号，判定故障在 ZS1 和 YS3 之间发生瞬时性故障，调度人员通知运维巡视线路，完成故障处理，如图 4.11 所示。

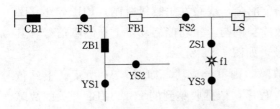

图 4.10　分段断路器第一次跳闸

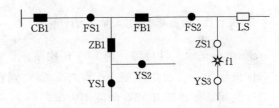

图 4.11　瞬时性故障分段断路器重合成功

3）若是永久性故障，则 FB1 再次跳闸，如图 4.12 所示。主站依据 FB1 分闸和保护动作信号，启动集中型 FA 程序，依据收集到的 FS2、ZS1 开关的故障检测信号，判定故障在 ZS1 和 YS3 之间，推出断开 ZS1 和 YS3 的隔离方案，合上 FB1 的上游供电方案。

4）由主站遥控或人工现场操作执行隔离和上游转供电方案，完成故障处理，如图 4.13 所示。

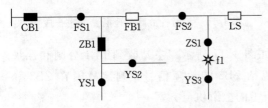

图 4.12　永久性故障分段断路器重合不成功

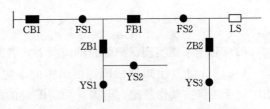

图 4.13　故障隔离与恢复非故障区供电

4.2.5　保护不完全配合的集中型 FA 故障处理过程

对于图 4.14 所示的典型架空配电线路，线路采用三级保护与集中型 FA 配合的自动化方案。配置如下：变电站出线断路器 CB1、分段断路器 FB1、分支断路器 ZB2 配置三级不完全配合，CB1、FB1、ZB2 均配置速断保护投跳闸，动作延时设定 0ms，均配置一次重合闸，均配置过电流保护投跳闸，CB1 过电流延时大于 FB1 一个 Δt、FB1 过电流延时大于 ZB2 一个 Δt，配置故障检测并上报功能，故障检测电流值按照开关额定电流设置，故障检测延时按照 60ms 设置。其他开关采用负荷开关，配置故障检

图 4.14　保护不完全配合的集中型 FA 线路接线

测并上报功能。主站中各投跳闸的断路器配置分闸加保护的 FA 启动条件。

上述配置可知,在有些情况下,三级保护可以实现配合,比如短路电流比较小,故障点上游断路器启动过电流保护。有些情况下,会出现越级跳闸或多级跳闸,比如短路电流比较大,故障点上游开关启动速断保护。

(1)对于可以实现保护配合的情况下,距离故障点最近的断路器跳闸,主站启动FA,依据故障信息进行故障处理,故障处理过程完全和保护完全配合的集中型 FA 故障处理过程一样,不再赘述。

(2)对于不能实现保护配合的情况下,若发生越级跳闸,则故障功处理过程如下:

1)若 f1 处发生短路故障,因保护的非完全配合,线路发生越级跳闸,FB1 先于 ZB2 动作越级跳闸,ZB2 保护未动作,但配置的故障检测与上报功能启动,上报故障信号,其他故障流过的开关也检测到并上报了故障信号,如图 4.15 所示。

2)FB1 跳闸 1s 后重合闸。若是瞬时性故障,则重合成功,如图 4.16 所示。主站依据 FB1 分闸和保护动作信号,启动集中型 FA 程序,依据收集到的 FS2、ZB2 开关的故障检测信号,判定故障在 ZB2 和 YS3 之间发生瞬时性故障,调度人员通知运维巡视线路,完成故障处理。

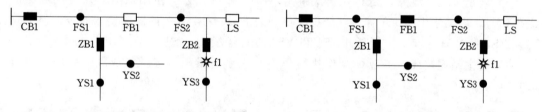

图 4.15　分段断路器越级第一次跳闸　　　　图 4.16　瞬时性故障分段断路器重合成功

3)若是永久性故障,则 FB1 再次跳闸,如图 4.17 所示。主站收到 FB1 分闸和保护动作信号后,启动集中型 FA 程序,收集到包括 ZB2 的故障信号,判定故障在 ZB2 和 YS3 之间,推出断开 ZB2 的隔离方案,合上 FB1 的上游供电方案。

4)由主站遥控或人工现场操作执行隔离和上游转供电方案,完成故障处理,如图4.18 所示。

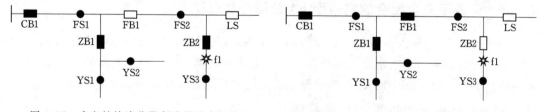

图 4.17　永久性故障分段断路器重合失败　　　图 4.18　故障隔离与非故障区供电

(3)对于不能实现保护配合的情况下,若发生多级跳闸,则故障功处理过程如下:

1)若 f1 处发生短路故障,因保护的非完全配合,线路发生多级跳闸,CB1、FB1、ZB2 均速断保护动作跳闸,但因开关均配置的故障检测与上报功能启动,上报故障信号,其他故障流过的开关也检测到并上报了故障信号,如图 4.19 所示。

2）CB1 跳闸 1s 后重合闸，FB1、ZB2 也在 1s 后重合，将电送至 FB1 左侧。若是瞬时性故障，则重合成功，如图 4.20 所示。主站依据 CB1 分闸和保护动作信号，启动集中型 FA 程序，依据收集到的 FS1、FB1、FS2、ZB2 等 4 台开关的故障检测信号，判定故障在 ZB2 和 YS3 之间发生瞬时性故障，调度人员通知运维巡视线路，完成故障处理。

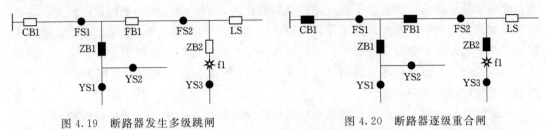

图 4.19 断路器发生多级跳闸   图 4.20 断路器逐级重合闸

3）若是永久性故障，则 CB1、FB1、ZB2 再次跳闸，如图 4.21 所示。主站收到 CB1 分闸和保护动作信号后，启动集中型 FA 程序，收集到包括 ZB2 在内的故障信号，判定故障在 ZB2 和 YS3 之间，推出合上 CB1、FB1 的故障点上游供电方案。

4）由主站遥控或人工现场操作执行隔离和上游转供电方案，完成故障处理，如图 4.22 所示。

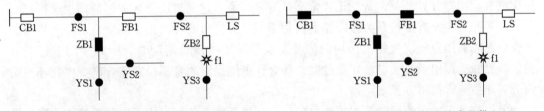

图 4.21 永久性故障断路器再次发生多级跳闸   图 4.22 故障隔离与非故障段供电

4.2.6 技术特点

（1）优点：

1）采用保护级差配置后，分支或用户开关与变电站出线断路器实现过电流保护配合，分支或用户发生故障后，相应分支或用户断路器首先跳闸，出线断路器不跳闸，因此不会造成全线停电，分支线故障不会造成主干线停电，有效解决了全负荷开关馈线故障后，导致短时停电用户数多的问题。

2）依靠集中型 FA 进行修正性控制，处理主干线故障、决定分支线是否需要重合，瞬时性故障与永久故障判别简单，瞬时性故障时只需 0.5s，就可以恢复。

3）保护的完全配合，不会发生开关多级跳闸或越级跳闸的现象，因此故障处理过程简单，操作的开关数少，瞬时性故障恢复时间短。

（2）局限性：

1）在主干线发生故障时，仍需要变电站出线断路跳闸切除故障。

2）在级联很多个断路器的分支线上发生故障时，仍有可能发生越级跳闸。

4.3 与分界开关配合的集中型 FA

4.3.1 基本原理

配电线路点多面广线长，支线或用户线路占比大，用户专用配电变压器占比大，主干线容易改造和运维，支线涉及众多用户难以改造和运维，因此，统计表明，支线故障率占据故障总次数的绝对多数。现实中，支线上单一用户的故障，往往因保护配合不当，导致整条馈线停电，并可能引起责任纠纷。因此，"支线故障不扩大，用户故障不出门"是提高供电可靠性的重要方向。

从故障类型来看，在小电流接地系统的配电线路各类故障中，单相接地故障占故障比例较高，过去我国对单相接地故障不要求立即停电处理，可故障运行两小时，所以，已建成的大多数变电站单相接地选线装置不能满足快速查找接地故障点的要求。随着人们对接地故障危害的认识提高，行业已提出对单相接地故障要求选线选段，及时切除和隔离，新建或改造线路的分段开关、用户分支开关需具备单相接地检测与切除功能。

基于上述需求，经过多年的实践和研究，从配电自动化开关序列中逐渐独立出来了分界开关，俗称"看门狗"开关，在配电网中应用逐步广泛。DL/T 1390—2014《12kV 高压交流自动用户分界开关设备》正式定型了分界开关，这是解决上述问题的理想选择。

分界开关主要有负荷开关和断路器两种类型，分界负荷开关用于要求自动隔离故障的场合，在隔离用户相间短路故障时，需要与变电站出线重合闸配合，因此多用于柱上开关。分界断路器用于要求自动切除故障的场合，电缆线路通常不设置重合闸，因此环网箱内分界开关通常选用分界断路器。

分界开关可以自动切除单相接地故障，当分界开关负荷侧发生界内单相接地故障，零序电流达到零序电流保护整定值时，零序保护在整定延时时间后输出分闸信号，作用于分界开关本体跳闸，切断单相接地故障电流，变电站及馈线上的其他分支用户感受不到故障的发生；当分界开关电源侧发生单相接地故障时，零序保护不动作。分界负荷开关可以自动隔离相间短路故障，当分界开关负荷侧发生界内相间短路故障时，分界开关应能在变电站出线断路器跳闸后及重合闸之前自动分闸，隔离故障，变电站出线断路器重合后，因线路故障被自动隔离，馈线上的其他分支用户迅速恢复供电，相当于一次瞬时性故障。分界开关如配有通信模块，可实现对用户负荷的远方实时数据监控，当发生故障分闸后由其主动报送故障信息，调度员可迅速派运维人员到场排查。

分界断路器是一种电流型开关，依据电流进行动作，分界负荷开关是一种电压电流型开关，依据电流和电压进行动作，但这些开关具备单相接地故障检测和处理功能，这是分界开关最大的功能特点。在配电自动化系统中，分界开关的切除单相接地功能，有助于提升集中型 FA 实现单相接地处理能力，分界负荷开关的隔离相间短路功能，需要与上级断路器分闸和重合闸配合，这与集中型 FA 要求首端断路器首先分闸之后重合完全一致，可以有效解决了集中型 FA 中各级保护延时有限，保护配合困难的问题。

配合分界开关的集中型 FA 是一种简单综合的馈线自动化方案，其工作原理与保护配合的集中型 FA 一致，不同之处是加入了分界开关的故障切除和隔离功能。在这种 FA 系统中，线路发生故障后，预先设定投跳闸的分界断路器若检测到故障电流，则依据保护配合关系对故障进行及时切除，若配置重合闸，则跳闸后进行重合，对瞬时性故障线路进行及时恢复供电。位于用户的分界负荷开关若检测到单相接地故障，则直接跳闸隔离故障，若检测到短路电流，则在前级断路器分闸后，检测到无压无流后分闸隔离故障，线路上各类开关动作后上报保护动作和分合闸信号，主站依据收到的信号，进行故障定位、故障隔离、恢复供电等方案的计算和显示。

4.3.2　设备配置

集中型 FA 系统中，不参与跳闸的开关可以选择负荷开关，具备检测故障电流功能、遥控分合闸、故障信息上报即可，当然选择断路器，配置相关功能也可以满足要求，开关的具体配置见本书中基本的集中型 FA 这一节的相关内容。

需要配合的分界开关分为两种，一种是分界断路器，另一种是分界负荷开关。下面介绍国内常用的具有代表性的两种分界开关特点。

（1）ZW20AF-12 用户分界真空断路器：内置电源侧 A 相、C 相线路电流互感器和零序电流互感器；夹板式弹操机构，功耗小、传动精度高；进出线采用环氧树脂和硅橡胶整体浇注；采用真空灭弧，复合绝缘结构，SF_6 可防凝露，也可作用加强绝缘，在不充气体的情况下，也能达到相应绝缘水平；可采用吊装和坐装两种安装方式。

（2）FZW28F-12 负荷开关：内置电源侧 A 相、C 相线路电流互感器和零序电流互感器；电磁弹簧式操作机构，手动或电动分、合闸；短时耐受电流扩容到 20kA；关合 50kA；采用真空灭弧，SF_6 气体加强绝缘，开关内有与真空灭弧室相串联的隔离断口，灭弧性能和耐压性能优越；开关的主回路采用电缆或硅橡胶拐角套管引出。可采用吊装和坐装两种安装方式。

4.3.3　动作逻辑

（1）分界开关的动作逻辑。分界开关具有手动储能、手动分合闸、电动分合闸、遥控分合闸、过流保护、速断保护、零序电流保护、重合闸、自诊断、事件记录、历史故障查询、状态上传等功能。可以实现馈线自动化、远程监控管理。

分界开关具备保护功能：在界内发生单相接地故障时，用户分界开关在零序保护延时分闸；在界外发生单相接地或相间短路故障时，用户分界开关不动作；在界内发生相间短路故障时，用户分界断路器在相间保护延时分闸，用户分界负荷开关在无电压无电流后分闸并闭锁合闸。

分界开关可配置两套保护：一套为电流保护（含速断保护和过电流保护），用于隔离用户设备的相间短路故障，按照用户侧设备容量进行整定；另一套为零序电流保护，用于隔离用户设备的单相接地故障。

（2）出线断路器与分界负荷开关配合的集中型 FA 动作逻辑。

1）保护配置。变电站出线断路器不能设置限时速断保护，则配置速断保护、一次重合闸。主干线可采用较经济的负荷开关，配置故障检测与上报功能，故障检测电流值可按照开关额定电流设置，故障检测延时按照 60ms 设置，具备"三遥"终端和通道。分支或用户开关采用分界负荷开关，配置典型的过流后失压失流分闸功能。

2）故障处理策略。若主干线发生故障，出线断路器保护动作跳闸，集中型 FA 发挥作用，恢复供电。若用户或分支分界负荷开关下游发生短路故障后，出线断路器保护动作开关跳闸，分支或用户分界负荷开关流过故障电流，在失压失流的情况下分闸，隔离故障，出线断路器一定延时后重合闸，完成故障点上游非故障区域的供电，主站启动集中型 FA 程序，完成故障定位等处理。

（3）出线断路器与分界断路器和分界负荷开关配合的集中型 FA 动作逻辑。

1）保护配置原则。变电站出线断路器可设置限时速断保护，保护动作延时设定 $2\Delta t$（如 500ms），作为第三级保护。某台主干线开关或分支开关配置分界断路器作为第二级保护投跳闸，与出线断路器配合，保护动作延时设定 Δt（如 250ms），其他主干线开关可采用较经济的负荷开关，配置故障检测与上报功能，故障检测电流值可按照开关额定电流设置，故障检测延时按照 60ms 设置，具备"三遥"终端和通道。次分支或用户开关采用分界负荷开关，作为第一级保护，配置典型的过流后失压失流分闸功能。

2）故障处理策略。若分界负荷开关上游发生故障，出线断路器或投跳闸的第二级保护开关跳闸，集中型 FA 发挥作用，恢复供电。若用户或分支分界负荷开关下游发生短路故障后，出线断路器或投跳闸的第二级保护开关跳闸，分支或用户分界负荷开关流过故障电流，在失压失流的情况下分闸，隔离故障，出线断路器一定延时后重合闸，完成故障点上游非故障区域的供电，主站启动集中型 FA 程序，完成故障定位等处理。

（4）配合分界开关的集中型 FA 的主站策略。主站主要依据分界开关的保护信号，启动相应的 FA 策略，主要分"单相接地故障处理"和"相间短路故障处理"。

用户分界开关故障启动条件：用户分界开关跳闸产生停电分段。必须是用户分界开关保护跳闸才能启动 FA，遥控引起的开关变位不能启动故障。配合启动的保护信号有：零序保护、相间保护。如果是主站收到的保护动作信号先于开关变位信号，两者时间差要在 180s 以内。如果是主站收到的开关变位信号先于保护动作信号，两者时间差要在 20s 以内。

用户分界开关接地故障：主站接收到用户分界开关跳闸信号、接地保护动作信号，判定为用户侧故障单相接地故障。

用户分界开关相间故障：故障启动与集中型一样。负荷开关型的用户分界开关，在发生用户侧相间故障时，必须要在变电站 10kV 出口断路器跳开后，该用户分界开关检测到无压无流，在变电站 10kV 出口断路器重合闸发出前跳开开关，使得变电站 10kV 出口断路器重合成功，从而隔离用户侧故障。

4.3.4 与分界负荷开关配合的集中型 FA 故障处理过程

对于图 4.23 所示的典型架空配电线路，线路采用用户分界负荷开关与集中型 FA 配合的自动化方案。配置如下：变电站出线断路器 CB1 设置速断保护或限时速断保护，配置一次重合闸。其他开关采用负荷开关，配置故障检测并上报功能。YS1、YS2、YS3 为分界负荷开关，具备典型的过流后失压失流分闸功能。主站中 CB1 配置分闸加保护的 FA

启动条件。

（1）若分界负荷开关 YS1、YS2、YS3 之前线路发生故障，则故障处理过程完全和基本的集中型 FA 故障处理过程一样，在此不再赘述。

（2）若分界负荷开关 YS1、YS2、YS3 之后线路发生故障，则故障功处理过程如下：

1）若 f1 处发生短路故障，CB1 保护动作第一次跳闸，如图 4.24 所示。

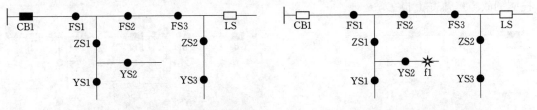

图 4.23 配合分界负荷开关的集中型 FA 线路接线　　　图 4.24 断路器第一次跳闸

2）YS2 检测到故障电流，在失压失流之后分闸，FS1、ZS1、YS2 检测到故障电流并上报主站，如图 4.25 所示。

3）CB1 跳闸 1s 后重合闸。因故障已被 YS2 隔离，所以恢复送电成功，如图 4.26 所示。

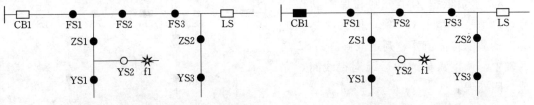

图 4.25 检测到故障的分界负荷开关失压失流后分闸　　　图 4.26 断路器重合闸恢复送电

4）主站依据 CB1 分闸和保护动作信号，启动集中型 FA 程序，依据收集到的 YS2 的故障检测信号，判定故障在 YS2 之后发生，调度人员通知运维巡视线路，完成故障处理。

4.3.5　与分界断路器和分界负荷开关配合的集中型 FA 故障处理过程

对于图 4.27 所示的典型架空配电线路，线路采用与分界断路器和分界负荷开关配合的集中型 FA 方案。变电站出线断路器 CB1 延时速断保护动作延时设定为 250ms，分界断路器 ZB1、FB1 速断保护动作延时设定为 0s，配置一次重合闸，实现与 CB1 的两级时间级差完全配合，ZB1、FB1 分界断路器也可配置过电流保护，CB1 过电流延时大于 ZB1、FB1 过电流延时一个 Δt。其他开关采用负荷开关，配置故障检测并上报功能。YS1、YS2、YS3 为分界负荷开关，具备典型的过流后失压失流分闸功能。主站中各投跳闸的断路器配置分闸加保护的 FA 启动条件。

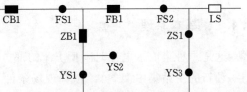

图 4.27 配合分界断路器和分界负荷开关的
集中型 FA 线路接线

（1）若分界负荷开关 YS1、YS2、YS3 之前线路发生故障，则故障处理过程完全和保护完全配合的集中型 FA 故障处理过程一样，在此不再赘述。

（2）若分界负荷开关 YS1、YS2、YS3 之后线路发生故障，则故障功处理过程如下：

1）若 f1 处发生短路故障，ZB1 保护动作第一次跳闸，如图 4.28 所示。

2）YS2 检测到故障电流，在失压失流之后分闸，如图 4.29 所示。FS1、ZB1、YS2 检测到故障电流并上报主站。

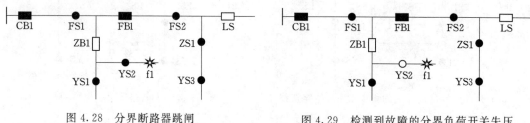

图 4.28　分界断路器跳闸

图 4.29　检测到故障的分界负荷开关失压
失流后分闸

3）ZB1 跳闸 1s 后重合闸。因故障已被 YS2 隔离，所以恢复送电成功，如图 4.30 所示。

4）主站依据 ZB1 分闸和保护动作信号，启动集中型 FA 程序，依据收集到的 YS2 的故障检测信号，判定故障在 YS2 之后发生，调度人员通知运维巡视线路，完成故障处理。

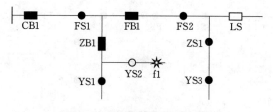

图 4.30　分界断路器重合闸

4.3.6　技术特点

这种 FA 的优缺点类似于过流保护配合的集中型 FA，加入了分界开关功能，可以实现小电流接地系统中单相接地故障的处理，加入分界负荷开关，发挥有故障电流记忆后失流失压分闸，减少保护配合层级，提高故障切除的快速性。

当前，主流的分界负荷开关具备"故障后失电分闸"功能，可配置上传信号，但一般不带遥控合闸。

4.4　与电压时间型开关和分界开关配合的集中型 FA

4.4.1　基本原理

这是一种集成了电压时间型 FA 的部分功能，集成了分界开关的故障处理功能，集成的一种新的主站集中型 FA。依据现场条件不同，这种 FA 有很多种集成方案，本书将分段开关配置为电压时间型开关，主干线路故障由这些电压时间型开关进行现场的故障定位隔离等处理；分支开关设置为分界断路器，与出线断路器实现保护配合，分支线发生故障后，由分界断路器动作完成故障定位、隔离等现场处理；用户开关设置为分界负荷开关，若用户发生短路故障，则在失压失流期间分闸，实现故障直接隔离。

在基本的集中型 FA 或保护配合的集中型 FA 系统中，主站收到的是线路开关分合闸以及电流保护动作信号，但在有电压时间型开关的 FA 系统中，由于电压时间型开关一般不配置电流保护，不判定故障电流，遥信中无保护动作信号，主站收不到发生分合闸的电压时间型开关的保护动作信号，主站 FA 对故障定位就不能完全依靠保护信号，而是要依靠分闸并闭锁合闸等这类信号，这是这种 FA 的复杂之处。

由于分界开关具备小电流接地故障处理功能，因此，分界开关之后发生单相接地后，开关能完成接地的选线选段，提高集中型 FA 处理接地故障能力。

就地型 FA 种类很多，电压时间型开关与主站集中型 FA 配合是较复杂的一种 FA 方案，电压电流型 FA、电流计数型 FA 等都可以与主站集中型 FA 配合，本书希望抛砖引玉，有兴趣的读者可以分析研究这些集成方案。

4.4.2 设备配置

电压时间型开关与分界开关配合的集中型 FA 系统中需要使用到电压时间型开关、分界断路器和分界负荷开关。

电压时间型开关优先使用具备"得电延时合闸、失电分闸"功能的负荷开关，典型代表设备是 VSP5，这种设备无需配备分合闸用蓄电池，具有一定的成本和免维护优势。具体开关配置可见本书中电压时间型 FA 这一节的相关内容。

分界开关需具备小电流接地系统的单相接地故障选段选线功能，满足行业新需求。

4.4.3 动作逻辑

电压时间型开关动作逻辑见电压时间型 FA 一节相关内容。分界开关动作逻辑见配合分界开关的集中型 FA 一节相关内容。

对于有电压时间型开关，也有电流型开关的混合型线路，当这种线路发生故障时，主站优先按电压型 FA 处理判断大分段，再按集中型 FA 处理方式缩小故障分段判断。

电压型主站 FA 启动：主站 FA 启动与集中型一样，主站收到投跳闸断路器的分闸和保护信号后启动 FA 程序。依据电压时间型 FA 原理，线路发生故障后，故障上游投跳闸断路器需二次重合闸，两次重合后都未立即跳闸，即两次都重合成功，说明就地 FA 功能已完成判定故障分段。

瞬时性故障判定：电压时间型开关就地故障的判定故障前端投跳闸断路器必须具备至少一次重合闸，若重合成功，整条线路没有停电分段时，判定为瞬时性故障，若重合后立即跳闸，说明故障在第一分段。

主站故障定位：线路发生故障，电压时间型开关就地完成故障定位、故障隔离、故障上游非故障分段送电，之后，主站总召这条线路所有配电终端的分合闸位置和闭锁合闸遥信，主站 FA 依据电压时间型开关分闸和闭锁合闸信号来判定故障位置。这也就是投跳闸断路器重合成功后，主站下发全线路配电终端数据召唤，若带电范围的末端分段存在分闸并闭锁合闸的电压时间型开关，则判定故障分段为该闭锁开关负荷侧区段，区段以自动化开关为边界。若出线断路器直接控制的第一分段发生故障，则总召后不会有电压时间型开关有闭锁合闸遥信，所以这样就不能定位第一分段的故障。

非第一分段故障判定：主站计算变电站出线断路器第二次跳闸与第一次重合时间差，如果时间差大于首台电压时间型开关得电延时合闸 X 时限的七分之五，就判定不是第一分段故障。因信号上送延迟的问题，所以建议把首级电压时间型开关的 X 时限设到 14s 或以上，这样判断非第一分段故障会更加准确性。主站判定非第一分段故障后，才可以遥控出线断路器合闸。

4.4.4　与电压时间型开关和分界负荷开关配合的集中型 FA 故障处理过程

对于图 4.31 所示的典型架空 10kV 线路，线路采用电压时间型开关与集中型 FA 配合的自动化方案。配置如下：变电站出线断路器 CB1 设置速断保护或延时速断保护，配置两次重合闸。分段开关 FS1、FS2、FS3 或分支开关 ZS1、ZS2 采用电压时间型负荷开关，配置分合闸信息上报功能，但一般不具备遥控合闸功能。YS1、YS2、YS3 采用分界负荷开关，具备典型的过流后失压失流分闸功能。主站中 CB1 配置分闸加保护的 FA 启动条件。

（1）若分界负荷开关 YS1、YS2、YS3 之前线路发生故障，则故障处理过程如下：

1）若 f1 处发生短路故障，CB1 保护动作第一次跳闸，电压时间型开关 FS1、FS2、FS3、ZS1、ZS2 因失压而分闸，同时向主站上报失压分闸信号，如图 4.32 所示。

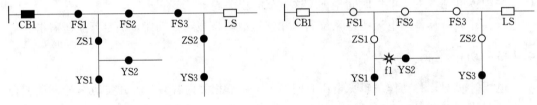

图 4.31　电压时间型开关与集中型 FA 配合线路　　　图 4.32　断路器跳闸与线路开关失压分闸

2）CB1 重合闸延时到第一次重合闸，FS1 因得电延时合闸，FS2、ZS1 同时得电，但 ZS1 延时较短先合闸。若是瞬时性故障，则重合成功，之后 FS2 等开关依次执行得电延时合闸，恢复线路正常运行方式，如图 4.33 所示。主站收的电压时间型开关的一次分闸和一次合闸信号，判定线路故障为瞬时性故障，通知运维人员全线带电巡视。

3）若是永久性故障，则 ZS1 得电延时合闸于故障，CB1 第二次跳闸。ZS1 在合闸后的 Y 时间内检测到失压，则失压分闸后闭锁合闸，其他电压时间型开关再次失压分闸，同时上报分闸信号，如图 4.34 所示。

4）CB1 第二重合闸延时到进行第二次重合闸，除了闭锁合闸的 ZS1 外，其他电压时间型开关得电延时合闸，恢复非故障区段的供电，同时上报合闸信号，如图 4.35 所示。

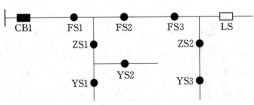

图 4.33　断路器重合与线路开关得电合闸

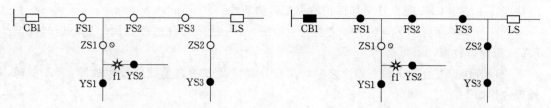

图 4.34 断路器重合失败与线路开关再次失压分闸   图 4.35 断路器第二次重合与非故障
区段线路开关得电合闸

5）主站收到 CB1 分闸信号后，启动 FA 程序，依据闭锁合闸信号和其他分合闸信号，推出故障定位窗口，判定在 ZS1 之后发生永久性故障。调度员通知运维人员巡视线路，完成故障处理。

（2）若分界负荷开关 YS1、YS2、YS3 之后线路发生故障，则故障功处理过程如下：

1）若 f2 处发生短路故障，CB1 保护动作第一次跳闸，电压时间型开关 FS1、FS2、FS3、ZS1、ZS2 因失压而分闸，同时向主站上报失压分闸信号，分界负荷开关 YS2 检测到故障电流，在失压失流情况下分闸并闭锁合闸，如图 4.36 所示。

2）CB1 重合闸延时到第一次重合闸，FS1、FS2、FS3、ZS1、ZS2 因得电延时合闸，同时上报合闸信息。因故障已被 YS2 隔离，所以非故障区恢复正常运行方式，如图 4.37 所示。

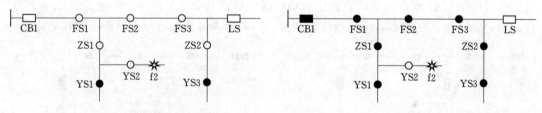

图 4.36 断路器跳闸与线路开关失压
分闸或检测到故障分闸   图 4.37 断路器重合闸与线路开关得电合闸

3）主站收 YS2 失流失压分闸信号，判定线路故障在 YS2 之后，通知运维人员全线带电巡视。

4.4.5 与电压时间型开关和分界断路器、分界负荷开关配合的集中型 FA 故障处理过程

对于图 4.38 所示的典型架空 10kV 线路，线路采用两级过电流保护、电压时间型开关、分界负荷开关与集中型 FA 配合的自动化方案。

变电站出线断路器 CB1 延时速断保护动作延时设定为 250ms，分界断路器 ZB1、ZB2 速断保护动作延时设定为 0s，与 CB1 实现两级时间级差完全配合，分界断路器也可配置过电流保护，CB1 过电流延时大于 ZB1、ZB2 过电流延时一个 Δt，配置一次重合闸。分段开关 FS1、FS2、FS3 采用电压时间型负荷开关，配置分合闸信息上报功能，但一般不具备遥控合闸功能。YS1、YS2、YS3 采用分界负荷开关，具备典型的过流后失压失流分

闸功能。主站中 CB1 配置分闸加保护的 FA 启动条件。

（1）若保护配合的 ZB1、ZB2 之前发生故障，FA 故障处理过程如同上述电压时间型 FA 故障处理过程，不再赘述。

（2）若保护配合的 ZB1、ZB2 之后，用户分界负荷开关之前线路发生故障，FA 故障处理过程如下：

1）若 f1 处发生短路故障，因 ZB1 与 CB1 保护配合，所以 ZB1 保护动作第一次跳闸，向主站上报分闸和保护信号，如图 4.39 所示。

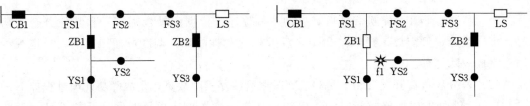

图 4.38　电压时间型开关与分界断路器和
分界负荷开关配合的集中型 FA 线路接线

图 4.39　分界断路器跳闸

2）ZB1 重合闸延时到第一次重合闸，若是瞬时性故障，则重合成功，恢复线路正常运行方式，如图 4.40 所示。

3）若是永久性故障，则 ZB1 重合闸失败，保护动作第二次跳闸，同时上报保护和分闸信号，如图 4.41 所示。主站收到保护动作信号后，启动 FA 程序，依据 CB1 分合闸信号，判定故障在 ZB1 之后，推出故障定位窗口，调度人员通知运维人员现场处理故障。

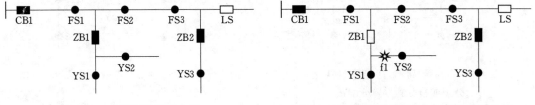

图 4.40　分界断路器重合闸

图 4.41　分界断路器重合闸失败隔离故障

（3）用户分界负荷开关之后线路发生故障，FA 故障处理过程如下：

1）若 f2 处发生短路故障，因 ZB1 与 CB1 保护配合，所以 ZB1 保护动作第一次跳闸，向主站上报分闸和保护信号，如图 4.42 所示。

2）YS2 检测到故障电流，在失压失流后分闸，隔离故障，并上报分闸信号，如图 4.43 所示。

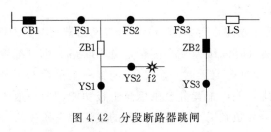

图 4.42　分段断路器跳闸

3）ZB1 重合闸延时到第一次重合闸，恢复 YS2 之前非故障区段供电，如图 4.44 所示。主站依据 ZB1 分闸和保护信号启动 FA，依据 FS2 失流失压分闸信号，推出窗口，判定故障发生在 YS2 之后，调度员通知运维人员现场处理故障。

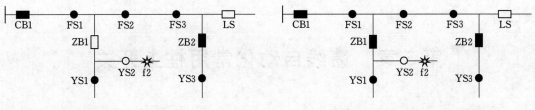

图 4.43 检测到故障的分界负荷开关失流失压分闸　　　图 4.44 分界断路器重合闸

4.4.6 技术特点

这种 FA 集成了电压时间型开关、分界开关的各种功能，具备就地型 FA 现场切除故障、隔离故障的优点，即使通信中断或主站瘫痪等情况下，也能有效处理一定的故障，具有电压时间型 FA 的一些优点，如开关免维护等。

由于开关接入了主站，因此，可以发挥集中型 FA 的优点，如运行方式、故障信息的监视，远程的遥控，一定的容错纠错能力等。

当然，这样的模式也有它的局限性，比如各种动作逻辑混合，程序相对复杂，主站启动 FA，判定故障区间等与基本的集中型 FA 不同，部分厂家主站系统需要新开发模块，加入对应策略以便处理故障。

第 5 章 馈线自动化常用柱上开关

5.1 柱上开关的分类与选型

5.1.1 分类与特点

10kV 柱上开关应用于户外 10kV 架空线路中，一般采用座装或吊装的安装方式，在电网中应用数量巨大。本书收集了应用于配电自动化线路中常见的多种柱上开关，以下将从生产国家、控制功能、操动机构等三种分类来介绍其外形和特点。

（1）柱上开关按生产国家可分为国产柱上开关和进口柱上开关两种。

1）常见的国产 10kV 开关型号和本体外形如图 5.1 所示，优缺点如下所述。

优点：按国内电力系统的使用特点设计制造，一般采用弹簧操动机构，可进行电动和手动分合闸操作。电流互感器二次电流按 5A 设计，可设多组、多变压比，有利于满足继电保护、遥测、计量的不同要求。断路器本体可配置隔离开关，但是断路器与隔离开关之间没有操作闭锁。

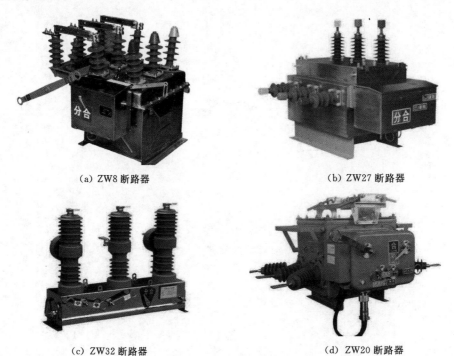

（a）ZW8 断路器　　　　　　　　　　（b）ZW27 断路器

（c）ZW32 断路器　　　　　　　　　　（d）ZW20 断路器

图 5.1（一）　常见国产 10kV 开关外形

(e) SOG 分界负荷开关

(f) VSP5 自动配电开关

图 5.1（二）　常见国产 10kV 开关外形

缺点：断路器内部多采用空气绝缘，安全性能受周围环境的影响较大；不带外置控制器，即不配置配电终端的柱上开关，靠 A、C 两相的电流脱扣器来实现基本继电保护功能，容易造成断路器误动和拒动；操动机构制造工艺粗糙、气密性差，尤其在空气潮湿或沿海地区，在很短的时间内机构部件便有可能严重锈蚀，无法进行正常的操作。

2）部分进口 10kV 开关型号和本体外形如图 5.2 所示，特点如下所述。

(a) 韩国新星 SPG

(b) 乌克兰 OSM(TEL)

(c) LG‐LBS/ASS 分段器

(d) 施耐德 Nu‐lec

图 5.2　部分进口 10kV 开关外形

进口断路器的共同点是：①电流互感器二次电流按 1A 设计，规格有 600/1 和 1000/1 等 2 种；②所有断路器均不配隔离开关；③配有专用的操作控制器，控制、保护功能齐全，可选择性强，有利于上、下级保护的配合；④多采用零表压下的 SF_6 气体绝缘，密封性能好，内部绝缘不受外部环境的影响，操动机构制造工艺优良，且大多密封在 SF_6

气体腔内，现场免维护；⑤价格高，几乎是国产断路器的 2 倍；⑥订货周期长；⑦一旦断路器发生问题，现场一般不能维修。当然这是早期的情况，目前进口柱上开关基本上是不存在的。

（2）柱上开关按控制功能可分为断路器、重合器、分段器、分界开关等多种。

1）断路器：配备含过流保护的控制器，可实现对分段线路、分支线路的保护。

2）重合器：重合器开关本体与断路器完全相同，区别在于控制器的功能上。断路器的控制器功能简单，仅具备控制和线路电流保护功能，其他功能靠 FTU 实现。而重合器的控制器除了具备断路器控制器的所有功能外，还具有 3 次以上的重合闸、多种动作特性曲线、相位判断、程序恢复、运行程序储存、自主判断与自动化系统的连接等功能，但价格较高。

3）分段器：主要作为线路的分段开关，配备控制器就成为分段器。

4）分界开关：又分为分界断路器和分界负荷开关，是一种有别于普通断路器和负荷开关的，具有独特保护功能的开关设备，行业已发布分界开关的规范，是近年以来开发出来的新产品。

（3）柱上开关按操动机构可分为电磁操动机构的开关、永磁操动机构的开关、弹簧操动机构的开关。

1）电磁操动机构的开关：合闸电流大，零部件多，结构复杂。除电动分、合闸外，还可以手动分闸操作。在没有电源的情况下，用合闸手柄合上断路器。不作为配电自动化的理想选择产品。

2）永磁操动机构的开关：永磁操动机构是一种新型的操动机构，它有单稳态和双稳态之分。特点是结构简单，开关状态靠永久磁铁的磁力保持，机械传动部件非常少，机构密封程度较高，受外界影响较小。但其本质上还是电磁操动机构，瞬时功率大及机械特性控制是其难点，控制器较复杂，其启动电容以及电子控制线路的寿命、温度特性及可靠性是操动机构总体可靠性的"瓶颈"。永磁操动机构最为致命的缺点是没有手动合闸手柄，在合闸送电时，如果遇到控制器或合闸回路故障将会觉得非常棘手。

3）弹簧操动机构的开关：国产弹簧操动机构结构复杂、设计观念陈旧、气密性差、机械寿命短。进口弹簧操动机构以三角板式操动机构为代表，结构非常简单，零部件极少，整个机构密封在 SF_6 气体腔内，故障概率极低。其功能不但能满足电动操作，还可以进行手动分、合闸操作，即使控制器发生故障也能尽快手动恢复送电，是目前最为理想的操动机构。

5.1.2　应用与选型

（1）柱上断路器在馈线自动化中的应用。配电自动化以故障自动诊断、故障区域自动隔离、非故障区域自动恢复送电为目的，开关的选型也要以此为依据，针对不同的控制方式采用不同产品，粗略地选型如下：

1）就地智能控制方式。这种方式线路短，分段小，应采用重合器。充分利用重合器的重合及动作时限配合，实现对故障区的自动隔离和非故障区自动恢复送电。

2）分布智能控制方式。需要 FTU 将检测到的各种信号通过点对点通信，把故障区断路器的状态及其他信息传送到邻近的 FTU，识别故障区段，实现自动隔离和恢复送电，即 FTU＋重合器或智能 FTU＋断路器。

3）集中智能控制方式。将 FTU 监控终端检测到的信息，通过通信系统，送至配电主站，由配电总服务器进行全面计算管理。在干线发生故障后，先由站内馈线断路器断开故障线路，并进行一次重合。如果重合成功，主站不作判断；如果重合不成功，主站则在自动判别后，遥控自动化断路器隔离故障区，恢复非故障区供电。这种控制模式下，隔离故障区段是在线路无电流、电压的情况下进行的，所以分段器完全可以采用负荷开关以降低成本。分支线路安装断路器，加装微机保护，及时准确地切除故障分支，减少主线动作次数，缩短停电范围和时间。这种模式采取分段用负荷开关，分支用断路器的方式比较经济实用。

（2）10kV 柱上开关在线路上的应用。

1）断路器。出现故障电流后，按照整定电流和时间跳闸，一般配备电磁感应线圈和脱扣联动机构，既能开断，又能关合短路电流，开断故障电流能力较强，作为保护线路用。

2）重合器。有电流型重合器和电压型重合器两种。反应故障电流跳闸后能重合的，称电流型重合器，这种重合器既做保护跳闸用，又能实现一至三次重合闸。将故障段从最后一段开始逐一淘汰，直到判别到故障段，因需多次重合故障电流，对电网冲击较大，同时分段越多，需重合的次数越多，时间越长，故分段一般不宜超过 3 段。适用于分支线和辐射型线路。

另一种重合器在线路失压后跳闸，来电后延时后重合闸，称为电压型重合器。出线断路器需两次重合，配合完成故障隔离与恢复供电，其中第一次重合为判别故障段，依据各分段点开关合闸的数量确定故障段，并将故障段两侧开关闭锁隔离故障，第二次重合为恢复非故障段的供电，整路馈线仅重合一次故障电流，完成故障隔离与恢复供电时间较长。适用于辐射型或环网型的线路，实现初级自动化。

3）分段器。能记录故障电流脉冲次数，在无电压无电流时，当故障电流次数达到预设值就自动分闸闭锁，构成电流脉冲计数型分段器。分段器大多与重合器配合使用，自动完成预期的分合及闭锁操作，具有检测与控制操动能力。

4）负荷开关。该开关仅在无电压无电流时才能断开，但可以关合故障电流，开断额定负荷电流，其主要作为线路的分段。因造价低在集中式的配电自动化中采用。根据手动运行、电动运行、自动运行、智能运行模式等不同的运行与控制方式，可以实现就地控制、分布控制、集中控制方式"三遥"功能的馈线自动化。

5.2 10kV 断路器

5.2.1 ZW20 型断路器

ZW20－12 是一种真空开断的 SF_6 绝缘的罐式柱上断路器，是柱上真空断路器改进的先进产品。它采用成熟的箱式密封结构，主要用于线路中的分段器、联络、分支，核心功

图 5.3　ZW20 开关外形

能是三段式过流保护。配备航空插座作二次电气来连接，便于与智能化控制器相结合，是柱上断路器的首选产品。配套分界型控制器可用于用户分界开关，具备短路和接地故障切除功能。ZW20 开关外形如图 5.3 所示。

技术特点：

（1）装有真空灭弧室的断路器开断性能稳定可靠，采用环氧树脂和硅橡胶整体浇注，尤其 A、C 两相的拐角套管，保证良好的外绝缘，具有安全、体积小、重量轻和使用寿命长等特点。

（2）断路器采用全封闭结构，箱内充以 SF$_6$ 气体，密封性能好，有防潮、防凝露性能，适应于高温潮湿地区使用。

（3）断路器内装有三相 TA，输出三相电流供智能控制器进行信息分析。TA 变比可调，只要将连线端子接到相应的端子座即可。

（4）断路器的合、分闸可手动或电动操作。

（5）操动机构新颖、简单、动作可调、体积小、机械寿命可达 1 万次。

（6）断路器安装方式可用悬架吊装在横杆上，也可选用座装安装。

（7）整个结构由合闸弹簧、储能系统、过流脱扣、分合闸线圈、手动分合闸系统、辅助开关及储能指示等部件组成。

（8）本装置具有电动自动储能、手动储能、手动分合功能和电动分合功能。同时具有遥控分合闸功能，可满足不同用户的操作方式的需求。

（9）在箱体顶部安装有防爆装置，即使装置本体内部发生意外、放电、短路故障，也不会有高温气体或飞溅物泄漏出来。

5.2.2　ZW32 型断路器

ZW32－12 户外高压真空断路器可开断、关合线路负荷电流、过载电流及短路电流，应用于变电站、城乡电网及工矿企业配电系统的线路分段、保护和控制，也适用于农村电网及频繁操作的场所。可根据用户要求，选配 CT 过流保护、隔离开关、户外 PT（有电子 PT 的）、智能控制器（看门狗）、计量箱装置等，满足多种场合需求。开关外形如图 5.4 所示。

技术特点：

（1）外壳采用优质不锈钢材料或普通铜板，经达克罗防锈处理工艺，再喷涂耐紫外线清漆而成，产品的防腐蚀性、防盐雾性等抗环境性能优良。

（2）绝缘部分采用环氧树脂和硅橡胶负荷绝缘材料，绝缘等级高，防污秽能力强，具有耐臭氧、抗紫外线、疏水性和抗高低温能力。箱体内无变压器油、

图 5.4　ZW32 开关外形

无 SF_6 气体，满足无油化改造和环境保护要求。

（3）按照操作机构性质，分为弹簧操作机构和永磁操作机构两种，按操作机构方式，分手动和电动两种，需要时可加装遥控操作装置和躲避合闸涌流装置。外供电源功率不大于 70W，易于配备后备电源。设计独特的缓冲装置，性能优异，反弹小，噪声低。

（4）灭弧室采用特种不锈钢钎焊技术，无需电镀，焊接质量高，稳定可靠，漏气率低。制作工艺上使用特殊的陶瓷金属化配方和先进的陶瓷金属化工艺，保证了产品的气密性，抗拉强度大于 130MPa，完全一次封排。

（5）电流互感器采用导磁材料及环氧树脂与硅橡胶负荷绝缘而成，具有容量大，动热稳定倍数高、精度等级高、免维护、可靠性高等优点。

5.2.3 断路器配套的控制器

ZW20 和 ZW32 型断路器可以配置不同功能和不同型式的控制器，形成不同功能的开关。一般有表 5.1 所示的几种控制器可供选择。

表 5.1　　　　　　　　ZW20 和 ZW32 型断路器配套的控制器及功能

序号	控制器名称	主要功能
1	延时器 （涌流控制器）	避合闸涌流、过载延时（时间可设定）、故障速断保护功能（倍数可调整）
2	简易控制器	具有三段保护功能、三次重合功能（重合次数可以根据需要设置）、就地遥控功能、小电流接地保护功能（可选择）
3	简易分段控制器	与重合控制器配合即可消除瞬时性故障对线路的影响，又可隔离永久性故障，并且自带电源
4	自动重合控制器	可消除瞬时故障对线路的影响，又可隔离永久性故障，便利的四遥通信功能，可以实现有线、光纤、微波、载波、电台等多种通信功能，能应用于各种规模的配电自动化系统（可自带电源或外接电源）。 具备自带电源（可选择）、过流保护、速断保护、小电流接地保护、重合闸、四遥通信、就地遥控、顺序配合、合闸锁定、提供 20 条快、慢反时限 $A-T$ 曲线、监测网络的电流、电压、记录开关动作次数等功能
5	复合型自动控制器 （电流-电压复合控制）	以电流为基准，进行可靠的过流、速断、重合等保护，可以实现单侧加压延时合闸，失压自动分闸，双侧加压不合闸等功能，能自动恢复非故障段的供电以及自动隔离故障段线路，由其适用于环网运行模式

5.3　10kV 重合器

5.3.1　重合器功能与特点

交流高压自动重合器简称重合器，是一种自具控制及保护功能的智能化开关设备，用于配电自动化，它能检测故障电流，并能够按照预定的开断和重合顺序在交流线路中自动进行开断和重合操作，并在其后自动复位和闭锁。重合器一般具有定时限及反时限两种保护，有多次的快、慢组合的分闸、合闸。控制功能包括选定或调整最小跳闸电流，选定和调整分闸动作特性曲线，记忆重合次数等。

它可以自动检测通过重合器的电流，当确认是故障电流后，持续一定的时间，按定时限或反时限保护特性，自动断开故障电流，并根据要求多次自动地重合，向线路恢复供电。如果故障是瞬时性的，重合器重合后线路恢复正常供电；如果故障是永久性的，重合器按预先整定的操作顺序进行动作，在完成预先整定的重合次数（一般为三次）后，确认线路为永久性故障，则自动闭锁，不再对故障线路送电，直至人为排除故障后，重新将重合器合闸闭锁解除，恢复正常状态。

重合器有电流-时间型和电压-时间型两种。反映故障电流跳闸后能重合的称为电流-时间型。这种重合器既做保护跳闸用，又能实现 $1\sim3$ 次重合闸。电压-时间型重合器是线路失压分闸，来电后延时重合闸。

（1）重合器的功能如下：

1）重合器具有四遥功能：遥信（YX），遥测（YC），遥控（YK）和遥调（YT）。

2）重合功能：具有典型的"分—t_1—合分—t_2—合分—t_3—合分—闭锁"工作特性。重合闸次数 $0\sim3$ 次可自由选择，重合间隔时间自由设定。

3）重合间隔：是指重合器判断故障后，自动分闸至下一次自动重合之间的线路无电流时间。

4）复位时间：指重合器第一次过流分闸后，控制系统返回其初始状态所需要的时间。复位时间是重合器的一个重要参数，若在复位时间之内线路发生故障，重合器将只能按原定的操作顺序的剩余部分进行操作。一般希望复位时间越短越好，但考虑到其他保护设备之间的配合，有时不得不选用较长的复位时间。一般的原则是：从电源侧向负荷侧顺序排列，各级的复位时间逐级缩短。

5）环网功能：单侧加电延时合闸，失电自动分闸，双侧加电不合闸。

6）保护功能：具有速断、限时速断、定时限或反时限等过电流保护功能。具有多条快慢特性的反时限动作曲线。

7）最小分闸电流：这是对于带有高压分闸线圈的重合器而言的。它分为相间故障和接地故障两种。对于相间故障有串联分闸线圈的重合器，标准规定最小分闸电流一般取为串联线圈长期额定工作电流的 2 倍；对于并联分闸重合器最小分闸电流是可调的，主要是考虑躲过关合时直流分量引起的暂态电流，其值与额定电流无固定关系。对于现在的微机型重合器控制器而言，用户可按需要设定。

8）安-秒特性（TCC）：安-秒特性是重合器的开断时间与开断电流之间的反时限关系曲线，通常以双对数坐标表示。TCC 分为快速和慢速两种。快速以 I 表示，慢速以 D 表示，如两快两慢操作顺序可表示为 2I2D。但重合器以快速 TCC 操作时，切除故障很快，在 $30\sim40\mathrm{ms}$ 之间便可切除故障电流，保证有足够的时间使灭弧断口的绝缘介质恢复到一定的绝缘水平。这种重合器间隔常应用于第一次分闸。重合器有一条快速（即瞬时）动作 $t-I$（时间—电流）特性曲线，多条慢速动作 $t-I$ 特性曲线。对单片微机控制的重合器，如果需要的话，利用"基本 $t-I$ 特性曲线"的平移可得到多条慢速动作 $t-I$ 特性曲线，甚至可覆盖整个 $t-I$ 坐标平面的需用范围，也可方便地改变特性曲线的陡度。每个重合

器都会给出自己的 $t-I$ 特性曲线，但电流坐标标注的方法不尽相同，这是值得注意的地方。

9）合闸闭锁：指重合器经过预定的分闸和重合操作以后，最后将触头处于分闸位置，使其处于不能合闸的状态。

10）分闸闭锁：指重合开关操作后，触头处在合闸位置，使其不能分闸的状态。这就是将重合器的保护退出，使其合闸后不能再分闸。

11）操作顺序：指重合器进入合闸闭锁状态前，在规定的重合闸间隔，安-秒特性等参数下应完成的操作次数。通常以几快几慢来表示。例：2I2D。表示四次分闸（重合3次）。重合器的第一次操作一般情况下都按快速 TCC 整定，目的在于消除瞬时性故障；但重合器按慢速 TCC 操作时，分闸时延较长，以便与线路上的其他保护相配合，这就是重合器的所谓双延时特性。

（2）重合器的"智能"程度比断路器要高得多，而二者之间存在的诸多不同之处主要表现在以下几个方面：

1）作用不同。重合器的作用是与其他开关配合，通过其对电路的开断，重合操作顺序，复位和闭锁，识别故障所在地，而断路器只是用开断短路故障，仅强调开断和关合。

2）结构不同。重合器的结构由灭弧室、操动机构、控制系统组成，断路器通常仅由灭弧室和操作机构组成。国内先进的重合器的操作机构为永磁机构，断路器的操作机构一般为弹簧机构。永磁机构与弹簧机构相比，零部件的数量要少很多，免维护、可靠性高。

3）控制方式不同。重合器是自具控制设备、检测、控制、操作自成体系，在设计上是统一考虑的，无需附加装置；而断路器与其控制系统在设计上往往是分别考虑的，其操作电源也需另外提供。

4）开断特性不同。重合器的开断具有反时限特性，以便与熔断器的时间－电流特性相配合。所谓双时性，即重合器的时间－电流特性有快、慢之分。而断路器所配继电保护装置虽有定时限与反时限之分，但无双时性。一般继电保护常用的速断与过流保护，也有不同的开断时延，但这种时延只与保护范围有关，一种故障电流对应一种开断时间，故与重合器同一故障电流下可对应两种开断时间的双时性是不同的。

5）操作顺序不同。重合器操作次数"四分三合"，按使用地点及前后配合开关设备的不同，有"二快二慢""一快三慢"等，额定操作顺序为：分—0.1s—合分—1s—合分—1s—合分，特性调整方便；断路器的操作顺序由标准统一规定：分—0.3s—合分—180s—合分，操作顺序不可调。

5.3.2 U 系列重合器

施耐德电气生产的 U 系列固体绝缘自动重合器（又称断路器），继承了传统自动重合器的功能特点，使用真空灭弧技术，灭弧室内置在环氧套管中，不需要油、气体等绝缘材质。外形如图 5.5 所示。

（1）主要特点如下：

1）封装在一个 316 号海军级不锈钢箱体内，它提供了一个操作控制面板（OCP）以及电子控制器，可以对断路器进行监控，并且具有保护、测量、控制和通信等功能。断路

图 5.5　U 系列固体绝缘自动重合器

器与 ADVC 配套使用时即形成了一个可以远程控制和监控的线路自动重合器。

2）该断路器由一个双稳态永磁操动机构驱动，分合闸动作非常可靠。ADVC 中的储能电容器向分合闸线圈发出控制脉冲，使重合器分、合闸。在合闸状态，重合器会被磁力牢牢锁定，装有压力弹簧的推杆使灭弧室触头紧密地接触。

3）电流互感器（CT）和电容式电压互感器（CVT）被模压在 CT 室中，由 ADVC 进行监控并传送至远方，实现遥测和远程监控、显示。

4）ADVC 装置需要一个 110V 或 220V 的交流辅助电源，也可选购一个单相电源变压器。ADVC 由一根控制电缆与重合器底部相连。控制电缆两端分别连接到重合器和控制箱的密封插座上。

5）重合器外部有一个清晰可见的状态指示器，显示合分位置。该自动重合器可以通过使用钩杆站在地面进行分闸和锁闭操作。机械分闸环有两个位置：在"向上"位置时，重合器处于正常工作状态。在"向下"位置时，重合器会同时被机械和电气锁定在分闸位置。

6）ADVC 通过控制电缆与自动重合器连接时，会接入重合器箱体底部的控制电缆输入模件（SCEM）。SCEM 使用了非易失性存储器（EEPROM）存储全部与重合器相关的检测校准数据、额定参数值和操作次数。SCEM 还提供了初级的电气隔离：即当控制电缆断开时，如果此时仍有电流通过重合器，SCEM 上的电子短路器件会将电流互感器（CT）和电容式电压互感器（CVT）回路自动短路以提供相应保护。

（2）保护功能如下：

1）操作顺序：重合闸时间可以分别选择。操作顺序为："O—第一次重合闸时间—CO—第二次重合闸时间—CO—第三次重合闸时间—CO"。其中：O＝分闸；C＝合闸。

2）跳闸锁闭：过流和故障跳闸闭锁可选择在 1～4 次之间。单相接地故障和负相序可单独设定。

3）反时限曲线：ADVC 提供了总共 48 种用户可选择的反时限保护曲线。

4）如果线路电流超过瞬时倍率 x 倍的整定电流值，瞬时保护就会启动，自动断开重合器。

5）定时限保护：定时保护是反时限保护的替代功能。当读取电流超出某个固定时限，它会自动断开重合器。

6）单相接地保护（SEF）：当接地电流升高到设定水平以上，并且持续时间超过设定时间，SEF 就会使重合器自动断开。

7）涌流抑制：涌流抑制的作用是当带负载合闸时，短时间内提高相间和接地门槛电流值，使涌流流过。

8）冷负载的启动：停电一段时间后，冷负载启动功能可以自动补偿线路负荷多样性的损失。

9）多组保护组：ADVC 支持 10 个保护组，每个保护组可以设置完全独立的基于电流的反时限保护曲线。还可以通过 WSOS 软件对现有的保护设置进行限制或选择所需要的保护组设置。

10）自动保护组的选择：自动保护组选择功能是根据功率流量的方向改变保护组，这样就可根据下游开关设备的情况对负荷开关/自动分段器进行正确的分级，而忽略功率流方向。

11）失相保护：当一相或两相的相对地电压低于设定的门槛电压，持续时间超过设定的时间时，失相保护将使重合器跳闸。

12）负载侧带电闭锁：当检测到负载侧任一端口带电时，负载侧带电闭锁功能将禁止重合器合闸。

13）无电闭锁：除非检测到电源侧或负载侧任一端口有电，无电闭锁将禁止重合闸操作。如果所有端口都无电，ADVC 控制器进入闭锁状态。

14）定向保护：对正反方向故障的不同保护功能。正向故障和反向故障可以设置不同的时间-电流曲线（即可以选择分别设置）。正向保护和反向保护可以同时生效。该功能属于附加的保护功能。

15）相序分量：负相序、正相序和零相序电流和电压均可以被监控和记录。另外，负相序电流保护可以用于探测高级三相负载中的低级相—相故障。可以使用反时、定时和瞬时操作。

16）顺序协调：顺序协调功能允许一台重合器调整自己的跳闸动作，以便和它下游的重合器设备保持协调。

17）欠频/过频保护：当系统频率超过最低和最高跳闸频率门限值时，该功能会断开自动重合器。

18）欠压/过压保护：当系统实际电压超过或低于设置的正常的相—地电压门槛值时，欠压/过压保护功能起作用。

5.4 10kV 分段器

5.4.1 分段器功能与特点

分段器是配电网中用来隔离故障线路区段的自动开关设备，它一般与重合器或断路器或熔断器相配合，串联于重合器与断路器的负荷侧，在达到整定次数或延时分闸时间后，在无电流下自动分闸和复位，但不具备电流-时间特性。

分段器按识别故障的原理不同，可分为"电流计数型"和"电压时间型"等多种。

（1）电流计数型分段器：能够记忆通过故障电流的次数，并在达到整定的次数后，在无电压无电流下自动分闸。某些分段器具有关合短路电流及开断与关合负荷电流的能力，但无开断短路电流能力。当线路发生故障时，分段器的后备保护重合器或断路器动作，分段器的计数功能开始累计断路器或重合器的跳闸次数。当分段器达到预定的记录次数后，在后备装置跳开的瞬间自动跳闸分断故障线段。断路器或重合器再次重合，恢复其他线路供电。若断路器或重合器跳闸次数未达到分段器预定的记录次数已消除了故障，分段器的累计计数在经过一段时间后自动消失，恢复初始状态。跌落式分段器就是一种完成计数后自动跌落，实现分段功能的电流计数型分段器。

（2）电压时间型分段器：能够根据分合闸前后不同时间段检测线路电压状态的分段器。它具有关合短路电流的能力和有电源侧来电延时关合、无电自动开断以及能比较无电压时闭锁关合的功能。

分段器的上级开关设备可以是采用重合闸保护的断路器，或是重合器。分段器必须与重合器串联，并装在重合器的负荷侧。重合器必须能检测到，并能动作于分段器保护范围内的最小故障电流。分段器的启动电流必须小于其保护范围内的最小故障电流。

分段器的一般功能如下：

（1）记忆时间：电流—计数型分段器能够记忆故障电流出现次数的时间。

（2）复位时间：电流—计数型分段器每次计数后，恢复到计数前初始状态所需要的时间。

（3）启动电流：能启动电流—计数型分段器计数器计数的电流。

（4）累积时间：从第一次计数电流消失至分段器完成整定的计数次数总的时间。

（5）自动分闸操作：分段器从第一次计数至完成整定的次数后自动分闸的操作。

（6）分段用分段器的关合延时时间（x 时间）：处于线路分段位置的分段器，在分闸状态下，单侧来电后关合的延时时间。

（7）联络用分段器的关合延时时间（XL 时间）：处于线路联络位置的分段器，在两侧有电压、分闸状态下，单侧失压后关合的延时时间。

（8）关合确认时间（y 时间）：分段器关合后的一段时间，在这段时间里控制器判断分段器是否合闸到故障线段，以确定是否分闸闭锁。

（9）分闸延时时间（z 时间）：分段器失压后，分闸的延时时间。

5.4.2　VSP5 负荷开关（电压时间型）

VSP5（FZW28-12）是一种真空开断的 SF$_6$ 绝缘的罐式柱上负荷开关，该柱上真空自动配电开关及其配套设备系引进日本东芝公司技术生产，真空开关预留自动化接口，可以单独安装，也可以配 FDR 或 RTU、电压互感器使用，实现馈线自动化的功能。

电动操作需配置带 220V 电源的电压互感器。只提供电源时使用单相 PT，当需要测量零序电压时配三相四 PT，如图 5.6 所示。

（1）VSP5 开关技术特点：

1）具备"来电即合、无压释放"功能，专为配电自动化设计，彻底避免需配套大容量蓄电池的要求。

2）真空灭弧、SF$_6$ 外绝缘，具有卓越开断性能。灭弧和绝缘介质无油化设计，具有高安全性。

3）开关出线采用瓷套电缆浇铸，机构设计全密封结构，免维护。

（a）VSP5 负荷开关　　　　　　（b）单相 PT　　　　　（c）三相 PT

图 5.6　VSP5 负荷开关及其配套 PT

4）高压部分，低压操作机构密封在 0 表压 SF_6 气体内。

5）高等级、全密封航空插头设计，具有高可靠的配电自动化接口，插针插孔镀金，减少插拔电阻。

6）开关内置隔离断口，与真空灭弧室串联联动，内置双断口：①合闸时先合主隔离断口、然后联动真空灭弧室；②分闸时先分真空灭弧室、然后联动主隔离断口；大大地增加开关的安全性。

7）手动电动一体化设计，方便安装，即可单独使用，又可扩展到自动化应用，投资效率高。

8）悬挂式和座装式均可安装。

（2）VSP5 开关和 SOG 分界负荷开关区别如下：

1）两种开关共同点：具有双断口功能；真空负荷开关与隔离开关实现联动式操作，合闸时先合隔离后联动负荷开关合闸。分闸时先分负荷开关后联动隔离分开。灭弧方式为真空灭弧；开关高压部分、低压控制电路及操作机构都被密封在 0 表压的充气箱内。机构和主气箱是连通的。现场不可以进行补气。安装方式相同均可吊装或座装。

2）两种开关配置不同：VSP5 不内置零序 CT 和电子 PT，SOG 分界负荷开关一般内置；VSP5 内置 600/3 电流互感器为标准配置，测量 CT 变比可以进行选择。SOG 分界负荷开关标准配置测量 CT600/1 和零序 CT1000/1 配合隔离故障使用；VSP5 为电磁操作机构，SOG 为弹簧操作机构，因操作机构不同开关特性合分闸速度及时间也就不同。VSP5可以电动操作也可以手动操作，SOG 分界负荷开关目前手动合分闸，故障隔离时电动脱扣。原则上 SOG 分界负荷开关不做电动合分闸机构，但有厂家曾做过电动合分闸方式，在特殊时才用。

3）两种开关控制方式不同，VSP5 可以实现来电延时或无延时自动合闸，失电时开关自动分闸。SOG 因内置零序 CT 及电容式 PT，配合控制可以实现自动切除单相接地故障，自动隔离相间故障。

4）两种开关外观不同，如图 5.7 所示。两开关外形相似，但 SOG 比 VSP5 多一个手动分闸手柄，因 SOG 一般内置 PT，因此比 VSP5 结构上高一点。

（3）电压时间型故障处理功能。控制器有分段点和联络点两种工作模式，工作模式可由转换开关进行切换。

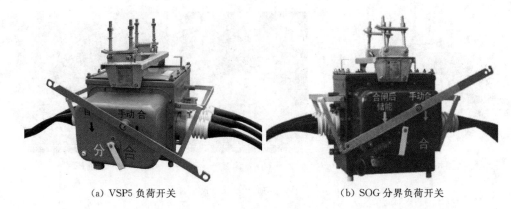

(a) VSP5 负荷开关　　　　　　(b) SOG 分界负荷开关

图 5.7　两种开关外观比较

1) 分段点工作模式功能：开关在分闸且无闭锁状态时，当其电源侧来电，延时合闸，延时值可设定（缺省值为 7s）；开关合闸确认时间内（可设定，缺省值为 5s），若检测到线路故障，则设置合闸闭锁；线路失压时，若开关电流值未超出及分断能力，则开关自动分闸；当开关自动分闸且设置闭锁后，线路从其闭锁侧再来电时，开关不会延时自动关合；设备可接收监控主站下发的分合闸命令，并执行开关分合闸，也可进行就地控制操作和开关操作杆手动操作实现开关分合闸（遥控）；设备具有装置自检功能，装置异常状态下，可上送异常信息并闭锁其控制输出（遥信）；设备具有参数设置功能，可就地或远方设定或更改其工作模式和控制参数（遥调）。

2) 联络点工作模式功能：开关由两侧带电进入单侧失电状态时，开关延时关合（延时值可设定，缺省值 45s），若延时过程中受电侧出现瞬时电压，则设置闭锁不关合；联络开关合闸后若受电侧变电站出口开关检测到反向瞬时电压时，后台系统经延时确认，联络开关分闸并闭锁，变电站出口开关合闸，线路恢复到失电以前的状态。

5.4.3　LG‑LBS/ASS 分段器（断路器型）

LG‑LBS/ASS 分段器是基于 V‑I‑T 电压电流时间自动控制的新一代智能断路器。该断路器是利用电压、电流、时间、计数信息控制的线路柱上自动化断路器，保留了电流时间控制（IT）和电压时间控制（VT）方式的优点，具有短路、过流、过压、欠压、缺相、接地、涌流抑制、冷负荷启动抑制、开断、断线、高阻抗接地等保护功能。LG‑LBS/ASS 分段器外形如图 5.8 所示。

主要特点如下：

1) LG 控制装置具有分段方式、放射性方式、环网常闭方式等动作模式，可按照运行要求整定 I 电流，V 电压，C 计数，T 时间等参数同时互相配合。

2) 具备单相接地及高阻抗接地保护功能，依据零序电压 V0 和零序电流 I0 的幅值，零序

图 5.8　LG‑LBS/ASS 分段器外形

电流 I0 与零序电压 V0 的相位角进行综合判断，准确判定单相接地故障点位置的功能。接地故障时，开关直接分闸而解除故障或可整定延时 1s～2h 分闸。过电流故障，开关直接分闸而解除故障。短路故障时，由开关直接分闸而分离故障区段。断线故障时，过压、欠压故障时，由开关直接分闸而分离故障区段。发生瞬间故障时，线路分段开关不分闸。当同时发生接地故障和短路故障时，优先进行短路故障保护。

3）具有抑制涌流功能和冷负荷启动时抑制虚拟分闸功能。联络开关自动投切时，具有防止故障侧电源恢复时投切造成短路的防止联络误投切闭锁功能。在电源侧和负荷侧发生断线故障和发生高阻抗故障（接地故障）时，可选择迅速分断或延时运行的功能。短路故障发生在电源侧，后转移为高阻抗接地故障，开关在合闸状态下分闸，并分离故障区段。解除故障及恢复送电比其他方式快，并且缩小到最小的故障区段。

4）具有接地故障在线检测功能。具有接地保护定值设定偏差的校正功能。故障时候显示发生故障的相序及保护动作的方式，具有追忆功能。依据潮流方向自动变换小电流单相接地保护定值。

5）开关内置 3 只电流互感器，一组零序电流互感器和 6 只电压传感器，以采集配电网运行参数。电流互感器三只：变比 600：1A，10P10 或 10P20（变比可选）。零序电流互感器一组：变比 1000：1A 精度为 0.5 级。电压传感器：电源侧 A、B、C 和负荷侧 R、S、T 共有 6 个，变比为：5800/0.4V，精度稳定地保持在 1.0%。配置 CT 保护装置：为了防止电流测量装置的过流和 CT 开路，配置了 CT 保护模块。配置电压传感器保护装置：为了防止电压测量装置的过电压，配置了过电压保护模块。

6）通信接口：RS232/RS485 通信接口。通信规约 IEC60870 - 5 - 101 协议/IEC60870 - 5 - 104 协议（选项）。支持 DNP3.0，Modbus 协议。支持 GPRS/CDMA，中压载波等通信方式。

5.4.4　NXB/NXBD 负荷开关（分段/分界）

NXB 负荷开关是 ABB 公司开发的一种柱上 SF$_6$ 负荷开关设备，专门为现代的配电自动化系统而设计，可开断负荷电流及关合故障电流，可配置电流互感器、电压互感器及远程控制箱。NXBD　SF$_6$ 负荷开关实际上相当于一台柱上环网开关，由两台 NXB 开关合成一体。其电气参数与 NXB 一致。NXB 开关一般配置单弹簧操作机构，外形图如图 5.9 所示。

(a) NXB17R　　　　　(b) NXB42C　　　　　(c) NXBD24C

图 5.9　NXB 负荷开关外形

NXB 开关采用二工位和三工位。三工位 NXB 开关可方便、安全地实现回路接地。二工位开关有可选的闭锁装置 NXBZ90，实现手动操作闭锁。NXB/NXBD 负荷开关接线图如图 5.10 所示。

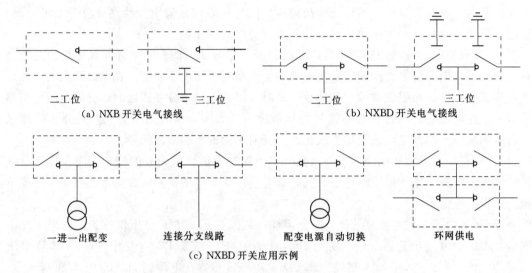

（a）NXB 开关电气接线　　（b）NXBD 开关电气接线

（c）NXBD 开关应用示例

图 5.10　NXB 负荷开关接线与应用

（1）主要特点：

1）采用 SF_6 作为灭弧和绝缘介质。SF_6 气体无毒、无色、无臭、无公害且不燃烧，同时有极强的灭弧能力。

2）采用抽真空、充气和氦检漏设备，确保箱体完全密封。

3）可配置不锈钢远程控制箱，其防护等级达 IP55，可方便地通过航空插件与开关本体相连，控制器具有多种标准的 RTU 接口。

4）远程控制箱内置有 REC 微机综合装置，可同时控制多个开关。

5）多种型式的安装方法和附件。

（2）NXB/NXBD 具有如下三种使用方案。

1）应用于电压时间型方案时候开关功能如下：①失电分闸：如果开关检测到两侧的电压都消失，那么将立即分闸；②有压延时合闸（A 时限）：开关任意一侧有电压，延时后（A 时限），开关合闸；③A 时限分闸闭锁：开关任意一侧在得电后，开始计 A 时限。若 A 时限尚未达到，该侧又失电，则开关立即打开，并产生 A 时限闭锁；④B 时限：开关合闸后开始计 B 时限，如果 B 时限到了，该侧仍然有电，则说明合闸成功，开关保持合闸状态；⑤B 时限分闸闭锁：开关合闸后开始计 B 时限，如果 B 时限未到，开关失电，则开关立即打开，并产生 B 时限闭锁。

电压时间型开关与断路器或重合器配合的动作过程如图 5.11 所示。

2）应用于电流计数型方案时候开关功能如下：①自动分段开关可以根据预设的动作逻辑，自动控制柱上负荷开关的合分；②自动分段开关可以记录因上游重合器动作而产生的故障电流的次数；③当记录到的故障电流的次数达到某一预设值时，并且线路上没有电压时，自动分段开关动作，隔离故障线路。

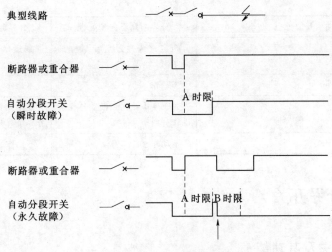

图 5.11　电压时间型动作过程

电流计数型开关与断路器或重合器配合的动作过程如图 5.12 所示。

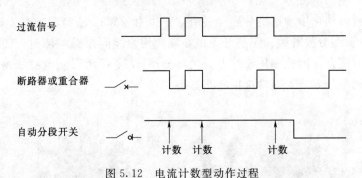

图 5.12　电流计数型动作过程

3）应用于分界开关方案时候开关功能如下：分界开关包含分界断路器和分界负荷开关，主要针对配电网的分支线路或用户线路，通常安装在线路的分界处，实现在分支线或在用户界内供电线路出现故障时的快速隔离功能，同时避免主干供电网出现短时停电过程。分界断路器还具备重合闸功能，可以快速恢复线路瞬时性故障。主要功能列举见表 5.2。

表 5.2　　　　　　　　　　　　分界开关故障处理功能

	故障性质及故障点	分界断路器保护处理	分界负荷开关保护处理
单相接地故障	中性点不接地系统用户界内 中性点经消弧线圈接地系统用户界内	经延时判定永久性接地后立即分闸	经延时判定永久性接地后立即分闸
	中性点不接地系统用户界外 中性点经消弧线圈接地系统用户界外	不动作	不动作
	中性点经小电阻接地系统用户界内	可先于变电站出口断路器保护动作分闸	可先于变电站出口断路器保护动作分闸
	中性点经小电阻接地系统用户界外	不动作	不动作

续表

故障性质及故障点		分界断路器保护处理	分界负荷开关保护处理
过负荷故障	用户界内	判定永久性过负荷后立即分闸	判定永久性过负荷后立即分闸
	用户界外	不动作	不动作
相间短路故障	用户界内	先于变电站出口断路器保护动作分闸	变电站出口断路器跳闸后，分界负荷开关分闸
	用户界外	不动作	不动作

5.5 10kV 分界开关

5.5.1 分界开关及其功能

分界开关分为负荷开关型和断路器型两种。负荷开关型不能直接断开短路电流，断路器型可直接断开短路电流。

当前，馈线自动化中常用的分界开关有 ZW20 和 ZW32 断路器型分界开关和 FZW28 (SOG) 负荷开关型分界开关。负荷开关型在隔离用户相间短路故障时，需要与变电站出线断路器重合闸配合，因此多用于柱上开关，如图 5.13 所示。而电缆线路通常不设置重合闸，因此环网柜分界开关通常选用断路器型。

(a) ZW20 - 12F 分界断路器

(b) FZW20 - 12F 分界负荷开关

(c) ZW8 - 12F 分界断路器

(d) ZW32 - 12F 分界断路器

图 5.13　分界开关外形

用户分界开关通常配置两套保护，一套为零序保护，用于隔离用户设备的单相接地故障。另一套为电流保护（含速断保护和过电流保护），用于隔离用户设备的相间短路故障，按照用户侧设备容量进行整定。

分界开关可以通过零序保护判别届内的单相接地故障。目前，我国配电网通常有三种方式，中性点不接地方式、中性点经消弧线圈接地方式和中性点经小电阻接地方式。

对于中性点不接地方式，如图 5.14 所示。当分界开关负荷侧发生单相接地故障时，流过分界开关的零序电流将是变电站母线所有非故障线路非故障相的分布电容电流之和。而当分界开关电源侧发生单相接地故障时，流过分界开关的零序电流仅是分界开关负荷侧非故障相的分布电容电流之和。因此，合理配置零序保护定值即可有效切除用户单相接地故障。

对于中性点经消弧线圈接地方式，负荷侧故障流过分界开关的零序电流将会因消弧线圈补偿而减小，但通常消弧线圈脱谐度不小于10%，因此该电流仍远大于分界开关电源侧发生单相接地故障时的零序电流。

对于中性点经小电阻接地方式，负荷侧发生单相接地故障时，流过分界开关的零序电流

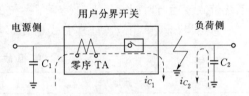

图 5.14 单相接地流过分界开关的零序电流

基本为接地电流，而当电源侧故障时，流过分界开关的零序电流仍是分界开关负荷侧非故障相的分布电容电流之和。因此，更易区分用户界内外的接地故障。

（1）发生相间短路时负荷开关型和断路器型分界开关动作区别，见表 5.3。

表 5.3 相间短路故障处理方式

故障点	故障电流	断路器型分界开关保护处理方式	负荷开关型分界开关保护处理方式
界内	大于速断定值	第一种情况：变电站开关速断保护动作时限为 0，则分界开关与变电站开关同时跳闸，变电站断路器动作后故障已隔离，保证重合成功。 第二种情况：分界开关速断保护动作电流和时限小于变电站开关速断保护动作电流和时限，分界开关先于变电站开关跳闸，变电站断路器不动作	分界开关不跳闸，变电站出线断路器跳闸，该开关监测到无压无流后分闸隔离故障并闭锁，变电站开关重合闸成功恢复非故障段送电
	大于过流定值且小于速断定值	分界开关过流保护动作电流和时限小于变电站开关过流保护动作电流和时限，分界开关先于变电站开关分闸，变电站断路器不动作	
界外		分界开关没故障电流通过，不动作	分界开关没故障电流通过，上级开关动作后，分界开关延时跳闸
	注意事项： 1. 断路器型分界开关设置的定值要与变电站出线断路器或上一级的开关的动作时限相配合。 2. 变电站的开关重合闸时间与负荷开关失电分闸时间配合。		

（2）发生接地故障时负荷开关型和断路器型分界开关动作区别。在中性点不接地或经消弧线圈接地系统中，发生单相接地故障时，两种类型的分界开关原理和动作过程相同。由于该系统发生单相接地故障，变电站出线断路器保护不跳闸，只发接地信号，允许短时

间接地运行。为了便于判断故障，应考虑躲过瞬时接地时限，此时分界开关应在变电站发出接地信号之后再动作跳闸，分界开关动作时限可依情况选择。

对于中性点经小电阻接地系统，由于中性点经小电阻接地系统中，变电站 10kV 出线一般配置两段零序保护，一段 120A、时限为 0.2s；二段 20A，时限为 1s。因此，分界开关动作时限应与变电站零序保护相配合，选择 0s，在线路分界开关之后线路发生接地故障时，分界开关无延时跳闸并闭锁，出线断路器不跳闸，两种类型的分界开关动作情况相同，都将瞬时切除接地故障，而对其他非故障用户不产生任何影响。

当发生单相接地故障时，两种类型分界开关均能自动分闸，甩掉隔离故障支线，保证变电站及非故障区域安全运行。而无需进行试拉合线路操作，可快速明确故障范围，减少系统带故障运行时间，极大地提高了系统的安全性。

总结得出，单相故障处理方式见表 5.4。

表 5.4　　　　　　　　　　　　　单 相 故 障 处 理 方 式

系统接地方式	故障点位置	保护处理方式
中性点不接地系统中性点经消弧线圈接地	用户界内	跳闸
中性点经小电阻接地	用户界内	先于变电站保护动作跳
中性点经消弧线圈接地中性点经小电阻接地中性点不接地系统	用户界内	不动作

5.5.2　ZW20 和 ZW32 断路器型分界开关

由 ZW20 型断路器组成的分界断路器一般命名为 ZW20F - 12，该户外分界开关主要由 ZW20 - 12 型真空断路器本体，FDR 控制器（可带 FTU 功能）、外置电压互感器三大部分组成，三者通过航空插座及户外密封控制电缆进行电气连接。根据管理需求可增加就地遥控装置和操作软件（"GPRS"远程或"GSM"短信）。

ZW32 型断路器配套分界控制器和外置 PT，可以组成 ZW32 型分界断路器。

分界控制器，也有称为"看门狗"控制器，是 ZW20 或 ZW32 型真空断路器理想的智能化控制装置，整机可实现手动控制、自动控制、线路保护、存储记忆和通信功能。控制器为微机型继电保护及监控装置。通过人机窗口可以任意设置相关运行参数，人性化设计，可适应不同专业水平的操作人员。具有重合闸后加速功能，当断路器重合于永久性故障时，自动加速跳闸，大大提高了安全性能和运行可靠性。根据需要，可带 485/232 通信接口，也可通过光纤实现远距离监控或近距离遥控控制功能。零序检测可区分界内和界外故障，确保非故障区用户正常用电。

（1）单相接地故障动作原理。在中性点不接地系统中，线路正常时，变电站出线断路器和分界断路器均处于合闸状态，一旦用户界内发生单相接地故障，分界断路器内置的零序互感器检测到的零序电流接近于全网的零序电流，超过事先整定的参数。经延时，判断为界内永久性单相接地故障，分界断路器自动分闸，将故障区隔离开，上报事故信息。其他相邻用户和主线路的单相接地故障则属于界外故障，该断路器零序电流互感器检测到的零序电流远小于整定值，该断路器不动作。

在中性点经小电阻接地系统中，变电站虽有零序保护，但只要是该用户界内发生单相接地故障，该用户的分界断路器与变电站保护依靠动作时限配合，分界断路器可设置先于变电站开关动作，从而切断了单相接地故障，保证其他用户安全用电。

（2）相间短路故障动作原理。当用户界内发生相间故障时，分界断路器检测到短路电流，当短路电流超过过流定值时，经过延时，断路器分闸。若变电站出线断路器未动作，则故障就此隔离，不影响主干线供电，若变电站出线断路器也同时动作，则经过 1s 延时，出线断路器重合闸动作，因故障以被隔离，变电站出线断路器重合成功，出线段恢复供电。断路器将故障区隔离后，通过短信或网络上报故障信息。

5.5.3　FZW28（SOG）负荷开关型分界开关

SOG 是 Storage Over current Ground 的缩写，意思是过电流储能跳闸。由于发生过负荷或短路故障，在负荷开关上流过超过闭锁电流值的电流时，（所谓闭锁电流值是制造厂设定的超过额定电流值，但不超过开关能开断的上限电流值的允许过电流值），闭锁开关，同时记忆下过电流故障，当出线开关跳闸后，线路无电后，负荷开关跳闸，把故障点切除，接着上级开关再送电的时候，线路健全区段正常供电，非故障用户恢复正常。

SOG 智能型开关是指具有记忆过电流等待分闸，接地自动分闸功能，能自动隔离故障区域，缩小停电范围。即当负荷开关装置检测到过电流后做好分闸准备，一旦线路失压后，开关装置才进行分闸动作。

发生单相接地故障时，立即断开，发生超过闭锁电流（短路故障电流）的故障时，先将开关闭锁，等电源侧的断路器动作线路停电后，自动断开开关，保证断路器的一次重合成功，这种功能称为 SOG 动作。根据故障内容进行跳闸动作为：①发生单相接地故障，SOG 负荷开关通常在 1s 以内分闸；②发生短路故障时，先由变电站断路器跳闸，线路失电，SOG 负荷开关的控制电源消失后，开关分闸；③当同时发生接地故障和短路故障时，优先进行短路故障的处理。

FZW28 开关有一项重要功能用于末端时的电流锁功能。SOG 因实现自动切除单相接地故障，自动隔离相相间故障，需确定是中性点不接地方式，还是中性点经消弧线圈接地。SOG 具有内置电容式 CVT，并给控制器提供工作电源。FZW28 开关外形如图 5.15 所示。

负荷开关型 SOG 分界开关的有如下特点：

（1）判断过电流故障方式的开关基本是采用内置二相电流互感器，当区域发生类似雷击导致异相单相接地（实际为短路）故障时，由于缺相的原因会误判为单相接地故障，令开关跳闸造成开关损坏事故。SOG 智能负荷开关采用三相电流互感器判断过电流，可确保判断故障性质的正确性。

（2）由于不接地系统的线路接地故障，

图 5.15　FZW28 开关外形

在初期阶段故障电流较小，难于准确检测，长期带故障运行会给配网安全运行带来极大的危害。为尽早发现故障，必须提高检测灵敏度和精度。SOG 智能负荷开关有很大的动态范围，即使流过 700A 以上大电流后，残留特性输出电流仅有不到 150mA，为准确判断故障提供了可靠的保证。

（3）通过与断路器的配合，能自动隔离故障，减少停电范围。当用户侧发生接地故障时，该开关可先于出线断路器跳闸，及时从线路上隔离接地故障。当负荷侧发生短路故障时，通过断路器跳闸，线路失压期间（重合之前），SOG 智能型开关进行分闸，保证重合成功。

5.5.3.1　单相接地故障动作原理

当线路发生单相接地时，会产生接地电流（零序电流），带有方向性 SOG 智能型负荷开关，能测量零序电流的大小，同时能检测零序电压，进而能判别故障发生在开关的电源侧还是负荷侧，当用户界内发生单相接地故障达到零序电流保护整定值时，零序电流保护在整定时间动作，作用于分界开关跳闸，隔离故障。用户界外（系统侧）发生单相接地故障时，零序电流保护不动作。

对于中性点采用灭弧线圈接地的 10kV 系统，通过调整相位特性，同样能检出接地故障的区域。判断清楚接地故障后，SOG 智能负荷开关能立即或延时跳闸。

5.5.3.2　相间短路故障动作原理

当用户界内发生相间短路故障后，开关相间过电流保护启动并记忆，当测到电压传感器输出电压小于整定值，并测到无相间故障电流时，即变电站出线断路器分闸，线路失电后，开始计时，当计时时间达到整定值时，启动电磁脱扣跳开分界负荷开关，保证变电站出线断路器的一次重合成功。

当线路发生短路故障后，线路跳闸。线路电压和短路电流均消失后，SOG 开关跳闸延时为 X。重合器和断路器等设备重合再送电的时间为 Y，必须保证 $X > Y$。

5.5.4　RL－MA/A/SA 负荷开关型分界开关

施耐德电气 RL－MA/A/SA＋系列柱上 SF_6 气体绝缘自动分界开关具备手动和自动两种操作方式。自动操作方式又可分为遥控负荷开关模式或用户自动分界开关模式。这种用户自动分界开关模式不仅具备传统负荷开关和分段器的特性，而且还具备针对中性点不接地系统对单相接地检测、跳闸以及报警功能，外形如图 5.16 所示。

（1）主要特点如下：

1）模块化设计：RL－MA/A/SA＋系列用户自动开关的模块化设计可以在配电网络中非常容易的进行升级，安装的基本型设备可以通过加装模块升级为远程控制或自动化设备。这种模块化的设计也保证了维护的简便。

2）内置电压、电流传感器：在出线套管中内置的电压传感器（CVT）和电流传感器

图 5.16　RL－MA/A/SA 负荷开关外形图

（CT/2000：1），节省了安装测量互感器的费用（除非需要安装计量用互感器）。

3）使用 SF$_6$ 气体绝缘和灭弧以及喷弧原理，能确保完全开断小电流，如有功负荷电流，电缆充电电流，电磁电流等。极短的电弧时间（半周波之内），以及灭弧材料制造的漏斗型的触头，保证了开关的使用寿命长，增强了关合短路电流的能力。三相动触头连接在同一驱动轴上，由偏心弹簧力矩机构驱动。

4）操作机构：三相动触头连接在同一驱动轴上，由偏心弹簧力矩机构驱动。既可手动操作，也可由位于箱体下面电机室中的直流电机操作。所有负荷开关都有手动操作臂，可在地面上用钩杆操作。向下拉动操作臂的相应端，即可使开关跳闸或合闸。机械机构的工作是独立于操作者的，触头的关合速度与操作者拉动操作臂速度的快慢无关。

5）电流互感器：环形电流互感器套装在开关一侧的三个出线套管的壳体内部侧，实现三相的电流测量。模拟量的电流信号由采样电路采集并转换为数字信号传输到控制器。电流互感器的测量范围从 10A 到 16000A，用于测量和故障检测。

（2）功能如下：

1）相间故障过流分闸功能：三相任意一相电流超过设定相间故障设定值时，相间指示灯亮，此时上游断路器/重合器切断三相线路，控制器检测到线路电流为零、电压为零，控制器记忆一次故障，当记忆次数与设定记忆次数相等时，开关自动分闸，并记录过流分闸记录一次。

2）零序分闸/报警功能：相电流大于闭锁电流时，且零序电流大于等于零序电流设定值时，闭锁灯亮，零序灯亮，此时不能分闸；相电流小于闭锁电流时，且零序电流大于等于零序电流设定值时，零序灯亮，经过零序时间定值延时后，零序分闸或报警（零序分闸未投入状态下，仅执行报警）；分闸则记录零序分闸一次。

3）失压报警功能：当控制器检测到三相电压中有任意一相电压低于设定的失压定值时，失压指示灯亮，执行报警，但开关不执行主动分闸。

（3）使用方案。

1）用作自动分段器。RL－MA/A/SA＋系列负荷开关，当配套使用施耐德柱上开关控制箱 ESC100 时，具备自动分段器的功能。这意味着在上游线路安装有自动重合器。为了使用这样的功能，RL 负荷开关具备三相电流和电压检测功能，从而实现对上游重合器跳闸操作的计数。当预设的跳闸次数计数达到时，控制器在固有时间内驱动分段器分闸，隔离故障区域。

2）用作用户自动分界开关。RL－MA/A/SA＋系列负荷开关配备 ESC100 控制器，具备自动分界开关功能。当作为分支线路首端分界开关使用时，利用开关内部的三相电流检测功能，测量单相接地电流，在线路发生单相接地故障的情况下，由控制器自动将负荷开关分闸，隔离故障线路，避免对变电站和其他正常线路造成影响。最小 0.3A 的零序电流检测，使 RL－SA＋系列自动分界开关可用于中性点不接地系统或中性点经消弧线圈接地系统中。

第6章 故障指示器及其故障定位系统

6.1 基本概念

6.1.1 工作原理

故障指示器（FCI，Fault Current Idicator）是一种安装在配电线路上指示故障电流通路的电磁感应设备。当线路发生短路或接地故障时，它通过检测空间电场电位梯度来检测电压，通过电磁感应检测线路电流，用于监测线路负荷状况、检测线路故障，并具有数据远传功能。大部分产品采用机械式旋转翻牌指示故障，线路正常运行为一种颜色指示，线路故障时变为另一种颜色，也有产品采用发光指示故障。安装在电缆分接箱等需要将故障指示传送到面板上指示，一般采用电磁感应、光电转化等探头方式，通过铜电缆或光纤传送面板液晶显示。状态指示一般能维持数小时，时间长短可调整，便于巡线工人到现场观察，提高线路维护的工作效率。为了实现免维护，一般都具有延时自动复归功能，在故障排除，恢复送电后自动延时复归，为下次故障指示准备。

故障指示器利用了 CT 的原理来测量线路电流。当故障指示器挂在导线上时，一次电流会流经故障指示器的电流传感器，电流传感器产生二次信号，这个信号经过信号检测电路滤波、放大和采保，然后由低功耗单片机做 A/D 采样，最后计算出负荷电流、短路电流、首半波尖峰电流和接地动作电流值。故障指示器的电流互感器除了用于电流测量，还可用于在线取电。在电流线圈基础上再加取电线圈就可以获得一定的取电电流。取电电流经过特殊的取电电路和 MCU 控制电路就可以为故障指示器提供整机工作电源和无线通信电源。

具备通信的有源方式故障指示器主要由检测指示单元、通信单元和信号源组成。其中，检测指示单元包含采样电路、CPU、翻牌和闪灯电路，在故障发生时进行翻牌和闪灯以提供给检修人员报警信息，并且能主动上报故障遥信；通信单元主要用于桥接检测单元与主站，实现参数设置与读取、通信中转等功能；信号源内含采样电路、控制电路和两个真空接触器，采样电路和控制电路用于实时检测线路电压变化并计算零序电压，两个真空接触器上端分别接在 10kV 线路的 A、C 两相，接触器下端并联经限流电阻接地。

10kV 配电网正常运行时，信号源根据实时采样得到的三相电压计算零序电压，并与零序电压设定值相比较，决定是否输出不对称工频电流；通信单元一直处于上线状态，定时向主站上报心跳报文，并负责主站对检测指示单元的参数下载与读取、总召唤及故障遥信转发与记录等工作；检测指示单元在线路上电且负荷电流达到电流定值后开始充电，充电完成并转为 400Hz 连续采样，实时进行接地故障和短路故障逻辑判断。

判断接地故障时，每连续采样 32 个周波（即 640ms）电流有效值进行一次离散傅立叶变换（DFT），将 DFT 结果换算为电流后与接地故障电流设定值进行比较。由于采用一次性电池供电且电池不可更换，指示单元采用低功耗设计，CPU 绝大部分时间处于休眠状态，只有中断才能将其唤醒并根据需要确定是否在中断结束后继续唤醒 CPU。

10kV 配电网发生单相接地故障时（以 A 相为例），为保持线电压一致，中性点将产生偏移电压，导致 A 相电压降低，B、C 两相电压升高，进而产生零序电压。不对称电流源检测到零序电压并与设定值比较后判断满足动作条件，控制与 10kV 线路 C 相连接的真空接触器动作，连续输出周期 640ms、占空比 50％的 8 个高低工频电流信号；同时启动录波功能，以给检修人员分析故障提供数据参考。此时，由于 C−A 两相间（A 相相当于地）线电压保持不变，不对称电流信号从 C 相到大地再到 A 相后，通过变压器中性点再到 C 相形成通路。

A 相线路上的指示单元检测到不对称电流工频信号后与接地电流设定值（10A，可配置）比较，判断连续 8 次 DFT 结果中是否至少有 6 次大于接地电流设定值。条件满足后即判断为接地故障，翻牌、闪灯并将故障遥信经监测单元上传到主站。指示单元从检测到故障时刻开始计时，到达复归时间后自动复归。

在复归时间内，检修人员可根据需要决定是否对指示单元进行手动复归。而在 B、C 两相非故障线路上，由于没有不对称工频电流信号流过，指示单元不动作且不上报任何告警信息。

6.1.2 分类

（1）故障指示器按应用线路对象，可分为架空型和电缆型两种类型，如图 6.1 所示。

1）架空型故障指示器传感器和显示（指示）部分集成于一个单元内，通过机械方式固定于架空线路（包括裸导线和绝缘导线），架空型故障指示器一般由三个相序故障指示器组成，且可带电装卸。

2）电缆型故障指示器传感器和显示（指示）部分可集成于一个单元内，也可分开为两个单元，传感器部分通过机械方式固定于电缆线路（母排）上，由三个相序故障指示器和一个零序故障指示器组成。

（2）根据信息传输方式功能，分为就地型和远传型两种，如图 6.2 所示。

(a) 架空型　　(b) 电缆型

图 6.1　架空型和电缆型故障
指示器外形图

1）就地型架空线路故障指示器：传感单元和显示（指示）单元集成在监测单元内，通过机械方式固定于架空线路，实现架空线路短路故障和接地故障的检测和就地显示。

就地型电缆线路故障指示器：监测单元除了传感单元外可集成显示（指示）单元，通过机械方式固定于电缆线路上，可通过光纤或无线将故障信号传至显示面板。通过显示面板或监测单元实现电缆线路短路故障和接地故障的就地显示。

2）远传型架空线路故障指示器：传感单元、显示（指示）单元和通信单元集成在监测单元内，监测单元通过无线方式将故障信号发送至通信单元，由通信单元处理将告警信

（a）就地型

（b）远传型

图 6.2　就地型和远传型故障指示器外形图

号发送至后台系统，实现架空线路短路故障和接地故障的检测和就地/远方显示。

远传型电缆线路故障指示器：监测单元除了传感单元和通信单元外，可集成显示（指示）单元，监测单元通过无线或者光纤将故障信号发送至通信单元和显示面板。显示面板用于就地显示故障情况，通信单元将告警信号发送至后台系统，实现电缆线路短路故障和接地故障的监测和就地/远方显示。

（3）根据是否配置信号源，可分为有源故障指示器和无源故障指示器。

1）有源故障指示器。有源故障指示器在使用中需外加信号源装置（Earthed Fault Signal Source），其原理为：当线路发生单相接地故障时，安装在变电站接地变压器中性点（无中性点时则接在母线/出线上）的信号源，自动在几十秒内按不同脉宽投入大小不同的动态阻性负载，这样在变电站和现场接地点之间线路，就会产生叠加在负载电流上的特殊编码的零序电流信号，安装在变电站出线和线路分支点处的故障指示器检测到该电流信号后自动动作，发出指示接地故障信号。

2）无源故障指示器。无源故障指示器在使用中，不需要另外增加信号源，只是在短路故障指示器的基础上增加检测单相接地故障的功能。有产品采用的以暂态电流和暂态电压变化特征作综合比较的分析方法，经北京、广西、内蒙古、郑州等地多次现场检验，证明效果较好，在单相接地故障检测方面为用户提供了一种新的方法。

（4）根据判定接地故障的原理，可分为外施信号型、稳态特征型、暂态录波型和暂态特征型等。农网主要采用中性点不接地方式，外施信号型、暂态录波型、暂态特征型故障指示器均能够适用。由于暂态录波型故障指示器对通信的依赖性较强，需要采集故障临近区域的波形，上送配电主站进行集中判断，因此对于无线信号较强的区域，可采用暂态录波型故障指示器。对于信号较弱的地方，可以在变电站出线加装外施信号源，采用外施信号型故障指示器进行接地故障判断。

（5）根据故障指示器实现的功能，可分为短路故障指示器、单相接地故障指示器和接地及短路故障指示器。

1）短路故障指示器是用于指示短路故障电流流通的装置。其原理是通过电磁感应方法，检测线路出现故障的电流正突变、线路停电等特征信息判断故障。因而它是一种适应负荷电流变化，只与故障时短路电流分量有关的故障检测装置。它的判据比较全面，可以大大减少误动作的可能性。

2）单相接地故障指示器用于指示单相接地故障，其原理是利用接地和短路时线路的电气特点，通过接地故障检测原理，判断线路是否发生了接地故障。

3）接地及短路故障指示器，又称二合一故障指示器，是同时具备接地及短路故障的判定。

（6）根据上送信息，可分为一遥故障指示器、二遥故障指示器和三遥故障指示器。

1）一遥故障指示器指带动作信号、短路、接地、过流、过温等。

2）二遥故障指示器是指带动作信号和测量数据、稳态负荷电流、短路动作电流、暂态接地尖峰电流、暂态接地动作电流、稳态零序电流、暂态零序电流、线路对地电场、电缆头温度等。

3）三遥故障指示器是指带动作信号和测量数据远传、可遥控翻牌复归、可遥调参数。

6.1.3 组成

依据 Q/CSG 1203019—2016《配电线路故障指示器技术规范》规定，配电线路故障指示器由监测单元和通信单元两部分组成。

（1）监测单元（monitoring unit），又称采集单元或指示单元，具有采集线路负荷、判断并指示短路和接地故障功能，同时能将数据信息传输至通信单元或主站。监测单元由故障检测、分析算法、触发告警、无线射频通信、电源等功能模块组成。主要作用是检测送电、停电、接地、短路等线路信息，并通过短距离无线射频通信传输到通信单元。指示单元平常处于节电休眠状态；当线路状态发生变化时，检测功能模块触发分析算法功能模块；分析算法功能模块将采集到的信息进行分析、计算和处理后，确定线路是否发生了送电、停电，短路和接地状态变化；如果确定状态变化，则启动触发告警功能模块并通过无线射频发射模块将信息安全准确地发送出去，通信单元收到此信息后，返回一个"收到"信号，故障指示器接收到这个信号后，恢复到休眠状态。架空型监测单元探测短路和接地信号，利用翻牌给出故障指示，如图 6.3所示。

（2）通信单元（communication unit）又称汇集单元。对远传型和智能型故障指示器，与指示单元配合使用，通过无线、光纤及电缆等方式接收指示单元采集的配电线路负荷和故障等信息，同时能将以上信息传输

（a）正常状态　　　　　　（b）动作状态

图 6.3　故障指示器监测单元

至主站，并可接收或转发主站下发的相关信息，如图 6.4 所示。

通信单元主要由 MCU 处理单元、GSM/GPRS 远程通信、短距离无线射频通信和光伏供电处理等功能模块组成。主要作用是与故障指示器指示单元双向射频通信，完成信息的交互，包括对指示器指示单元的参数配置、控制及接收指示器的故障信息；与主站通过 GSM/GPRS 等方式完成通信，包括接收主站的命令、控制及向上主动上报指示器与终端的各种运行信息和检测到的信息。

通信单元供电方式。工作现场具备外部交流电源，优先采用外部交流电源供电方式；工作现场不具备外部交流电源，优先采用电压互感器供电方式；工作现场不具备外部交流电源，也可采用电流互感器感应供电方式、电容分压取电供电方式、满足条件的其他新型能源供电方式。

远传型架空故障指示器通信单元采用太阳能作为主电源、充电电池与超级电容作为后备电源的双重供电模式。在晴朗的白天，太阳能电池板能够为其提供充足的能量，同时对后备电源进行充电；在夜晚和阴天时，监测单元由后备电源进行供电。

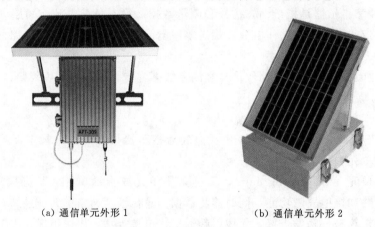

(a) 通信单元外形 1　　　　　　　　　　(b) 通信单元外形 2

图 6.4　故障指示器通信单元

（3）通信机制。

1）监测单元与通信单元之间通信机制：监测单元能主动实时上送故障信息，一般每 5min 记录一次负荷数据。支持实时故障、负荷等信息召测，同时并能根据工作电源情况定期或定时上送至通信单元。监测单元定时发送信息给通信单元，通信单元在 10min 内没有收到监测单元信息，即视为通信异常。监测单元和通信单元通信故障时能将报警信息上送至配电主站。

2）通信单元与主站之间通信机制：可通过配电主站对通信单元和监测单元进行参数设置。通信单元支持数据定时上送、负荷越限上送、重载上送和主动召测，一般最小上送时间间隔为 15min。

6.1.4　发展方向

线路故障指示器起源于 20 世纪 80 年代的德国，发明的主要目的是帮助人们快速查找到故障点。直到今天，德国在故障指示器应用技术和制造工艺仍然处于世界领先地位。

我国故障指示器的技术本身也比较成熟，南网试点区域统计 2012 年 1—9 月配自设备动作正确率，配电自动化终端正确故障定位 2032 次，不正确动作次数 138 次，平均正确率 93.6%；自动化开关正确动作 1298 次，不正确动作 86 次，平均正确率 93.8%。故障指示自动定位正确故障定位 853 起，不正确定位 94 次，平均正确率 90.1%。

Q/GDW 10370—2016《配电网技术导则》建议，各供电企业应制定合理的配电自动化方案，因地制宜、分步实施。D 类供电区域配电自动化可根据实际需求采用就地型重合器式或故障指示器方式，E 类供电区域馈线自动化可采用故障指示器方式。线路故障指示器应能正确判断指示相间短路故障和单相接地故障，提高故障处理效率。具备远传功能的故障指示器还可通过检测注入信号或检测暂态信号等手段，实现接地故障区间的定位指示。

为了提升配电自动化覆盖率，有地市供电公司在配网线路的配电自动化改造中，采用以故障指示器为核心的"简易模式"。基于故障指示器的"简易模式"拥有造价低廉、安装方便简单、无需改造一次设备的优势，虽然与采用"三遥"终端与光纤通信的"高端模式"相比，其无法实现负荷电流的监测与开关的远方遥控，但相比未安装故障指示器的线路，故障点定位效率大大提高，而且其定位区段比"高端模式"下自动化开关所能隔离的范围更小。根据实际使用经验，普通线路的故障点查找平均时间约为 2.5h，而在故障指示器的辅助下，故障点定位时间可以缩短至平均 30min 左右。

目前，国家针对配网故障指示器正在制定《配电线路故障在线监测终端技术规范》。按照新技术规范要求，新一代智能故障指示器将能够对线路电气量进行精确测量，使故障指示器能够实现实时"遥测"功能，能够实现故障信号录波功能，同步合成故障零序电流，从而实现 10kV 配网单相接地故障的精确定位。新一代智能故障指示器能够实现基本型"二遥"终端的功能，又保留了传统故障指示器安装方便，不需改造一次设备的优势，特别适合一次设备改造难度大以及配电自动化改造资金有限的区域。

新型智能故障指示器，将向测量更精确，功能更强大的方向继续发展，但传统故障指示器也不会被淘汰。配电自动化系统通过"三遥"终端将故障区段隔离后，在故障区段内，现场抢修人员仍然需要依靠安装在配电线路最末端的传统故障指示器才能快速定位故障。因此传统故障指示器将向质量更可靠、成本更低廉、适合大量部署的方向继续发展。

未来配电自动化建设中，配网故障指示器将广泛应用于以下方面：

1) 应用于农村配网线路的配电自动化改造。对于广大 D、E 类供电区域及一般 C 类区域，因其供电可靠性要求相对较低，配电自动化改造资金有限，采用以故障指示器为核心的简易配电自动化改造模式最为适合。

2) 应用于城市配网中配电自动化不能完全覆盖的末端支路。配电自动化系统虽然能够快速定位并隔离故障区段，但不能定位区段内故障点位置，通过在区段内部署就地型故障指示器能有效配合现场故障查找，提高故障定位精度，缩短故障点查找时间。

3) 应用于客户产权设备搭界点。公用配网线路上客户产权设备众多。客户设备普遍存在运行工况差，维护水平低，台账资料缺失等问题，部分客户发生故障后为了逃避责任，不配合故障查找，甚至故意隐藏故障点位置。因此，在产权分界点部署故障指示器，能够准确发现故障电流来源，并可将故障指示器动作情况作为责任判定的依据。

4) 应用于隐蔽设备前后。在配网实际应用中，部分故障没有明显故障特征或者故障点十分隐蔽，如跨街电缆故障、柱上开关或开关柜等成套设备内部故障，抢修人员很难通过外观检查发现故障，往往造成现场试送电不成功或线路反复跳闸。抢修人员只能将所有配电设备隔离，再逐一试送电或做实验，甚至是逐杆登杆检查等原始方法。有时为了查找一个小故障而消耗所有抢修力量，供电服务面临巨大压力。通过在上述设备前后部署故障指示器可以有效指示设备内部故障，从而极大提高故障排查的针对性，缩短故障排查时间。

6.2 功能与检测

6.2.1 功能

依据 Q/CSG 1203019—2016《配电线路故障指示器技术规范》标准，各种类型故障指示器选配功能见表 6.1。

表 6.1　　　　　　　　　　　故障指示器功能选配

功　　能		就地型架空线路故障指示器	就地型电缆线路故障指示器	远传型架空线路故障指示器	远传型电缆线路故障指示器	智能型架空线路故障指示器	智能型电缆线路故障指示器
基本功能	短路故障指示	√	√	√	√	√	√
	单相接地故障指示	√	√	√	√	√	√
	故障远传报警	—	—	√	√	√	√
	遥信采集	—	—	√	√	√	√
	故障报警复位	√	√	√	√	√	√
	电池低电量故障指示	—	—	√	√	√	√
	自检（测试）功能	—	—	√	√	√	√
	防止负荷波动误报警功能	√	√	√	√	√	√
	自动躲避合闸涌流功能	√	√	√	√	√	√
	带电装卸功能	√	√	√	—	√	—
	重合闸最小识别时间	√	√	○	○	○	○
	装置心跳功能	—	—	√	√	√	√
	瞬时故障闭锁报警功能	—	—	○	○	○	○
	通信功能	—	—	√	√	√	√
	升级及维护功能	—	—	√	√	√	√
高级功能	电气量监测	—	—	*	*	√	√
	状态量监测	—	—	—	—	√	√
	在线录波	—	—	—	—	*	*
	时钟同步及对时	—	—	√	√	√	√
	自组网通信	—	—	—	—	*	*

注　√表示必备功能，*表示可选功能，○表示重合闸最小识别时间、瞬时故障闭锁报警功能二选一。

6.2.1.1 基本功能

（1）短路故障指示。当配电线路发生短路故障时，故障线路段对应相线上的指示器应检测到短路故障，并发出短路故障报警指示。

（2）单相接地故障指示。

1）被动检测法。当配电线路发生单相接地故障时，故障线路上的指示器应能独立根据接地相的电场电压和接地电流变化判断接地故障。

2）信号检测法。在系统上安装专用的单相接地故障检测辅助装置，实时监测系统电压，一旦发生单相接地故障，单相接地故障检测辅助装置自动短时投入动态阻性负载，通过对开关设备的编码控制，在故障线路、故障点和大地之间组成的回路上产生叠加在负载电流上的特征电流信号序列。线路上安装的故障指示器能够检测到这个电流信号，并实时指示接地故障。

（3）故障远传报警。当发生短路、单相接地故障后，远传型和智能型故障指示器除进行相应的本地报警指示外，至少具备以下功能之一：

1）通过开关触点输出故障状态信息。

2）通过无线通信形式输出故障告警信息。

3）通过光纤通信形式输出故障告警信息。

（4）遥信采集。监测单元（采集单元）可将故障信息通过无线模块、光纤等发送给通信单元（汇集单元）。通信单元具备 SOE 功能，能永久记录不低于 200 条最新故障信息。对于电缆线路故障指示器，通信单元遥信输入回路采用光电隔离，并具有软硬件滤波措施，防止输入接点抖动或强电磁场干扰误动。通信单元遥信采集接口不低于 24 路，即 6 分支，并可扩展到采集 48 路故障监测单元。

（5）故障报警复位。指示器应能根据规定时间或线路恢复正常供电后自动复位，也可以根据故障性质（瞬时性或永久性）自动选择复位方式；自动复位时间可设，设置范围 0～24h。

（6）电池低电量故障指示。对于具有通信单元的故障指示器，通信单元采用蓄电池供电时，当电池电压降低到相应值时，指示器应具有电池低电量报警并发送遥信信号功能。

（7）自检（测试）功能。故障指示器应具备手动检测功能，能显示自检结果，能在停电安装时辅助判断装置是否正常。应具备自诊断及自恢复功能。装置在正常运行时定时自检，自检的对象包括定值区、采样通道、存储空间、储能电容或蓄电池等各部分。自检异常时，发出告警信号，信息并远方上送。通信中断或掉电重启应能自动恢复正常运行。

（8）防止负荷波动误报警功能。在线路电流非故障波动时，指示器不应误报警。

（9）自动躲避合闸涌流功能。在配电线路进行送电合闸时，指示器应躲过正常冲击电流且不误动。

（10）带电装卸功能。架空线路故障指示器应能带电装卸，装卸过程中不应误报警。

（11）重合闸最小识别时间。

1）故障指示器应能识别重合闸间隔为 0.2s 的瞬时性故障，并能正确动作。

2）非故障分支上安装的故障指示器经受 0.2s 重合闸间隔停电后，在感受到重合闸涌流后不应该误动作。

（12）装置心跳功能。对于带通信远传功能的指示器，应能定期向主站发送处在工作状态的信息，定期发送时间可自定义。

（13）瞬时故障闭锁报警功能。对于线路发生瞬时性故障，线路重合闸成功后故障指示器对瞬时故障不进行报警（可根据现场实际情况，在重合闸最小识别时间、瞬时故障闭锁报警功能之间灵活选配）。

（14）通信功能要求。

1）通信单元支持光纤、载波和无线通信。通信单元支持实时上线与非实时上线模式。

2）通信单元可接入无线通信模块，应支持 GSM、GPRS、CDMA2000、TD－SCD-MA、W－CDMA、TD－LTE、TD－FDD 等无线通信技术。

3）通信单元应支持不少于 1 个串口和 1 个独立的维护接口，支持 Q/CSG 110007—2012 和 DL/T 634.5101—2002 远动协议实施细则、Q/CSG 110006—2012 和 DL/T 634.5104—2002 远动协议实施细则规定的通信协议。应具有远方参数设置及维护功能。

4）监测单元支持光纤、无线通信方式与通信单元进行通信，无线通信距离不小于 30m。

5）配套天线的阻抗应与无线通信芯片匹配，天线的增益应大于 5.0dBi。

6）通信模块为独立模块，通过标准 9 针串口与主板连接，便于更换。

7）通信模块应满足电力监控系统安全防护的加密认证要求。

（15）适应不同接地方式。可针对不同接地方式选择相应的故障判断依据。

（16）升级及维护功能。

1）具备远方查询定值、转发表、通信参数等，可在线修改、下装和上载定值、转发表（包括模拟量采集方式、工程转换量参数、状态量的开/闭接点状态、数字量保持时间及各类信息序位）、通信参数等，下装和上载程序等维护功能。

2）具备监视通信通道接收、发送数据及误码检测功能，可方便进行数据分析及通道故障排除。

3）系统维护应有自保护恢复功能，维护过程中，如出现异常应自动恢复到维护前的正常状态。

4）具备就地手持式终端查询保护定值、通信参数等，可就地通过手持式终端修改、下装和上载保护定值、转发表（包括模拟量采集方式、工程转换量参数、状态量的开/闭接点状态、数字量保持时间及各类信息序位）、通信参数等，下装和上载程序等维护功能。

5）就地手持式终端通过短距离无线通信与通信单元通信。

6.2.1.2　高级功能

（1）电气量监测。

1）可测量线路运行电流的有效值，突变电流值。

2）可通过测量线路对地电容电压，显示线路电压的跌落幅度。

3）电流采样值可设置死区，范围 0～99A，步长不大于 1A。

4）对于架空型指示器，支持零序电流合成功能。

（2）状态量监测。终端应能够监测故障指示器实时状态及开关开、合状态，并及时向主站发送告警信息。

（3）故障录波功能（部分智能型）。

1）故障发生时，监测单元能实现三相同步录波，并上送至通信单元合成零序电流波形，用于故障的判断。

2）录波范围包括不少于启动前 4 个周波、启动后 8 个周波，每周波不少于 80 个采样点，录波数据循环缓存。

3）通信单元应能将 3 只监测单元上送的故障信息、波形，合成为一个波形文件并标时间参数上送给主站，时标误差小于 $100\mu s$。

4）录波启动条件包括召唤、定时、过流、过压、欠压、谐波触发方式。实现同组触发、阈值可设。

5）录波数据可响应主站发起的召测。

6）故障发生时间和录波启动时间的时间偏差不大于 20ms。

（4）时钟同步及对时。具有无线通信功能的故障指示器通信单元，支持北斗卫星（简称 BDS）、全球定位系统（简称 GPS）或主站时钟校时功能，终端时钟误差不大于 1s。

在无对时情况下，通信单元 24h 自走时钟误差不大于 1s。

（5）自组网通信（部分智能型）。当光纤网络或公共网络无法覆盖时，可以通过自组网方式将现场信息上传到主站系统。

（6）数据存储。

1）通信单元可循环存储每组监测单元至少 31 天的电流、相电场强度定点数据、64 条故障事件记录和 64 次故障录波数据，且断电可保存，定点数据固定为 1 天 96 个点。

2）支持监测单元和通信单元参数的存储及修改，断电可保存。

3）具备日志记录及远程查询召录功能。

（7）支持远程配置和就地维护功能。

1）短路、接地故障的判断启动条件。

2）故障就地指示信号的复位时间、复位方式。

3）故障录波数据存储数量和通信单元的通信参数。

4）监测单元上送数据至通信单元时间间隔和通信单元上送数据至主站时间间隔。

5）监测单元故障录波时间、周期和通信单元历史数据存储时间。

6）通信单元、监测单元备用电源投入与告警记录。具备自诊断功能，应能检测自身的电池电压，当电池电压低于一定限值时，上送低电压告警信息。

7）通信单元支持通过无线公网远程升级，监测单元支持接收通信单元远程程序升级，升级前后功能兼容。

6.2.2 功能检测

依据《国家电网公司 2017 年配电线路故障指示器入网专业检测大纲》文件，故障指示器检测项目及检测要求如下。

6.2.2.1 配电线路故障指示器部分入网专业检测项目及要求

（1）功能试验。

1）短路故障检测和报警功能。当线路发生短路故障时，故障指示器应能判断出故障类型（瞬时性故障或永久性故障）：①架空型采集单元（南网：监测单元）应能以翻牌、闪光形式就地指示故障；②电缆型采集单元应能以闪光形式就地指示故障；③汇集单元（南网：通信单元）应能接收采集单元上送的故障信息，同时能将故障信息上传给配电主站。

2）故障自动检测。应自适应负荷电流大小，当检测到线路电流突变，突变电流持续一段时间后，各相电场强度大幅下降，且残余电流不超过 5A 零漂值，应能就地采集故障信息，就地指示故障，且能将故障信息上传至主站。

3）接地故障检测和报警功能。当线路发生接地故障时，故障指示器应能以外施信号检测法、暂态特征检测法、稳态特征检测法等方式检测接地故障：①架空型采集单元应能以翻牌、闪光形式就地指示故障；②电缆型采集单元应能以闪光形式就地指示故障；③汇集单元应能接收采集单元上送的故障信息，同时能将故障信息上传给配电主站。

4）故障后复位功能：①架空型故障指示器应能在规定时间或线路恢复正常供电后自动复位，也可根据故障性质（瞬时性或永久性）自动选择复位方式；②电缆型故障指示器应能在手动、在规定时间或线路恢复正常供电后自动复位，也可根据故障性质（瞬时性或永久性）自动选择复位方式。

5）低电量报警功能：①架空型故障指示器采集单元应能以翻牌锁死的形式指示电池低电量；②电缆型故障指示器采集单元、显示面板均应以变化色卡颜色的形式指示电池低电量。

6）防误动功能：①负荷波动不应误报警；②变压器空载合闸涌流不应误报警；③线路突合负载涌流不应误报警；④人工投切大负荷不应误报警；⑤非故障相重合闸涌流不应误报警。

7）重合闸识别功能：①应能识别重合闸间隔为 0.2s 的瞬时性故障，并正确动作；②非故障分支上安装的故障指示器经受 0.2s 重合闸间隔停电后，在感受到重合闸涌流后不应误动作。

8）监测与管理功能：①汇集单元至少应能满足 3 条线路（每条线路 3 只）采集单元接入要求；并具备采集单元信息的转发上传功能；②应具备历史数据存储能力，包括不低于 256 条事件顺序记录、30 条本地操作记录和 10 条装置异常记录等信息；③应具有本地及远方维护功能，且支持远方程序下载和升级。

9）带电装卸。架空型故障指示器应具有带电装卸功能，装卸过程中不应误报警。

（2）通信试验。

1）应能通过无线通信方式主动上送告警信息、复归信息以及监测的负荷电流、故障数据等信息至配电主站，故障信息上送至配电主站时间应小于 60s，并支持主站召测全数据功能。

2）具备对时功能，接收主站或其他时间同步装置的对时命令，与系统时钟保持同步。守时精度为 2s/24h。

3）当后备电源电池电压降低到低电量报警值时，应将其状态上传至主站，也可根据需要进行本地报警。当外部电源失去时，后备电源应能自动无缝投入，且能保证将失去外部电源前完整的故障数据信息上传至配电主站。

4）采集单元和汇集单元之间应能以无线、光纤等通信方式进行数据通信，无线通信宜采用微功率方式。

5）汇集单元应适应无线传输要求，在网络中断后续传，具有本地存储模式和调用模式，保存故障信息等关键数据。

6）汇集单元可以通过实时在线或准实时在线的通信方式与配电主站通信，并能以不大于 24h 的时间间隔上送负荷曲线数据到配电主站。

（3）电气性能试验。

1）短路故障报警启动误差应不大于±10%。

2）最小可识别短路故障电流持续时间应不大于 40ms。

3）电缆远传型故障指示器电缆温度测量误差不大于 3℃。

4）低电量报警：低电量报警电压允许误差不大于±2%。

5）负荷电流误差应符合以下要求：①0≤I<100A 时，测量误差为±3A；②100A≤I<600A 时，测量误差为±3%。

6）上电自动复位时间小于 5min。定时复位时间可设定，设定范围小于 48h，最小分辨率为 1min，定时复位时间允许误差不大于±1%。

7）接地故障识别正确率：①金属性接地应达到 100%；②小电阻接地应达到 100%；③弧光接地应达到 90%；④高阻接地（800Ω 以下）应达到 90%。

6.2.2.2 暂态录波型故障指示器部分检测项目及要求

1. 功能试验

（1）短路和接地故障识别。

1）应自适应负荷电流大小，当检测到电流突变且突变启动值宜不低于 150A，突变电流持续一段时间后，各相电场强度大幅下降，且残余电流不超过 5A 零漂值，应能就地采集故障信息，以闪光形式就地指示故障，且能将故障信息上传至主站。

2）发生接地故障，当指示器不能判断出接地故障处于安装位置的上游和下游时，采集单元应能就地采集故障信息和波形，且能将故障信息和波形传至主站进行判断，同时汇集单元应能接收主站下发的故障数据信息，采集单元以闪光形式指示故障；当指示器能判断出接地故障处于安装位置的上游和下游时，采集单元应能就地采集故障信息和波形，以闪光形式指示故障，且能将故障信息和波形上传至主站。

3）接地故障判别适应中性点不接地、经消弧线圈接地、经小电阻接地等配电网中性点接地方式；满足金属性接地、弧光接地、电阻接地等不同接地故障检测要求。

4）当线路发生故障后，采集单元应能正确识别故障类型，并能根据故障类型选择复位形式：①能识别重合闸间隔为不小于 0.2s 的瞬时性和永久性短路故障，并正确动作。②线路永久性故障恢复后上电自动延时复位，瞬时性故障后按设定时间复位或执行主站远程复位。

（2）监测功能。应能监测线路三相负荷电流、故障电流、相电场强度等运行信息和主供电源、后备电源等状态信息，并将以上信息上送至主站，同时采集单元具备故障录波功能。

（3）故障录波功能。

1）故障发生时，采集单元应能实现三相同步录波，并上送至汇集单元合成零序电流波形，用于故障的判断。

2）录波范围包括不少于启动前 4 个周波、启动后 8 个周波，每周波不少于 80 个采样点，录波数据循环缓存。

3）汇集单元应能将 3 只采集单元上送的故障信息、波形，合成为一个波形文件并标注时间参数上送给主站，时标误差小于 $100\mu s$。

4）录波启动条件可包括电流突变、相电场强度突变等，应实现同组触发、阈值可设。

5）录波数据可响应主站发起的召测，上送配电主站的录波数据应符合 Comtrade 1999 标准的文件格式要求，且只采用 CFG 和 DAT 两个文件，并且采用二进制格式。

（4）防误报警功能。

1）负荷波动不应误报警。

2）大负荷投切不应误报警。

3）合闸（含重合闸）涌流不应误报警。

4）采集单元、悬挂安装的汇集单元带电安装拆卸不应误报警。

（5）数据存储功能。

1）汇集单元可循环存储每组采集单元的电流、相电场强度定点数据、64 条故障事件记录和 64 次故障录波数据，且断电可保存，定点数据固定为 1 天 96 个点。

2）支持采集单元和汇集单元参数的存储及修改，断电可保存。

3）具备日志记录及远程查询召录功能。

（6）远程配置和就地维护功能。

1）短路、接地故障的判断启动条件。

2）故障就地指示信号的复位时间、复位方式。

3）故障录波数据存储数量和汇集单元的通信参数。

4）采集单元上送数据至汇集单元时间间隔和汇集单元上送数据至主站时间间隔。

5）采集单元故障录波时间、周期和汇集单元历史数据存储时间。

6）汇集单元、采集单元备用电源投入与告警记录。具备自诊断功能，应能检测自身的电池电压，当电池电压低于一定限值时，上送低电压告警信息。

7）汇集单元支持通过无线公网远程升级，采集单元支持接收汇集单元远程程序升级，升级前后应功能兼容。

2．通信试验

（1）采集单元应支持实时故障、负荷等信息召测，同时并能根据工作电源情况定期或定时上送至汇集单元。

（2）采集单元定时发送信息给汇集单元，汇集单元在 10min 内没有收到采集单元信息，即视为通信异常。采集单元与汇集单元通信故障时，应能将报警信息上送至配电主站。

（3）可通过配电主站对汇集单元和采集单元进行参数设置。

（4）汇集单元应支持数据定时上送，最小上送时间间隔为 15min。

（5）汇集单元应支持主站及北斗或其他同步时钟装置对时，守时精度≤2s/24h。

3．电气性能试验

（1）短路故障报警启动误差应不大于±10％。

（2）最小可识别短路故障电流持续时间应不大于 40ms。

（3）接地故障识别正确率：

1）金属性接地应达到 100％。

2）小电阻接地应达到 100％。

3）弧光接地应达到 90％。

4）高阻接地（1kΩ 以下）应达到 90％。

（4）荷电流误差应符合以下要求：

1）$0 \leqslant I < 300A$ 时，测量误差为 $\pm 3A$。

2）$300A \leqslant I < 600A$ 时，测量误差为 $\pm 1\%$。

（5）上电自动复位时间小于 5min。定时复位时间可设定，设定范围小于 48h，最小分辨率为 1min，定时复位时间允许误差不大于 $\pm 1\%$。

（6）录波稳态误差应符合以下要求：

1）$0 \leqslant I < 300A$ 时，测量误差为 $\pm 3A$。

2）$300A \leqslant I < 600A$ 时，测量误差为 $\pm 1\%$。

（7）故障录波暂态性能中最大峰值瞬时误差应不大于 10％。

（8）故障发生时间和录波启动时间的时间偏差不大于 20ms。

（9）每组采集单元三相合成同步误差不大于 $100\mu s$。

6.3 故障判定原理

6.3.1 短路故障判定原理

在线路发生相间短路时，变电站出线断路器和故障点之前的线路上会流过很大的电流，出线断路器或故障点前断路器的继电保护装置会按照实现设定的规则启动保护，使得线路发生跳闸而断电。故障指示器对短路故障的检测方法主要有两种，一种是过电流动作法，常见的是两段式电流保护，即速断保护与过流保护，同时配置充电、停电判据，以躲过涌流和重合闸误动。另一种自适应负荷电流的过流突变法，同样需要配置充电、停电判据，以躲过涌流和重合闸误动。

6.3.1.1 过电流动作法

过流动作法的故障判定原理类似于过电流继电器，故障指示器采用标准的速断、过流定值，参数可调整，当线路中流过的电流大于其设定值时，该故障指示器就会动作给出翻牌或闪灯等信号，确保与变电站出线断路器动作一致。

过流动作法的短路故障指示器在使用前会设置一个动作值，在运行过程中，一旦检测到线路流过的电流 I 大于动作值 I_d，同时其持续时间 T 大于设定时间 T_d，则会判断发生故障。设置的 I_d 需要大于线路正常运行时，安装点可能流过的最大负荷电流，小于该条线路末端故障时，安装点可能流过的最小短路电流。故障指示器检测到的短路电流持续时间 T，大于上级保护装置保护启动出口时间，小于上级保护和开关切除故障总时间，短路电流持续时间应该有最小值，也应该有最大值，在一定的范围内。

采用该方案具有实现简单的优点，但在系统运行方式变化时，线路故障时所需的动作值也会变化，而提前设置的 Id 是固定的，因此容易出现误动或拒动的情况。

由于故障指示器的故障检测参数可以通过本地无线或者主站在线修改，因此在管理比较规范的供电公司，推荐过流速断法。该方法与微机保护装置的故障检测原理一致，不论是两相接地短路，电流缓慢增大，还是农网过流故障，速断、过流定值整定很小，只要上游断路器保护动作跳闸，故障指示器能检测到并给出故障指示，是目前可靠性和准确性最高的判据。为了防止重合闸期间，非故障线路分支，因重合闸涌流导致误动，增加了"充电判据"，只有带电稳定运行 30s 以后才开始检测故障。为了防止合闸涌流，采取了"停电判据"，只有检测到线路停电，无流无压以后才会给出短路故障动作。

故障指示器检测短路故障特征电流、电压原理波形如图 6.5 所示。

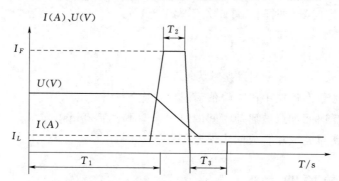

图 6.5　故障指示器短路故障特征电流、电压波形

I_L—负荷电流≥10A；I_F—故障电流≥50A（可设置参数）；T_1—充电时间≥30s；

T_2—故障持续时间≥0.01s（可设置参数）；T_3—停电时间≥0.3s

6.3.1.2　自适应负荷电流的过流突变法

采用自适应的过流突变法，把发生短路故障的线路特征作为动作依据，当线路上的电流从运行电流突然增大到故障电流，即发生一个正的突变，且其变化量大于一个设定值，然后在一个很短的时间内电流和电压又下降为零，则判定这个线路电流为故障电流。其优点是，它只与故障时短路电流分量有关，与线路负荷电流的大小无关，是一种能适应负荷电流变化的故障检测原理。其缺点是，短路电流较小时灵敏度较差，故障持续时间设置不同，在不同场合安装会有一定的差别，这是因为保护装置动作时间与固有动作时间及燃弧时间不同所造成的。

目前市面上绝大多数模拟电路的故障指示器主要是采用电流突变法，一般把以下相关条件作为短路故障判据。

（1）线路正常运行超过一定时间，以避开合闸后线路存在故障立即跳闸，引起非故障分支的误动。

（2）设置一定值的突变电流，因与系统的负荷电流无关，适用性增加。

（3）突变电流持续时间大于保护装置启动时间，小于线路故障切除时间；对于故障指示器来说，可能检测到的短路故障电流（脉冲电流、突变电流）持续时间，大于上级保护装置出口时间（20ms），小于开关切除短路故障时间（60～1500ms）。线路保护装置检测到的短路电流值，一定大于保护装置启动出口时间，不会大于故障切除时间，若大于故障切除最大时间，即持续长时间大电流，可能是误判，所以短路电流持续时间应该有最小值，也应该有最大值，在一定的范围内。

（4）一定时间后线路处于停电（无流、无压）状态，以避开重合闸涌流、线路大负荷投切等情况。

在以上条件均满足的情况下，判断线路出现短路故障，故障指示器就地翻牌或发光显示，或把故障信息传送到主站。

基于上述原理，有自适应型故障指示器将短路故障判据配置如下：

（1）$I>I_b$；I 为线路中电流，I_b 为故障电流整定值，如 $I\geqslant300A$。

（2）$\Delta I>0.5I_0$；ΔI 为线路中出现突变电流，I_0 为短路前线路电流。

（3）$T_1\leqslant\Delta T\leqslant T_2$；$\Delta T$ 为电流突变持续时间，T_1 为故障切除可能所需最短时间，T_2 为故障切除可能所需最长时间，大电流持续时间不超过 1.5s，$0.02s\leqslant\Delta T\leqslant1.5s$。

（4）$U_c=0$，$I_c=0$。U_c 为线路故障后电压，I_c 为线路故障后电流，最长 1.5s 后线路保护跳闸，线路处于停电状态，电压 U_c、电流 I_c 会在瞬间变为 0。

该方法的优点是自动跟踪负荷电流大小，不用整定参数。其缺点一是在两相接地、过流或过负荷短路情况下，短路电流是逐渐增大的，指示器因无法检测到电流突变而导致拒动。其缺点二是在很多农网线路，线路长，短路电流小，指示器因无法检测到电流突变而导致拒动。其缺点三是在有些短路情况下，非故障出线、非故障分支、故障点后面的线路如果带有大型容性负载，例如高压电容器和感性负载，如大型电动机、水泵等，则会向故障点反馈送电，导致非故障线路误动。

6.3.2 单相接地故障判定原理

6.3.2.1 原理综述

中性点有效接地的系统中，发生单相接地故障后，产生的故障电流较大，因此，单相接地故障判定相对容易。但在中性点不直接接地的系统中，对于单相接地故障，因故障电流较小，判定难度大。多年来，行业内已经研究了很多方法，并有相应的技术用于故障指示器中。

单相接地故障判定按照是否另加信号源分为有源方式和无源方式两大类。

（1）有源方式，即主动式，也称信号注入法或外施信号法。在线路发生单相故障后，通过信号源装置向系统注入特殊信号，或通过投切电阻、调节消弧线圈参数等改变网络结构，利用线路保护或故障指示器检测系统电量变化，进而判定故障发生的位置。

（2）无源方式，即被动式，是依据发生单相接地故障前后配电网各类电气量参数的变化，被动的检测是否发生故障的方法。常用的有几类：基于稳态零序电流和零序电压的基波或高次谐波的计算和分析的稳态特征法；基于暂态的电压和电流采集和计算分析的暂态特征法；有监测单元高速采集暂态电流和暂态电压，上送至主站进行主站分析判断故障位置暂态录波法。

传统的接地故障选线选段方法如下：

（1）零序电流幅值法。利用中性点不接地系统故障线路工频零序电流幅值比健全线路或自身对地电容电流幅值大的特点，选择有变化的线路为故障线路。

（2）零序无功功率方向法。利用中性点不接地系统故障线路零序电流相位滞后零序电压 90 度、而健全线路超前 90 度的特点，选择零序无功功率小于 0（流向母线）的线路为故障线路。

（3）电流比幅比相法。选择零序电流工频幅值较大的若干条线路比较其相位，与其他线路电流流向相反的线路，加上开口三角电压等判据，确定为故障线路。

上述三种判据原理的缺点是，大多数只能安装在变电站侧进行接地故障选线，不能具体确定线路上的故障分支和故障区线段，并且只适应于不接地系统。

就具备单相接地故障判定功能的数字故障指示器接地故障判据及其优缺点如下：

（1）零序电流法。让故障指示器检测零序基波大小和方向，判定是否发生接地故障，但这种方法在线路结构复杂和有消弧线圈时不可靠，需要通过在线监测和参数调整弥补这一点。

（2）五次谐波法。让故障指示器检测零序 5 次谐波大小和方向，判定单相接地故障，这种方法在线路电压有波动和有非线性负荷时不可靠。

（3）零序暂态法。即通过检测零序电流和电压的暂态过程，来分析判定单相接地故障，但这种方法在负荷不同步投切和远离接地点时不可靠。

（4）首半波法。首半波接地电流方向和负荷波动大时不可靠，通过在线监测和参数调整可以弥补这一点。

（5）电容电流法。分析杂散电容瞬时暂态放电。暂态尖峰电流方向和负荷波动大时不可靠，通过在线监测和参数调整可以弥补这一点。

（6）小电阻接地法。在线路发生接地故障后，通过改变中性点接地方式，用两段式零序电流保护来检测接地故障。

（7）中电阻智能接地法。这是一种有源方法，在线路发生接地故障后，通过开关序列控制，让中性点经中电阻有规律地间歇性地接地，以放大接地信号并重复接地过程，从故障指示器是否检测到该信号，从而判定故障发生位置。这也许是新一代的故障指示器可以扩展的设计方向。

（8）高压脉冲/低频电流法，一种信号源方法。先拉闸停电，通过高压电容对故障相线进行放电，或持续加直流分量电流，然后再加一个低频分量电流。数字故障指示器可以扩展设计这个功能。

上述方法中，零序电流法、电容电流法、首半波法、5 次谐波法等应用于早期的故障指示器检测单相接地故障，这些检测原理都依赖发生故障前后配电网络参数变化，适用范围有一定的局限性，这些检测原理的指示器并未在实际中得到有效应用。

6.3.2.2　暂态特征法

在发生单相接地故障瞬间，线路出现短时的暂态过程，故障相电压突然降低会引起线路的分布电容对地放电，非故障相电压突然升高使线路的分布电容充电，形成一个明显的暂态电流和暂态电压，二者存在特定的相位关系，暂态特征判据法故障指示器就是通过检测这些显著的故障特征量，来判断是否发生了单相接地。

一般接地故障指示器检测的暂态信息特征包括：故障相电压降低、暂态电容电流远大于稳态电容电流几倍到几十倍、线路出现零序电流、在某个频段内故障线路零序电流方向由线路流向母线、接地瞬间出现高次谐波信号、接地瞬间暂态电容电流和相电压有个固定的相位关系、线路不停电等。

根据这些故障信息，常见的接地故障指示器的单相接地判据如下：

（1）线路中有突然增大的暂态电容电流，稳态电流值不小于 I_o。发生接地故障时，40km 的架空线路会产生 1A 的稳态电容电流，3A 的暂态电容电流。可以将接地检测的电容电流启动值 I_o 设为 1A，则只要同一母线下 10kV 线路超过 40km，指示器就可以有效动作。

（2）接地线路对地电压降低幅值不小于 ΔU。考虑到系统经过渡电阻接地的情况，电压不会降为零。

（3）可识别故障电流持续时间不小于 Δt。考虑瞬时接地的情况。

（4）5 次谐波电流突然增大。

（5）暂态电流方向和瞬时无功功率方向相位比较。只有接地点之前的状态能够满足设定值。

暂态特征综合判据法动作判据不局限于以上几项，要根据故障指示器所安装线路的实际网架结构、运行参数确定具体的判据和启动值。本方法仅适用于架空线路，包括远传型和就地型故障指示器。

为了防止人工合分闸、停电、投切负荷等、保护跳闸和自动重合闸期间，非故障线路、分支，因三相开关动作不同期的单相暂态涌流导致误动，需增加了"充电判据"，只有带电稳定运行 30s 以后才开始检测故障，同时需增加了"不停电判据"，只有检测到线路不停电，无流、无压以后才会给出接地故障动作。

福建泉州供电公司 2014—2016 年，安装 2000 余套暂态特征型故障指示器，统计表明，短路故障研判准确率 90.6%，接地故障研判准确率 78.42%。

优点：可检测接地电阻小于 200Ω 的瞬时性接地故障和永久性接地故障；由于消弧线圈的特性，中性点经消弧线圈接地与中性点不接地的暂态过程是相似的，因此两种接地方式都适用；无需外地加信号源等装置，不依靠通信，无需主站综合判断，本地直接判断故障，不会对系统运行造成影响。

缺点：要快速、准确捕捉暂态量，终端必须具备较高的测量和处理能力；由于灵敏度高，误动的可能性较大一点。故障判断准确率相对较低，不适用于较高电阻接地故障。

6.3.2.3 暂态录波法

当发生接地故障时，电流、电压的突变值大于故障指示器设定的录波启动阀值，故障指示器的监测单元启动录波。通过无线高精度对时同步，监测单元能实现三相同步录波，并上送至通信单元合成零序电流波形。通信单元将 3 只监测单元上送的故障信息、波形，合成为一个波形文件并标注时间参数上送给主站。同一母线下所有出线上安装的装置均上送故障录波文件，主站结合故障录波文件和线路拓扑，完成故障定位和故障分析，判断出故障线路和位置，同时把判断结果发送给通信单元使监测单元以闪光形式指示故障。不接地系统中，单相接地故障故障指示器录波如图 6.6 所示。

暂态录波法判断接地故障的依据是非故障线路间暂态零序电流波形相似，故障线路与非故障线路暂态零序电流波形不相似。故障线路上故障点上游的暂态零序电流波形相似，

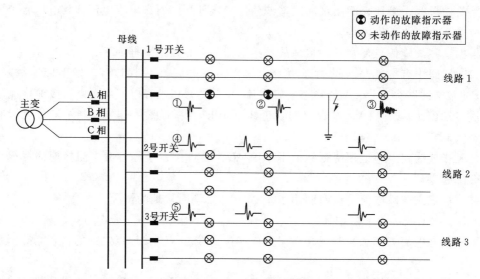

图 6.6　不接地系统单相接地故障故障指示器录波波形

故障线路上故障点下游的暂态零序电流波形相似。故障线路上故障点下游与上游的暂态零序电流波形不相似。

暂态录波型故障指示器能够检测三相负载电流、故障电流、相电场强度、零序电流等运行信息和主供电源、后备电源等状态信息，并能够将以上信息上传给主站，同时监测单元具备故障录波的功能。

暂态录波法关键技术是基于三相同步合成暂态零序电流，传统测量零序电流需要三相同时穿过互感器才可以，但是架空线难以实施直接测量。采用同步算法，将三相指示器的相电流合成为零序电流，用于接地故障的判断，有效提高接地故障检测的成功率。

山东省安装约 10000 套录波型故障指示器，2016 年 7 月至 2017 年 5 月，定位接地故障共 50 次，平均准确率 89.29%，检测短路故障共 50 次，平均准确率 100%，录波记录瞬时接地故障 292 次。

优点：通过三相合成零序电流，暂态信号灵敏度高。利用大数据判断接地故障，提高接地故障判断准确度。可检测瞬时性、间歇性接地故障。接地故障判别可以适应中性点不接地、经消弧线圈接地、经小电阻接地等配电网中性点接地方式。无需改造现有一次设备和电网线路结构，支持带电装卸，易于实施。可根据录波记录分析故障发生、演变过程。将所录异常波形送至配电主站系统，通过波形分析与样本积累，可对线路运行状态进行综合评价，发现线路设备异常状态，提前采取检修措施。

缺点：这种原理仅适用于架空线路，依赖通信远传波形，依赖配电主站实现接地故障定位分析。接地故障特征受故障时刻电压、电流相位影响。不适用于接地电阻 1000Ω 以上的故障识别。依赖通信远传波形，对通信质量要求高，通信数据量大。依赖主站法分析，需要主站进行故障判断，处理数据大，故障和非故障线路的录波数据都需要。功耗大，要求从线路取电和大后备电源，对线路负荷电流有要求，不适合应用于低负荷地区。

6.3.2.4 外施信号法

故障指示器采用的外施信号法一般指中值电阻投切外施信号法，是发生接地故障后在消弧线圈二次侧投入中电阻，利用增大的故障线路零序电流或有功功率选线。具体原理是在变电站中性点或接地变的中性点，无中性点时可接在母线上安装一个动态阻性负载信号源装置，当系统发生单相接地故障，中性点会出现偏移电压，零序电压超过信号源设定启动值，并保持了一定的时间（比如5～10s），高压接触器闭合，向系统投入中值电阻，每隔几秒进行一次投切，即通过对电阻的编码控制，连续产生不少于4组工频电流特征信号序列，叠加到故障回路负荷电流上，在故障线路故障相与系统母线间形成人为的故障工频电流，且只在故障相的故障点上游和大地之间流通。由于中性点在无接地故障时没有电压，故信号源不承受高压。只有故障线路有接地，它可以与信号源构成接地回路，因此信号电流主要在故障线路的故障相上流动。信号源在投入期间其内部接地电阻在控制器控制下会按照一个特殊的编码规律变化，从而使得叠加在故障线路故障相上的电流也按照一个特殊的编码规律变化，该电流与故障相的负荷电流叠加在一起，从而调制了线路电流的幅值。安装在故障通路上的指示器检测到此故障工频电流信号后就会发出动作指示。信号源会延时几秒投入，目的是在这几秒内可以让有消弧线圈的系统，在消弧线圈的作用下接地故障点自动熄弧，从而消除瞬时性故障。

信号源可以安装在变电站或开闭站的室内或室外，二者的区别在于安装于室内的信号源，高压端与站用变压器或PT相连接，适合于中性点经消弧线圈接地的系统，如图6.7所示。而安装于室外的信号源，高压端与线路的出线端相连接，适合于中性点不接地系统，如图6.8所示。根据信号源内部所采用的算法不同，有的信号源需监测系统三相电压，有的则只需监测两相电压。

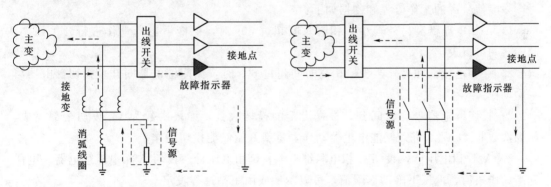

图 6.7　室内信号源及其接地电流回路　　　图 6.8　室外信号源及其接地电流回路

国内很多厂家生产的信号源为中值电阻投切注入信号。由于信号源是纯阻性的，在接入系统后改变了接地时出现的谐振条件，这样降低了发生单相接地时系统过电压的幅值，也减轻了对信号源发出的特殊信号的干扰，增加了故障指示器动作的准确性。但毕竟人为增大接地电流，会增大对系统的安全隐患和对通信系统的干扰。增加了系统的复杂性。

外施信号型配电线路故障指示器检测的典型特征信号如图6.9所示。

外施信号型故障指示器应能识别上述接地故障外施典型特征信号。具体参数要求为：ΔT_1：120ms（±30ms）；ΔT_2：800ms（±30ms）；ΔT_3：1000ms（±30ms）；$\Delta I = I_2 -$

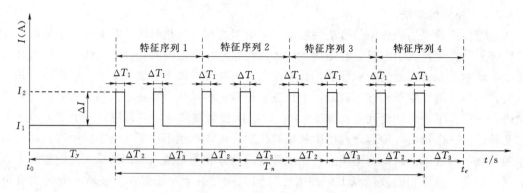

图 6.9　外施典型特征信号

I_1，最小识别电流不大于 10A；每次单相接地故障产生的特征序列不少于 4 个。

信号源、故障指示器、主站常见动作流程如下：

（1）信号源动作流程。通过信号源对非故障相和大地之间短时投入一个一定阻值的单相电阻器，人为把单相接地故障变成多次经电阻和大地的瞬时性相间"短路"，也就是多次利用电阻投切，将对地电流放大几十倍甚至上百倍，大大提高小电流接地故障定位系统的准确性。信号源实时检测线路 A、B、C 三相电压，每分钟向主站上报一次数据。如果检测到一相电压降低超过限值，另有至少一相电压升高超过限值，会向主站告警，并自动控制相应电阻投切。此外，主站也可以根据分钟数据点分析判断，假如主站检测到符合单相接地故障数据条件，但未接收到智能控制器告警信号，此时主站可以主动向接地故障智能研判辅助装置发命令投切相应电阻。

一般信号源的工作流程和判据如下：

1）一相电压低和另外至少一相高时间超过 30s 时，储能继电器动作进行开关储能，储能时间可以设定。

2）一相电压低和另外至少一相高时间超过 60s 时，储能继电器断开，投切继电器第一次动作。

3）投切继电器吸合时间到，根据设定的投切次数，如果次数为 1，投切全部完成，如果次数非 1，那么进入储能继电器动作，重新开始储能投切动作。

4）A/B 相电压低，投切 C 相电阻继电器；C 相电压低，投切 A 相电阻继电器。电压升高动作限值，电压下降动作限值，可以本地或由主站远程设定。

（2）故障指示器动作流程。线路发生单相接地时，根据不同的接地条件（例如金属性接地、高阻接地等），会出现多种复杂的暂态现象，包括出现线路对地的分布电容放电电流、接地线路对地电压下降、接地线路出现 5 次和 7 次等高次谐波增大，以及该线路零序电流增大等。

综合以上情况，一些故障指示器单相接地判据如下：

1）线路正常运行（有电流，或有电压）超过 30s。

2）线路中有突然增大的接地放电电流，并超过设定的接地故障检测参数（暂态接地电流增量定值）。

3）接地线路电压降低，并超过设定的接地故障检测参数（线路对地电压下降比例、对地电压下降延时）。

4）接地线路依然处于供电（有电流）状态。

以上四个条件同时满足时，故障指示器发告警数据给线路数据采集终端并上报主站。

（3）主站综合研判流程。主站在接收到接地故障智能研判辅助装置的动作信号及各个监测采集终端的告警数据后，根据故障指示器所监测的对地故障电流首半波的大小、历史数据及网络拓扑用算法定位出接地故障区域。

山东省安装约10000套外施信号型故障指示器，2017年9月—2018年5月，短路故障138次，判别准确率约84％，接地故障109次，判别准确率约为73％。

优点：原理简单，准确；动态阻性负载信号源在故障后短时投入，产生特殊的接地信号电流，对它的检测和识别不受系统运行的影响，与线路分布电容、线路长短、有无消弧线圈等因素无关，不仅可以在变电站准确选出故障出线，而且可以在线路上准确定位故障区段和故障分支。动态阻性负载信号装置在故障后延时投入，保证了消弧线圈可以发挥消弧作用，保证瞬时性故障可以自动消除。

缺点：增大故障电流，影响熄弧；间歇性接地与瞬时性接地无法选线。

6.3.2.5 稳态特征法

不接地系统中，故障线路工频零序电流幅值大于健全线路，且相位相反，可通过比较各出线工频电流幅值、相位（极性）、功率方向等关系实现故障选线。

经消弧线圈接地系统中，谐波零序电流或者工频零序电流的有功分量也满足故障线路幅值大、极性相反的规律，可通过比较各出线谱波电流或者工额电流有功分量的幅值、相位（极性）、功率方向等关系实现故障选线。

对于故障指示器，要实现单相接地故障的选段，因此装置要检测线路的零序电流，并设定零序电流阈值，当发生接地故障后，检测到的零序电流超过设定的阈值，则故障指示器认定发生接地故障，做出发光指示，实现线路接地故障的就地判断。

优点：原理简单；无需改造现有一次设备和电网线路结构，支持带电装卸，易于实施。

缺点：仅适用于中性点经小电阻接地的配电线路，对于小电流接地系统，故障接地后零序电流增量小，不能实现有效选段。

6.4 产品与选型

6.4.1 型式选择

6.4.1.1 各类型故障指示器特点

依据前文所述，故障指示器按照适用线路类型分为架空型与电缆型两类；按照信息传输方式分为远传型与就地型两类；按照技术原理分为外施信号型、暂态特征型、暂态录波型和稳态特征型等四类，但从目前国内主流产品来看，架空型故障指示器在技术原理上有三种：暂态特征型、暂态录波型、外施信号型。电缆型故障指示器在技术原理上有两种：

只有稳态特征型和外施信号型。就地型中不能有暂态录波型，因此，国内配电线路故障指示器共计分为 9 种。

9 种故障指示器特点见表 6.2。

表 6.2 故障指示器类型与特点

适用线路类型	信息传输方式	单相接地故障检测方法	故障指示器类型	说明
架空线路	远传型	外施信号	架空外施信号型远传故障指示器	需安装专用的信号发生装置连续产生电流特征信号序列，判断与故障回路负荷电流叠加后特征
		暂态特征	架空暂态特征型远传故障指示器	线路对地通过接地点放电形成的暂态电流和暂态电压有特定关系
		暂态录波	架空暂态录波型远传故障指示器	根据接地故障时零序电流暂态特征并结合线路拓扑综合研判
		稳态特征		单独具备该方法应用范围较窄，且在外施信号、暂态特征和暂态录波型故障指示器中均已包含
	就地型	外施信号	架空外施信号型就地故障指示器	需安装专用的信号发生装置连续产生电流特征信号序列，判断与故障回路负荷电流叠加后特征
		暂态特征	架空暂态特征型就地故障指示器	线路对地通过接地点放电形成的暂态电流和暂态电压有特定关系
		暂态录波		就地型无通信，目前暂无此类
		稳态特征		单独具备该方法应用范围较窄，且在外施信号、暂态特征和暂态录波型故障指示器中均已包含此方法
电缆线路	远传型	外施信号	电缆外施信号型远传故障指示器	需安装专用的信号发生装置连续产生电流特征信号序列，判断与故障回路负荷电流叠加后特征
		暂态特征		电缆型电场信号采集困难，目前暂无此类
		暂态录波		电缆型电场信号采集困难，目前暂无此类
		稳态特征	电缆稳态特征型远传故障指示器	检测线路的零序电流是否超过设定阈值
	就地型	外施信号	电缆外施信号型就地故障指示器	需安装专用的信号发生装置连续产生电流特征信号序列，判断与故障回路负荷电流叠加后特征
		暂态特征		就地型无通信，且电缆型电场信号采集困难，目前暂无此类
		暂态录波		就地型无通信，且电缆型电场信号采集困难，目前暂无此类
		稳态特征	电缆稳态特征型就地故障指示器	检测线路的零序电流是否超过设定阈值

6.4.1.2 架空线路选型布点原则

C、D、E 类供电区域架空线路主要通过安装远传型故障指示器实现配电自动化覆盖。其他区域未实现配电自动化覆盖的线路可根据实际需求采用远传型故障指示器，已实现馈线自动化的架空线路原则上不宜重复安装远传型故障指示器。

对于线路较长、支线较多的架空线路，可通过安装远传型故障指示器进一步缩小故障查找区间，快速定位故障点。自动化开关之间、远传型故障指示器之间可加装就地型故障指示器，进一步缩小故障定位区间。变电站同一母线馈出的架空线路原则上应选用同一技术原理的故障指示器。对于空载线路，应选用外施信号型或暂态特征型远传故障指示器。

外施信号型故障指示器需要在变电站母线或线路首端安装与其信号类型相匹配的信号发生装置。暂态录波型远传故障指示器仅在同母线馈线主要为架空线路的情况下适用。

对于 A+、A 类供电区域的架空线路，可在大于 2km 的分段区间以及大分支线路处补充安装一套远传型故障指示器。对于 B 类供电区域的架空线路，可在架空线路主干线每 2km 安装一套远传型故障指示器。对于 C 类供电区域，架空线路主干线每 3～5km 安装一套远传型故障指示器。对于 D 类供电区域，架空线路主干线每 5～6km 安装一套远传型故障指示器。对于 E 类供电区域，每 6～8km 安装一套远传型故障指示器。

对于地理环境恶劣、故障巡查困难、故障率较高的线路，可适当减小远传型故障指示器安装距离间隔。架空线路未装设 FTU 的干线分段开关处应安装远传型故障指示器。架空支线长度超过 2km 且挂接配电变压器超过 5 台或容量超过 1500kVA 时，在支线首端安装一套远传型故障指示器。其他情况可装设架空就地型故障指示器。第一个远传型故障指示器应靠近变电站安装。未安装远传型故障指示器的架空线路与电缆线路连接处应安装架空就地型故障指示器。

6.4.1.3　电缆线路选型布点原则

电缆线路未装设 DTU 的环网箱、配电室、箱式变电站等站所，宜装设远传故障指示器。对于处于地下等通信信号较弱的站所以及中压电缆分支箱，可安装就地型故障指示器。

对于中性点经消弧线圈接地或不接地的配电线路，应采用外施信号型故障指示器，对于中心点经小电阻接地的配电线路，应采用稳态特征性故障指示器。

带观察窗的环网箱、配电室、箱式变电站及中压电缆分支箱采用不带显示面板的故障指示器。不带观察窗的环网箱、配电室、箱式变电站采用带显示面板的故障指示器。

对于安装有 DTU 的站所中未实现自动化监测的开关间隔柜，可补充安装电缆型故障指示器。对于环进环出开关间隔，只需在环出开关间隔安装故障指示器。

6.4.2　产品特点

6.4.2.1　外施信号型产品特点

（1）架空外施信号型就地故障指示器（需配合信号源使用）。适用于 6～35kV 架空配电线路检测短路、接地故障。在线路发生故障时，检测到故障信号的指示器翻牌、LED 灯闪烁就地指示故障，如图 6.10 所示。

功能特点如下：

1）故障判断：相间短路故障检测—自适应法，单相接地故障检测—外施信号法。

2）显示方式：翻牌、闪光。

3）工作电源：线路感应取电、法拉电容、后备锂电池。

4）复位方式：按设定时间复位（默认时间 24h）。

5）防误报警：负荷波动、大负荷投、合闸涌流不报警。

6）安装拆卸：可带电安装及摘卸。

（2）电缆外施信号型就地故障指示器（电缆稳态特征型就地故障指示器）。包含 3 只短路故障指示器、1 只接地故障指示器、1 只面板指示器，（外施信号型还包括信号源）安装于 6～35kV 电缆线路环网箱、开关站及电缆分支箱内，适用于检测电缆配电线路短路、接地故障。在线路发生故障时指示器将故障信息发送至面板指示器，闪光就地报警，如图 6.11 所示。

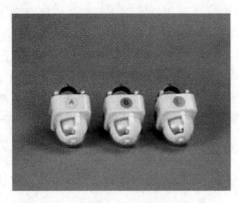

图 6.10　架空外施信号型就地故障指示器

图 6.11　电缆外施信号型就地故障指示器

功能特点如下：

1）故障判断：采用自适应法检测相间短路故障，采用信号注入法或稳态特征法检测接地故障。

2）故障指示：闪光。

3）复位方式：短路故障指示器与接地故障指示器为上电复位方式，面板指示器为定时复位和手动复位方式。

4）通信方式：短路故障指示器、接地故障指示器和面板指示器通信时为光纤通信，面板指示器具备电子开关触点信号可与外界通信。

图 6.12　架空外施信号型远传故障指示器

5）防误报警：短路故障指示器与接地故障指示器功能，负荷波动、大负荷投、合闸涌流不报警。

6）安装拆卸：建议停电装卸。

（3）架空外施信号型远传故障指示器。包含三部分：故障指示器本体、通信终端、信号源。线路正常运行时，完成对线路的负荷监测，当线路发生故障时就地指示翻牌、LED 闪烁发光，同时将信息通过通信终端上传至主站系统，如图 6.12 所示。

故障指示器监测（采集）单元功能特点如下：

1）故障判断：相间短路故障检测—自适应法，单相接地故障检测—外施信号法。

2）数据监测：三相负荷电流、电场值。

3）显示方式：翻牌、闪光。

4）通信方式：双向无线通信。

5）工作电源：线路感应取电、超级电容、锂电池。

6）复位方式：上电复位、定时复位、遥控复位。

7）防误报警：负荷波动、大负荷投、合闸涌流不报警。

8）安装拆卸：可带电安装及摘卸。

故障指示器通信（汇集）单元功能特点如下：

1）数据传输：通过短距无线收集故障指示器信息，通过无线公网与主站信息交互。

2）数据存储：大容量存储，断电可保存。

3）时钟对时：接收并执行主站及本地对时命令。

4）工作电源：主电源太阳能板或 TA 供电，后备电源采用蓄电池及超级电容。

5）电源管理：多种电源管理模式，延长蓄电池使用寿命。

6）自检功能：监测故障指示器、通信通道及通信终端运行状态。

7）加密功能：信息安全防护（内嵌安全芯片、外置加密模块）。

8）安装拆卸：可带电装卸。

（4）电缆外施信号型远传故障指示器（电缆稳态特征型远传故障指示器）。电缆远传故障指示器包含两部分：故障指示器本体和配套通信终端（外施信号型还包括信号源部分），故障指示器本体包含 3 只短路故障指示器、1 只接地故障指示器、1 只面板指示器，安装于 6～35kV 电缆线路环网箱、开关站及电缆分支箱内，用于检测和指示短路及接地故障，同时可采集线路负荷电流和电缆温度，并可将信息通过通信终端上传至主站系统。主站系统分析判断短路、接地故障，提高线路管理人员工作效率，帮助巡线人员迅速查找到故障点，缩短停电时间，提高供电可靠性，如图 6.13 所示。

图 6.13 电缆外施信号型远传故障指示器

故障指示器监测（采集）单元功能特点如下：

1）故障判断：短路故障指示器采用自适应法检测相间短路故障，接地故障指示器用信号注入法检测接地故障或用稳态特征法检测接地故障。

2）数据采集：短路故障指示器采集三相负荷电流及三相电缆温度，接地故障指示器采集零序电流。

3）故障指示：闪光。

4）复位方式：短路故障指示器与接地故障指示器为上电复位，面板指示器可定时复位或手动复位。

5）通信方式：短路故障指示器、接地故障指示器与面板指示器及通信终端之间采用光纤通信，面板指示器具备电子开关触点信号可与外界通信。

6）防误报警：短路故障指示器有负荷波动、大负荷投、合闸涌流三种，接地故障指示器防不报警，面板指示器包含负荷波动、大负荷投、合闸涌流、不报警。

7）安装拆卸：建议停电装卸。

故障指示器通信（汇集）单元功能特点如下：

1）数据传输：通过光纤通信收集故障指示器信息，通过无线公网与主站信息交互。

2）数据存储：大容量存储，断电可保存。

3）时钟对时：接收并执行主站及本地对时命令。

4）工作电源：主电源采用 TV 或 TA 供电，后备电源采用蓄电池或超级电容。

5）电源管理：多种电源管理模式，延长电池使用寿命。

6）自检功能：监测故障指示器、通信通道及通信终端运行状态。

7）加密功能：信息安全防护（内嵌安全芯片、外置加密模块）。

8）安装拆卸：可带电装卸。

6.4.2.2　暂态特征型产品特征

（1）架空暂态特征型就地故障指示器。适用于 6～35kV 架空配电线路检测短路、接地故障。在线路发生故障时，检测到故障信号的指示器翻牌、LED 灯闪烁就地指示故障，如图 6.14 所示。功能特点如下：

1）故障判断：相间短路故障检测—自适应法，单相接地故障检测—暂态特征法。

2）显示方式：翻牌、闪光。

3）工作电源：线路感应取电、锂电池。

4）复位方式：按设定时间复位（默认时间 24h）。

5）反时限特性：最大限度配合变电站保护动作特性，确保动作正确。

6）防误报警：负荷波动、大负荷投、合闸涌流。

7）安装拆卸：可带电安装及摘卸。

（2）架空暂态特征型远传故障指示器。包含两部分：故障指示器本体和配套通信终端。线路正常运行时，完成对线路的负荷监测，当线路发生故障时就地指示翻牌、LED 闪烁发光，同时将信息通过通信终端上传至主站系统，如图 6.15 所示。

图 6.14　架空暂态特征型就地故障指示器

图 6.15　架空暂态特征型远传故障指示器

故障指示器监测（采集）单元功能特点如下：

1) 故障判断：相间短路故障检测——自适应法，单相接地故障检测——暂态特征法。

2) 数据监测：三相负荷电流监测、电场值。

3) 显示方式：翻牌、闪光。

4) 通信方式：双向无线通信。

5) 工作电源：线路感应取电、超级电容、锂电池。

6) 复位方式：上电复位、定时复位、遥控复位。

7) 防误报警：负荷波动、大负荷投切、合闸涌流不报警。

8) 安装拆卸：可带电安装及摘卸。

故障指示器通信（汇集）单元功能特点如下：

1) 数据传输：通过短距无线收集故障指示器信息，通过无线公网与主站信息交互。

2) 数据存储：大容量存储，断电可保存。

3) 时钟对时：接收并执行主站及本地对时命令。

4) 工作电源：主电源太阳能板或 TA 供电，后备电源采用蓄电池及超级电容。

5) 电源管理：多种电源管理模式，延长蓄电池使用寿命。

6) 自检功能：监测故障指示器、通信通道及通信终端运行状态。

7) 加密功能：信息安全防护（内嵌安全芯片、外置加密模块）。

8) 安装拆卸：可带电装卸。

6.4.2.3 暂态录波型产品特征

架空暂态录波型远传故障指示器（暂态录波法）由故障指示器本体和配套通信终端组成，安装在配电架空线路上，监测线路运行参数，检测和指示各类短路、接地故障，向配电主站上传监测信息和故障检测数据。相比传统指示器在小电流线路取电、高精度负荷监测及双向无线通信等方面大幅升级，具备多种故障判定依据，可凭借自适应判据检测故障，也可通过对线路电流实时采样及高速录波，结合主站系统大数据分析，准确判断线路故障类型，快速定位故障区段，缩短线路故障处理时间，提高供电可靠性，如图 6.16 所示。

图 6.16 架空暂态录波型远传故障指示器

故障指示器监测（采集）单元功能特点如下：

1) 故障判断：相间短路故障检测——自适应法，单相接地故障检测——录波分析。

2) 数据监测：三相负荷电流、电场值。

3) 显示方式：闪光。

4) 通信方式：双向无线通信。

5) 工作电源：线路感应取电、超级电容、锂电池。

6) 复位方式：上电复位、定时复位、遥控复位。

7）防误报警：负荷波动、大负荷投、合闸涌流不报警。

8）安装拆卸：可带电安装及摘卸。

故障指示器通信（汇集）单元功能特点如下：

1）数据传输：通过短距无线收集故障指示器信息，通过无线公网与主站信息交互。

2）数据存储：大容量存储，断电可保存。

3）时钟对时：可接收并执行主站及本地对时命令（GPS、北斗可选配）。

4）工作电源：主电源太阳能板或 TA 供电，后备电源采用蓄电池及超级电容。

5）电源管理：多级电源管理模式，延长蓄电池使用寿命。

6）自检功能：监测故障指示器、通信通道及通信终端运行状态。

7）加密功能：信息安全防护（内嵌安全芯片、外置加密模块）。

8）安装拆卸：可带电装卸。

6.4.2.4　CT 型故障指示器产品特征

CT 型短路与接地故障指示器采用电流互感器作为采样单元，检测准确度高。如果同时还需要测量电流值，可以把电流表串联于电流回路中，无需再配置测量电流互感器，具有二合一功能。

该故障指示器包括卡式 CT 和面板型测量检测装置。可以采集和处理电流信号，指示电流，判断故障。可设置故障电流整定值与自动复位时间。面板包括短路故障指示灯、接地故障指示灯、电路自检/复位按钮。卡式电流互感器（CT）4 只，其中 3 只用于采集电流信号，1 只用于工作电源。外形如图 6.17 所示，接线如图 6.18 所示。

图 6.17　CT 型故障指示器外形

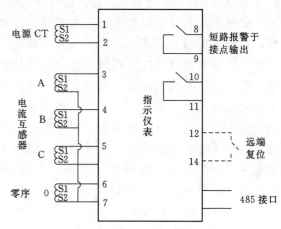

图 6.18　CT 型故障指示器接线

（1）功能特点如下：

1）相间短路故障指示。

2）单相接地故障指示。

3）负荷电流指示（测量作用）。

4）专用电流互感器替代普通传感器检测电流。

5）电流互感器提供工作电源，指示器内有储能元件，在报警状态可提供电源 4h。

6）指示器前面板，设有短路报警电流，接地报警电流。

7）故障指示延时（自动复位时间），设定拨码开关。

8）RS485 通信接口报警时，将故障信号传到现场终端，由现场终端传到远方（此功能可选）。

（2）技术参数如下：

1）短路电流启动值：200A、400A、600A、800A 现场可调（其他值可定做）。

2）短路电流启动时间：$T \geqslant 0.06s$。

3）接地电流启动值：20A、40A、60A、80A 现场可调（其他值可定做）。

4）自动复位时间：2h、4h、8h、16h。

5）远传接点容量：230VAC、3A。

6）待机电流$\leqslant 0.5\mu A$。

7）报警指示电流$< 50\mu A$。

6.4.2.5 信号源产品特征

信号源装置与故障指示器产品配套使用，应用于小电流接地系统单相接地故障的检测，故障发生后会主动向线路投入动态阻性负载，在信号源和接地点之间产生特殊的电流信号（秒级的周期），该信号会被指示器唯一检测到，信号源装置的投入使用可大幅度提升系统单相接地故障检测的准确率。

作为提高小电流接地系统接地故障检测准确率的重要解决手段，信号源装置已被国网公司和南网公司认可，写入相关技术规范，开始大规模招标运用。该产品在国家电网称之为外施信号发生装置，其检测方法命名为外施信号检测法；在南方电网称之为单相接地故障检测辅助装置，其检测方法命名为单相接地故障信号检测法，如图 6.19 所示。

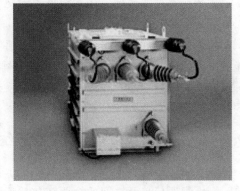

（1）系统原理：动态阻性负载信号源在故障后短时投入，产生特殊的信号电流，与线路分布电容、线路长短无关，不仅可以在变电站准确选出故障出线，而且与故障指示器配合在线路上准确定位故障区段和故障分支。动态阻

图 6.19 信号源装置外形

性负载信号装置在故障后延时投入，保证了消弧线圈可以发挥消弧作用，从而瞬时性故障可以自动消除。相关的检测装置具有经济实用、使用方便、全户外免维护等优点，故障指示器可批量安装，产生较好的经济效益和社会效益。

（2）功能特点：

1）实时监测：电子式互感器，UA、UB、UC、U0。

2）接地判断：检测到接地故障以后，自动选相并延时动作。

3）特征信号：秒级有规律变化的多序列脉冲信号。

4）数据录波：可对装置的检测过程及动作过程进行录波。

5）通信功能：装置正常动作后通过无线通信方式将信息传给主站系统。

6）主动熄弧：消除瞬时性接地故障。

7）故障模拟：模拟注入特征信号。

8）电气闭锁：高压接触器控制回路之间电气互锁。

9）二次保护：工作电源具备空气开关和 PT 端子保险管保护。

10）加密功能：信息安全防护（内嵌安全芯片、外置加密模块）。

6.5　故障定位系统

由带通信功能的故障指示器和主站系统，可以组成的线路故障定位系统，这是故障处理自动化的重要内容，是最经济的馈线自动化方案，是一种实用的配电自动化方案，它大大提高了故障巡线的效率，缩短了故障停电时间。以故障指示器为基础的"两遥"的自动化方案满足了大多数配网监测需要，不需要改造任何一次设备，容易实施，实用化程度高，是配电自动化一个新的实用化方向。南方电网公司把以具备远传功能的故障指示器为主的配电自动化系统定义为运行监视型配电自动化。

基于故障指示器的故障定位系统利用故障指示器技术、GSM 通信技术和 SCADA（GIS 地理信息系统）技术，主要用于配电系统各种故障点的自动检测和定位，包括相间短路和单相接地故障检测和定位。它通过将故障指示器的信息发到主站，并在主站完成故障的拓扑定位、显示与告警通知，具有远程分布监测、集中管理功能，使线路故障点的定位、查询变得更加快捷。成本较低，安装数量可以更多，故障区段定位可以更精确，从而大大缩短故障巡查时间。

带通信功能的故障指示器分为"一遥"故障指示器、"两遥"故障指示器和带录波功能的故障指示器，不同功能的故障指示器具有不同的功能，可以实现不同的故障定位系统，本书按照"一遥"故障指示器定位系统、"两遥"故障指示器定位系统和带录波功能的故障指示器定位系统分别介绍。

6.5.1　"一遥"故障指示器定位系统

该系统包括远传型"一遥"故障指示器、通信系统和主站。通信系统分为：检测指示单元到汇集通信单元之间的短距离传输系统、汇集通信单元到主站的 GSM 手机短消息、或 GPRS/3G/4G 无线通信系统。

当线路发生短路或接地故障时，检测指示单元检测到短路故障电流或特定信号电流流过，来识别故障特征，指示器动作给出故障指示，通过短距离通信系统，将动作信号传送给相隔 2～10m 的汇集通信单元。

对于架空系统，检测指示单元通过无线系统将检测结果发送给汇集通信单元。汇集通信单元安装在线路的分支处，可以接收多只指示装置发送过来的动作信息。对于电缆系统，短路和接地故障的指示器通过塑料光纤与面板型指示器相连，面板型指示器可以给出就地的 LED 发光指示，还可以通过电子开关触点输出与汇集通信单元连接。

汇集通信单元在收到动作信息后，将动作分支的指示装置地址信息通过 GSM（或 GPRS/3G/4G）通信系统发给主站系统，主站系统采用配调 SCADA/FA/WEB 等软件，进行网络拓扑计算分析，弹出对话框提示报警，将故障信息以短信方式通知有关人员。若与地理信息系统相结合，则可以在地理背景上通过线路颜色的变化闪烁直观显示故障所在区段。运行维修人员可以直接到故障点排除故障。

适用于 10kV 配电系统，尤其是一些不带开关、或原为手动开关不准备（或暂不适合）改造为电动开关的架空线分支处、环网箱、开关站、配电房等电缆设备进出线，"一遥"系统不需要改造一次设备、投资省、见效快、容易实施、容易推广，可以满足资金投入有限的自动化系统，实现故障的快速定位，减少故障巡查和故障处理时间。

按照使用场合不同，故障指示器又细分为电缆型故障指示器和架空型故障指示器。

(1) 架空型故障指示器典型配置方案。应根据馈线开关布点情况合理进行故障自动定位设备布点，同一回 10kV 线路最多在 4 个不同分支线分别设置一套故障指示器。为有效定位分支线故障，故障指示器应设置在分支线第一个杆塔处，不同分支的故障指示器应就近接入同一台通信终端，通信终端工作电源可采用太阳能板供电。架空型故障指示器配置如图 6.20 所示。

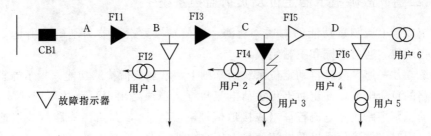

图 6.20　架空型故障指示器示意图

(2) 电缆型故障指示器典型配置方案。原则上每回 10kV 线路主干线环进环出及出线处可设置一套三相-零序电缆故障指示器，均接入同一台通信终端，实现故障指示自动定位和信息远传。电缆型故障指示器的通信终端采用 PT 或 CT 供电方式，也可就近从配电变压器或市电取 AC 220V 电源作为工作电源。电缆型故障指示器配置如图 6.21 所示。

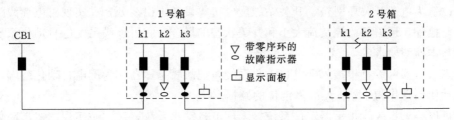

图 6.21　电缆型故障指示器配置示意图

(3) 故障定位原则。当线路运行状态发生变化或者线路发生故障时，线路上从变电站出口到故障点的所有故障指示器均翻牌或者闪光指示，而故障点之后的故障指示器不动作。以图 6.22 为例说明接线和定位过程。

1) 当 FI6 之后发生单相接地故障，变电站的信号源延时几秒后自动投入，工作 10s后退出。

2) 安装在变电站出线的 FI1 故障指示器动作，指示出故障出线。

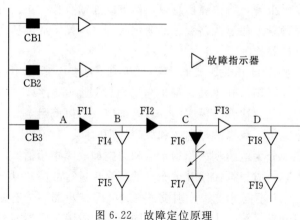

图 6.22　故障定位原理

3）选线装置自动显示和记录故障出线，并可通过适当通信方式上报变电站自动化系统和远程调度或配电自动化系统。

4）安装在线路上处于故障通路上的 FI1、FI2、FI6 号故障指示器自动翻牌动作，给出红色指示，其他故装障指示器等不动。

依据定位原理，故障定位在 FI6 和 FI7 之间线路。如果发生相间短路故障，信号源不动作，其他同步骤同上。

6.5.2　"二遥"故障指示器定位及负荷监控系统

该系统以带电流测量功能的二遥（遥测、遥信）故障指示器为基础，由远传型"两遥"故障指示器、通信系统和主站组成。

该系统在"一遥"故障自动定位系统的基础上，增加负荷检测功能。指示器正常情况下监测线路的负荷电流，并定时上传负荷电流数据。当线路出现短路故障或接地故障时，指示器自动识别短路故障电流特征（或接地信号电流特征），并给出短路（或接地）故障指示信号，同时将故障信号以及电流信息上传给主站。

通过实施实用的"二遥"故障自动定位及负荷监控系统，可以在不改造一次设备的情况下，通过有限的资金投入，实现基本的二遥功能，实现故障的快速定位，减少故障巡查和故障处理时间；实时监测电流和开关状态，实现对配电网的基本监测，符合配电自动化系统的实用化发展方向。

适用于城网架空线路及一些不带开关的电缆分支箱、或原为手动开关不准备（或暂不适合）改造为电动开关环网箱、开关站、配电房等设备进出线处，在实现对电缆线路的故障状态监控外，还需要监控负荷大小和开关状态的场合。它可以满足配电自动化系统对配电系统基本检测要求。

故障指示器可以直接接入配电自动化系统，把故障指示器作为配电自动化终端，把故障翻牌动作信息作为主站 FA 故障定位的判据。

也可以寻求将故障指示器定位系统接入配电自动化系统，对主站实现馈线自动化起到一定的作用。故障指示器定位系统如与 GIS（地理信息系统）和 MIS（管理信息系统）结合，监控主站通过拓扑分析计算出故障位置及故障通路后，可以直接显示在 GIS 的地理背景上，便于电路的维护和事故抢修；又可用来对配电网设施进行管理，便于设施信息的录入、查询和统计。

6.5.3　带录波功能的故障指示器定位系统

（1）带录波功能的高精度的指示器功能特点。

1）指示器在正常情况下保持高速、高精度采样和三相时间同步，大幅度提高指示器的检测灵敏度。

2）利用接地相暂态电流和电压波形就地识别故障，在发生接地故障后，自动启动故障录波。

3）主控通信单元负责三相同步、零序暂态电流合成，以及故障波形和数据上传。

4）控制中心主站负责故障数据处理、故障波形识别、故障判别和定位。

5）实现成本较高。

6）如果故障判别和定位交给控制中心主站，对主站依赖度高；对指示器的故障识别和定位功能要求降低。

（2）带录波功能的故障指示器定位系统特点。智能型故障指示器主要安装在变电站出线、开关单侧或两侧、重要分支出线和电缆接头处，以实现这些监测点的在线监测、遥测、故障检测与定位、遥信。

1）监测线路上的短路、接地、过负荷、断线、停电、三相不平衡、盗割、过温等故障情况，帮助运行人员迅速查找故障点，避免事故进一步扩大。

2）采用量化的短路故障检测方法。监测线路个点的负荷电流、短路故障电流和线路电压并实时上报主站系统，保存历史数据并绘制曲线，用于事故分析和消隐，并可在线调整短路故障检测参数，大大提高短路故障检测的准确性。

3）采用量化的接地故障检测方法。对于小电流接地系统，监测线路首半波尖峰电流和接地动作电流、零序电流和零序尖峰电流，并实时上报主站系统，并可在线调整接地故障检测参数，大大提高接地故障检测的准确性。保存历史数据并绘制曲线，用于事故分析和消隐。

4）监测架空线路、电缆头的对地电场和温度，保存历史数据并绘制曲线，用于事故分析和消隐。

5）馈线自动化功能。SOE 记录，动态着色，故障定位，事故推屏，实现事故重演。

6）主站软件采用配调 SCADA/FA/WEB 一体化软件。

参 考 文 献

[1] 刘健，张志华，张小庆，等. 继电保护与配电自动化配合的配电网故障处理 [J]. 电力系统保护与控制，2011, 39 (16)：53-57.

[2] 刘健，负保记，崔琪，等. 一种快速自愈的分布智能馈线自动化系统 [J]. 电力系统自动化，2010, 34 (10)：62-66.

[3] 刘健，张志华，张小庆，等. 配电网模式化故障处理方法研究 [J]. 电网技术，2011, 35 (11)：97-102.

[4] 徐丙垠，李天友，薛永端. 智能配电网建设中的继电保护问题 讲座四 配电网保护新技术 [J]. 供用电，2012 (4).

[5] 张志华. 配电网继电保护配合与故障处理关键技术研究 [D]. 西安：西安科技大学，2012.

[6] 王益民. 实用型配电自动化技术 [M]. 北京：中国电力出版社，2008.

[7] 李文升，庄立生，李建英. 智能配网馈线故障处理中"面保护"的技术实践 [J]. 山东电力技术，2010 (5).

[8] 卜瑞军，要在杰，李刚，等. 龙海松城市配电网区域逻辑保护的研究与应用 [J]. 华北电力技术，2014 (8)：10-13.

[9] 刘健，张小庆，陈星莺，等. 集中智能与分布智能协调配合的配电网故障处理模式 [J]. 电网技术，2013 (9)：2608-2614.

[10] 黄兢诗，陈世元. 10kV 架空线路馈线自动化方式比较及方案制定原则 [J]. 中国信息化，2012 (20).

[11] 封士永，蔡月明，刘明祥，等. 考虑单相接地故障处理的自适应重合式馈线自动化方法 [J]. 电力系统自动化，2018 (3)：92-97.

[12] 解菠，李敏，刘刚. 馈线自动化故障处理在西安世园会配电系统中的应用研究 [J]. 陕西电力2012 (2)：47-49.

[13] 王贵宾. 基于智能负荷开关的 V-I-T 型自动分段器方案 [J]. 供用电，2006 (3)：31-33.

[14] 广东电网公司配网自动化推广技术方案[EB/OL]. https：//www.tceic.com/hgji557l0029hj64783k2ikk.html.

[15] 中国南方电网有限责任公司配电自动化典型配置技术方案[EB/OL]. http：//www.doc198.com/p-1056281.html.

[16] 电网有限责任公司配电自动化典型配置技术方案[EB/OL]. https：//www.docin.com/p-1801937150.html.

[17] 史丽萍，赵万云，蒋朝明，等. 煤矿井下防越级跳闸方案 [J]. 煤矿安全，2012 (8)：115-117.

[18] 李勇，张国武，陈益，等. 智能配电网广域测控系统及其保护控制应用技术 [J]. 电子技术与软件工程，2016 (18)：127.

[19] 刘健，程红丽，李启瑞. 重合器与电压-电流型开关配合的馈线自动化 [J]. 电力系统自动化，2003 (22)：68-71.

[20] 程红丽，张伟，刘健. 合闸速断方式馈线自动化的改进与整定 [J]. 电力系统自动化，2006 (15)：35-39.

[21] 陈雪璨，汪政. 馈线自动化及其在上海世博园区的应用 [J]. 供用电，2010 (3)：15-17.

[22] 赵冬梅，郑朝明，高曙. 配电网的供电优化恢复策略 [J]. 电网技术，2003, 27 (5)：67-71.

[23] 王廷凰，黄福全，时伯年．城市配电网广域控制保护技术应用研究［J］．南方电网技术，2014 (4)：112 - 115.

[24] 赵曼勇，周红阳，陈朝晖，等．广域一体化继电保护系统方案［J］．南方电网技术，2006 (9)：9 - 12.

[25] 袁钦成，张忠华，吴传宏．集中控制与分布式智能相结合的故障后网络重构方案［J］．电力设备，2001 (3)：41 - 44.

[26] 刘健，赵树仁，负保记，等．分布智能型馈线自动化系统快速自愈技术及可靠性保障措施［J］．电力系统自动化，2011.

[27] 李春光，袁启洪，袁钦成．基于智能配电网自愈控制理念的网络保护技术研究与实施［C］//2015 年配电网接地技术与故障处理研讨会论文集，2015.

[28] 张延泰．10kV 架空线就地型馈线自动化开关的应用［J］．电气技术，2013 (4).

[29] 陈勇，海涛．电压型馈线自动化系统［J］．电网技术，1999，23 (7)：31 - 33.

[30] 范明天，张祖平．探讨国内实现配电自动化的一些基本问题［C］//98 配电网自动化分专委会论文集，1998.

[31] 张伟．馈线自动化智能开关整定研究及整定软件开发［D］．西安：西安科技大学，2007.

[32] 孙福杰，王刚军，李江林，等．配电网馈线自动化故障处理模式的比较及优化［J］．继电器，2001，29 (8)：17 - 20.

[33] 陈刚，李志勇，王攀．自动重合器在配电网中的应用［J］．继电器，27 (5).

[34] 宋友文，廖伟炎．基于智能开关的广州 10kV 架空馈线自动化新模式［J］．四川电力技术，2012 (5).

[35] 程红丽，张伟，刘健．合闸速断方式馈线自动化的改进与整定［J］．电力系统自动化，2006 (15).

[36] 冯栋．广州 10kV 户外配网自动化方案的研究［D］．南京：东南大学，2011.

[37] 董信奖．浅谈 10kV 架空线路馈线自动化保护方案［J］．中国新技术新产品，2012 (7).

[38] 张波，吕军，宁昕，等．就地型馈线自动化差异化应用模式［J］．供用电，2017 (10).

[39] 张剑，孙健，朱卫平，等．配网自动化建设模式研究与实用化应用分析［C］//第六届江苏省电机工程青年科技论坛，2013.

[40] 沙声强，王岩，孙世忠．配网自动化系统柱上开关的特点与选型［J］．农村电工，2004 (9).

[41] 柳影．广西馈线自动化保护整定方法研究［D］．南宁：广西大学，2016.

[42] 刘红伟，封连平，王焕文．基于电流记数型分段器和重合器配合的 10kV 配电网馈线自动化研究及应用［J］．电气技术，2010 (8).

[43] 梅仲涛．基于自动化开关的顺德 10kV 架空馈线故障判断方法［J］．中国电业（技术版），2014 (11).

[44] 刘虎，刘远龙．10kV 配网分界开关使用原则探讨［J］．山东电力技术，2014 (3).

[45] RL - MAASA＋系列柱上负荷开关用户自动分段开关［EB/OL］．http：//www.doc88.com/p - 107814781887.html.

[46] 中压配电配 ADVC 控制器的 U 系列自动重合器［EB/OL］．http：//www.doc88.com/p - 1857103416774.html.

[47] 刘顺桂，黄超，唐义锋，等．配电网区域保护原理研究与实施［J］．电气技术，2017 (1).

[48] 雷杨，李朝晖，饶渝泽，等．集中型馈线自动化实用化应用优化策略分析［J］．湖北电力，2017 (12).

[49] 李刚，周洁琼，代征，等．基于故障指示器的 10kV 系统单相接地故障选线及实验［J］．电气技术，2015 (11).

[50] 谢成，金涌涛，温典，雷超．基于智能接地电流放大装置的配电网单相接地故障研判方法［J］．浙江电力，2017 (4).

[51] 牛文楠．城市配电自动化技术研究与应用［D］．哈尔滨：哈尔滨工业大学，2011.

［52］ 吴悦倩，郭建武．浅析 SOG 智能负荷开关在德清配网中的应用［J］．浙江电力，2011（11）.

［53］ 刘健，赵树仁，张小庆，等．配电网故障处理关键技术［J］．电力系统自动化，2010（24）.

［54］ 张维，张喜平，郭上华，等．一种新型的电缆网就地馈线自动化方案及应用［J］．供用电，2015（4）.

［55］ 陈威，陈颖平，张继军，等．自动重合器故障诊断技术应用［J］．云南电力技术，2016（12）.

［56］ 李莹莹．基于故障指示器的简易配电网自动化模式研究［D］．北京：华北电力大学，2012.

［57］ 邓烽，王海燕，黄国方．一种新型面向全网的智能配电网保护方案［C］．2012-11-29.

［58］ 刘乾．基于故障指示器的配电网故障定位研究［D］．南宁：广西大学，2016.

［59］ 刘勇．智能配电网故障处理模式研究［D］．济南：山东大学，2014.

［60］ 王帅，宋晓东，王善龙，等．暂态录波型故障指示器在 10kV 配网中的应用［J］．山东工业技术，2018（12）.

［61］ 方之明．配电网中重合器与分段器的配合使用［J］．农村电工，2008（1）.

［62］ 张大立．配电故障指示器的应用及发展［J］．电气应用，2008（5）.

［63］ 国家电网公司配电线路故障指示器入网专业检测大纲［EB/OL］．https：//max.book118.com/html/2018/0410/160924639.shtm.

［64］ Q/GDW 11814—2018 暂态录波型故障指示器技术规范［EB/OL］．http：//www.doc88.com/p-3049167456112.html.

［65］ 袁钦成，侯义明，袁月春，等．单相接地故障检测、选线和定位技术的研究和实施［C］．2005-05-17.

［66］ 雷杨，汪文超，宿磊，等．湖北配电网馈线自动化部署方案研究［J］．湖北电力，2017（11）.

［67］ 李振强，彭庆华，李辉，等．国家电网公司小电流接地情况及故障处理技术［J］．供用电，2017（5）.

附录1 10kV 线路开关保护简易整定与 FA 配合方案

1 产生背景

基于下述因素，研究并起草了适合榆横区的10kV线路开关保护简易整定与FA配合方案。

（1）榆横电网以保主网安全稳定为先，在计算变电站10kV出线断路器保护定值时，一般不考虑与下级分段、分支等开关的配合。出线断路器的过流Ⅰ段电流定值按照最大运行方式下，不伸出线路末端来整定，动作延时定值为0s，保护范围一般是线路全长20%～80%。过流Ⅱ段电流定值按照对线路末端故障有1.3倍的灵敏度来整定，动作延时定值为0.4s，保护范围为线

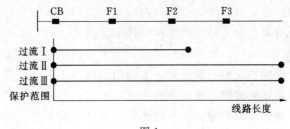

图1

路全长。过流Ⅲ段电流定值按照躲过最大负荷电流整定，动作延时定值为0.9～1.1s。采用这样的原则计算出来的出线断路器保护定值已经保护了线路全长，如图1所示，线路分段、分支等开关保护定值不需要将定值缩小，以增加保护范围，这是本方案可实施的前提条件。

（2）由于配自系统与调度系统接口问题，配自系统只能接收调度系统转发的出线开关的二遥（遥信、遥测）数据，不能遥控出线开关分合闸。按照典型的集中型FA方案，所有故障首先由出线开关分闸切除故障，之后主站进行FA处理。不能遥控10kV出线开关，则没有办法进行故障点上游非故障区段的恢复供电。若通过人工操作出线开关合闸，则存在效率低下、无人值守、运维操作职责与权限等问题。

（3）典型的集中型FA在线路发生故障后，由出线开关保护动作切除故障，导致全线路停电，即使是短时停电也会引起用户用电体验的降低。因此，我们希望发生故障后，尽可能让故障点最近的开关跳闸切除故障，把停电次数、停电户数、停电范围降下来，这就是需要配置保护配合的集中型FA。

（4）公司配自系统运维能力低，终端在线率、遥控成功率、通信可用率、图模正确率、主站FA启动率等各项配自实用化指标都无法保证。公司保护整定人员力量薄弱，基本上不能规范计算定值，定值计算基本上依靠经验和试探。

2 配置与策略

2.1 开关与保护的配置

在出线断路器投入了无延时的过流Ⅰ段保护，电流定值在保护范围（灵敏度）上未考

虑与下游开关配合的前提下，提出开关与保护配置原则如下：

（1）按照开关是否接入主站系统，分为实测型和非实测型。按照保护是否配置投跳闸，分为跳闸型和不跳闸型。综合把线路开关分为分为实测跳闸型、实测不跳闸型、非实测跳闸型、非实测不跳闸型四种类型。

（2）出线断路器为一级保护，配置为实测跳闸型。首分段断路器为二级保护，配置为实测跳闸型。分支断路器为三级保护，配置为实测跳闸型或非实测跳闸型。用户断路器为四级保护，配置为实测跳闸型或非实测跳闸型。这四级断路器实现保护不完全配合模式。当短路电流小于出线断路器过流 I 定值时，追求选择性，由距离故障点最近的上游跳闸型开关跳闸切除故障。当短路电流大于出线断路器过流 I 定值时，放弃选择性，按照多级开关同时跳闸的原则，配置包括故障就近跳闸型开关的多级开关同时跳闸。出线、首分段开关配置一次重合闸，纠正主线瞬时性故障跳闸停电问题。分支开关不配置重合闸，当某分支线发生故障后，该分支开关跳闸隔离故障，上级出线、首分段开关重合闸恢复主线和非故障分支线供电。首分段投跳闸，提高了出线重合成功率，把电送到首分段电源侧，便于配电自动化主站系统遥控操作恢复送电。

（3）用户断路器投跳闸，与上游跳闸型开关实现不完全配合。在有配合条件下，由用户断路器及时切除故障，实现用户故障不出门，在无配合条件下，与上级分支断路器同时跳闸切除故障，实现支线故障不扩大。分界负荷开关配置 SOG 功能，故障首先由跳闸型断路器跳闸切除，在上级跳闸型开关跳闸和重合闸期间，流过故障电流的分界负荷开关失压失流分闸，实现故障隔离，出线、首分段开关重合闸恢复非故障区供电。

2.2　保护与 FA 动作策略

保护不完全配合的模式是指，在有配合条件的情况下，实现距离故障点最近的跳闸型开关跳闸切除故障，在无配合条件的情况下，实现包括距离故障点最近的跳闸型开关的多级开关同时跳闸，之后由出线、首分段开关的重合闸，纠正主线的瞬时性短路故障跳闸问题，纠正多级开关同时越级跳闸问题。

一般配置二级保护首分段断路器为实测跳闸型，三级保护分支断路器为跳闸型，可为实测也可为非实测，中分段断路器为不跳闸型，可为实测也可为非实测，四级保护末端用户断路器或分界负荷开关或跌落式熔断器，可为实测也可为非实测。

当短路电流大于出线断路器过流 I 时，出线断路器、短路电流通道上的所有跳闸型开关均同时无延时跳闸，即若出线速断保护动作，则多级开关跳闸，例如，若短路故障在支线，则出线、首分段、分支断路器跳闸隔离故障，出线、首分段断路器重合闸，恢复主线和非故障支线供电，主站依据保护动作和分闸信号进行故障定位，通知人员巡故障支线。

当短路电流小于线断路器过流 I 时，出线、首分段、分支、用户四级保护实现时间级差配合，级差取 0.2s。故障由最近的断路器跳闸切除，实测型开关上报保护跳闸信号，主站定位故障，通知人员巡线进行现场处理。

3　保护定值简易计算

3.1　简易公式计算法

以出线断路器的三个一次电流定值为基数，各类开关保护定值按照以下公式计算。

（1）首分段开关配置三段式过电流、一次重合闸：

过流Ⅰ段：电流值＝出线过流Ⅰ电流值，延时＝0s。

过流Ⅱ段：电流值＝出线过流Ⅱ电流值，延时＝出线过流Ⅱ延时－0.2s。

过流Ⅲ段：电流值＝出线过流Ⅲ电流值，延时＝出线过流Ⅲ延时－0.2s。

1 次重合闸：躲过出线断路器重合闸充电时间（重合闸闭锁时间），延时＝30s。

（2）分支开关配置两段式过电流：

过流Ⅰ段：电流值＝出线过流Ⅱ电流值，验证躲过涌流和大负荷启动，延时＝0s。

过流Ⅲ段：电流值＝小于出线过流Ⅲ电流值，按躲过最大负荷电流，取整百数值（300A、400A、500A），延时＝出线过流Ⅲ延时－0.4s。

（3）用户断路器配置两段式过电流：

过流Ⅰ段：电流值＝出线过流Ⅱ电流值，验证躲过涌流和大负荷启动，延时＝0s。

过流Ⅲ段：电流值＝小于分支过流Ⅲ电流定值，按躲过最大负荷电流，取整百值（200A、300A、400A），延时＝出线过流Ⅲ段延时－0.6s。

（4）实测中分段、分界负荷开关配置检测故障的过电流保护：

检测故障过流值＝小于上级开关过流Ⅲ段定值，取开关内置 CT 的一次额定电流值（200A、400A、600A），检测时间＝0.05s。

（5）所有实测型开关配置过负荷保护：

过负荷：电流值＝按最大负荷电流，取整百值（200A、300A、400A），延时＝300s。投信号，不投跳闸。

3.2　表格取值计算法

以出线断路器的三个一次电流定值为基数，按照以表 1 进行计算。现以图 5 中 126 铁西线的四台代表性开关为例，说明各开关的定值计算过程。

表 1　　　　　跳闸型开关保护定值取值计算表（126 铁西线代表性开关）

开关名称（位置）	配置类型	过流Ⅰ段		过流Ⅱ段		过流Ⅲ段		重合闸	
		一次电流	延时	一次电流	延时	一次电流	延时	次数	延时
1 级：出线（126）	实测跳闸型	2711A	0s	1110A	0.4s	543A	1.1s	1	1s
2 级：首分段（10 号）	实测跳闸型	＝出线Ⅰ段 2711A	0s	＝出线Ⅱ段 1110A	0.2s	＝出线Ⅲ段 543A	0.9s	1	30s
3 级：分支（友谊）	实测跳闸型 非实测跳闸型	＝出线Ⅱ段 1110A	0s	—	—	≤出线Ⅲ段 取整百值 500A	0.7s		
4 级：用户	实测跳闸型 非实测跳闸型	＝出线Ⅱ段 1110A	0s	—	—	＝躲大负荷取 整百值 300A	0.5s		

4　保护与 FA 动作分析

4.1　短路电流定值图分析法

在计算和检查定值配合时候，均可绘制短路电流定值图，假定某点故障产生了一定值的短路电流，检查各跳闸型开关保护的启动和返回情况，从而直观的发现保护配合情况。下面以 126 铁西线代表性的跳闸型开关之后发生短路故障为例，说明开关保护和主站 FA 短路电流定值图分析法。

（1）假定故障发生在首分段开关之后的主干线，各种短路电流作用下的保护和主站 FA 动作情况如图 2 所示。

0			短路电流
1 级 出线:CH 1 次/1s	Ⅲ 543A 1.1s 跳闸	Ⅱ1110A 0.4s 跳闸	Ⅰ 2711A 0s 跳闸
2 级 首分段:CH 1 次/30s	Ⅲ 543A 0.9s 跳闸	Ⅱ1110A 0.2s 跳闸	Ⅰ 2711A 0s 跳闸
中分段:	Ⅲ 500A 0.05s 不跳闸		
瞬时性故障	1. 首分段过流Ⅱ或Ⅲ动作跳闸、之后重合，成功恢复送电。2. 主站 FA 定位首分段或中分段之后发生瞬时性故障。	1. 出线、首分段两级过流Ⅰ动作跳闸，出线 1s 后重合，首分段 30s 重合，全线路成功送电。2. 主站 FA 定位首分段或中分段之后发生瞬时性故障。	
永久性故障	1. 首分段过流Ⅱ或Ⅲ动作跳闸、之后重合，再跳闸。2. 主站 FA 定位首分段或中分段之后发生永久性故障。	1. 出线、首分段两级开关过流Ⅰ动作跳闸，出线 1s 后重合，首分段 30s 重合，出线、首分段再跳闸，出线 1s 再重合，送电到首分段之前。2. 主站 FA 定位首分段或中分段之后发生永久性故障。	

图 2　首分段与出线断路器保护动作分析

（2）假定故障发生在分支开关之后支线，各种短路电流作用下的开关保护和主站 FA 动作情况如图 3 所示。

0			短路电流
1 级 出线:CH 1 次/1s	Ⅲ 543A 1.1s 跳闸	Ⅱ 1110A 0.4s 跳闸	Ⅰ 2711A 0s 跳闸
2 级 首分段:CH 1 次/30s	Ⅲ 543A 0.9s 跳闸	Ⅱ 1110A 0.2s 跳闸	Ⅰ 2711A 0s 跳闸
中分段:	Ⅲ 500A 0.05s 不跳闸		
3 级 分支:不重合	Ⅲ 500A 0.7s 跳闸	Ⅰ 1110A 0s 跳闸	
不区分瞬时性和永久性	1. 分支开关过流Ⅰ或过流Ⅲ动作跳闸。2. 主站 FA 定位分支开关之后发生故障。	1. 出线、首分段、分支三级开关过流Ⅰ动作跳闸，出线 1s 后重合，首分段 30s 重合，分支开关不重合，故障分支线之外全部供电。2. 主站 FA 定位支线发生故障。	

图 3　首分段、出线、分支开关保护动作分析

（3）假定故障发生在用户开关之后线路，各种短路电流作用下的开关保护和主站 FA 动作情况如图 4 所示。

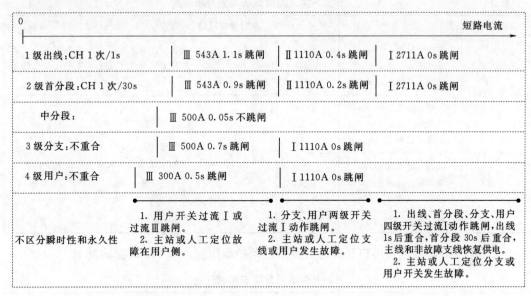

图 4　首分段、出线、分支、用户开关保护动作分析

4.2　短路电流定值区间表分析法

在检查开关保护和主站 FA 动作配合情况时候，也可采用短路电流定值区间表分析法。按照所有需配合的跳闸型开关的各段过流定值从小到大分定值区间，假定某点故障产生了该区间的短路电流，检查各开关保护的启动和返回情况，从而直观的发现配合存在的问题。

下面以 126 铁西线代表性开关保护定值为例，并假定跳闸型开关均为实测开关，介绍短路电流定值区间表分析法。

（1）假定故障发生在首分段开关之后主干线，保护动作配合和 FA 过程见表 2。

表 2　　　　　　　　　　　　首分段开关之后故障表格法分析

短路电流区间	启动保护	跳闸开关	瞬时性故障的 FA 过程	永久性故障的 FA 过程
(∞～2711]	出线：过流Ⅰ-0s 首分段：过流Ⅰ-0s	出线 首分段	出线、首分段两级开关跳闸，出线 1s 后重合，首分段 30s 重合，成功送电到首分段之后，主站定位首分段之后发生瞬时性故障	出线、首分段两级开关跳闸，出线、首分段第一次重合，存在故障，两级再跳闸，1s 后出线再重合，送电到首分段之前，主站定位首分段之后发生永久性故障
(2711～1110]	出线：过流Ⅱ-0.4s 首分段：过流Ⅱ-0.2s	首分段	首分段开关跳闸，1s 后重合，成功恢复送电，主站定位首分段之后发生瞬时性故障	首分段开关跳闸，1s 后重合，故障在，再跳闸，主站定位首分段之后发生永久性故障
(1110～543]	出线：过流Ⅲ-1.1s 首分段：过流Ⅲ-0.9s	首分段		

（2）假定故障发生在分支开关之后支线，保护动作配合和 FA 过程见表 3。

表 3 分支开关之后故障表格法分析

短路电流区间	启动保护	跳闸开关	瞬时性故障的 FA 过程	永久性故障的 FA 过程
(∞～2711]	出线：过流Ⅰ-0s 首分段：过流Ⅰ-0s 分支：过流Ⅰ-0s	出线 首分段 分支	出线、首分段、分支三级开关跳闸，出线 1s 后重合，首分段 30s 后重合，故障支线开关不重合，主站定位支线发生故障	
(2711～1110]	出线：过流Ⅱ-0.4s 首分段：过流Ⅱ-0.2s 分支：过流Ⅰ-0s	分支		分支开关跳闸，主站定位分支开关之后发生故障
(1110～543]	出线：过流Ⅲ-1.1s 首分段：过流Ⅲ-0.9s 分支：过流Ⅲ-0.7s	分支		
(543～300]	分支：过流Ⅲ-0.7s	分支		

（3）假定故障发生在用户开关之后线路，保护动作配合和 FA 过程见表 4。

表 4 用户开关之后故障表格法分析

短路电流区间	启动保护	跳闸开关	瞬时性故障的 FA 过程	永久性故障的 FA 过程
(∞～2711]	出线：过流Ⅰ-0s 首分段：过流Ⅰ-0s 分支：过流Ⅰ-0s 用户：过流Ⅰ-0s	出线 首分段 分支 用户	出线、首分段、分支、用户四级开关跳闸，出线 1s 后重合，首分段 30s 后重合，用户开关隔离故障，主站定位分支或用户开关发生故障	
(2711～1110]	出线：过流Ⅱ-0.4s 首分段：过流Ⅱ-0.2s 分支：过流Ⅰ-0s 用户：过流Ⅰ-0s	分支 用户	分支、用户两级开关跳闸，用户开关隔离故障，主站定位支线或用户发生故障	
(1110～543]	出线：过流Ⅲ-1.1s 首分段：过流Ⅲ-0.9s 分支：过流Ⅲ-0.7s 用户：过流Ⅲ-0.5s	用户		
(543～500]	分支：过流Ⅲ-0.7s 用户：过流Ⅲ-0.5s	用户	用户开关跳闸隔离故障，主站或人工定位故障在用户侧	
(500～300]	用户：过流Ⅲ-0.5s	用户		

5 实践案例

5.1 接线方式与保护定值

现实中，往往因为配电自动化投资造价、产权、停电等原因，实测和非实测、分界断路器与分界负荷开关并存，所以，为了使案例更加符合实践，配置了如图 5 所示的 126 铁西线的接线方式和保护定值。图中，灰色圆圈开关代表实测型，有阶段式过流保护定值开关代表跳闸型，有 GZ 定值的开关代表实测不跳闸型，有 SOG 定值的开关代表分界负荷开关型。

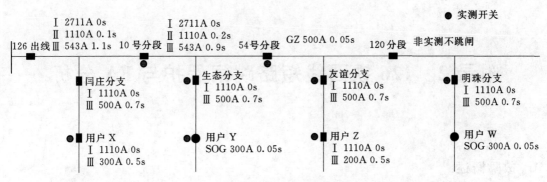

图 5　126 铁西线简化接线图

5.2　保护动作和 FA 过程

为了说明保护不完全配合的集中型 FA 与分界负荷开关的配合逻辑，假定故障发生在用户 W 之后，保护动作和 FA 过程见下。

第一种情况是，故障短路电流大于出线断路器过流Ⅰ段 2711A，出线、10 号分段、明珠分支三台三级保护跳闸型断路器均启动过流Ⅰ段，发生第一次三级开关同时跳闸，用户 W 分界负荷开关检测到故障电流通过，失压失流后分闸。出线跳闸后 1s 第一次重合闸，首分段分闸后 30s 第一次重合闸，因故障被明珠分支开关和用户 W 分界负荷开关隔离，所以两台断路器重合闸成功，主线以及除明珠分支之外的非故障支线恢复正常带电。主站收到出线、10 号分段、54 号分段、明珠分支等四台实测型开关的保护动作信号，集中型 FA 程序判定故障发生在明珠分支开关之后线路。运维人员巡线发现用户 W 开关处于分闸位置，确定故障在用户 W 分界之内，因此主站远程遥控或人工现场操作明珠分支开关合闸，恢复用户 W 之外的支线用户供电。

第二种情况是，故障短路电流小于出线断路器过流Ⅰ段 2711A，大于明珠分支开关过流Ⅲ段 500A，则明珠分支开关启动过流Ⅰ段或Ⅲ段保护，先于出线、首分段而跳闸，用户 W 分界负荷开关检测到故障电流通过，失压失流后分闸。主站收到故障通道中开关的故障检测保护动作信号，判定明珠分支开关之后有故障，之后，人工故障巡线，进一步定位故障区域为用户 W，主站远程遥控或人工现场操作明珠分支开关合闸，恢复用户 W 之外的支线用户供电。

附录2 126铁西线短路跳闸保护与FA分析

1 故障概述

2019年6月3日13：51，10kV铁西线供电区大面积停电，配电自动化主站告警："友谊分支开关过流Ⅰ保护动作，友谊分支开关分闸"。

经运维人员现场巡视检查，故障前开关分合位置如图1所示。短路故障点位于10kV西南线4号箱2号分支开关的CT与开关之间，故障后线路运行方式以及故障电流路径如图2所示。10kV西南线4号箱2号分支开关现场保护装置显示过流Ⅰ保护动作出口，如图3所示。

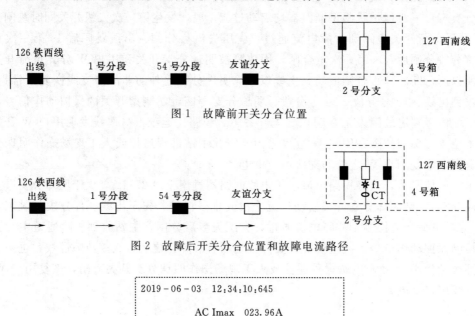

图1 故障前开关分合位置

图2 故障后开关分合位置和故障电流路径

```
2019-06-03  12:34:10:645

        AC Imax   023.96A

过流Ⅰ段动作
```

图3 4号箱2号分支开关保护SOE告警信息

对比可知，本次故障导致1号分段、友谊分支等两台开关分闸。

2 保护动作及主站告警分析

2.1 故障短路电流分析

4号箱2号分支开关CT变比为400/5，依据保护SOE中短路电流信息，判定本次故障的短路电流幅值为：$23.96 \times (400/5) = 1916.8A$。

故障发生后，友谊分支开关延时 0s 的过流 I 段保护动作跳闸，依据常规型微机保护和弹簧机构断路器的分闸速度，分析本次故障电流脉冲的持续时间为 $0.04 \sim 0.12s$。

2.2 开关动作与主站告警分析

（1）出线开关。该开关位于变电站，接入了调度系统，其两遥数据由调度系统转发给配自系统，由于两套系统兼容性以及通信系统故障，经常发生遥信丢失的问题。依据存档定值单数据以及现场分闸情况分析见表 1。

表 1　　　　　出线开关保护动作与主站 FA 分析

定值单（投跳闸）			通过短路电流		保护动作分析	开关动作分析		主站告警分析	
	电流/A	延时/s	幅值/A	时间/s		现场	问题分析	实际接收	问题分析
过流 I	2711	0	1916	$0.04 \sim 0.12$	不启动	未分闸	下游友谊分支开关 0s 延时的过流 I 保护动作出口，切除了故障，本开关启动有延时的过流 II 和过流 III 保护发生返回，未出口，也不发信，所以开关不分闸	未收到该开关任何相关保护动作和变位信号	因保护未出口，开关未分闸，不发信，因此，接收不到相关信息属于正常
过流 II	1110	0.4			启动-返回				
过流 III	543	1.1			启动-返回				

（2）1 号分段开关。该开关为 ZW8 型非实测（未接入主站）开关，内部涌流控制器设有速断和过流保护，但公司未存档该开关定值单，暂时不知具体定值数据。依据现场分闸情况分析见表 2。

表 2　　　　　1 号分段开关保护动作与主站 FA 分析

定值单（未知）			通过短路电流		保护动作分析	开关动作分析		主站告警分析	
	电流/A	延时/s	幅值/A	时间/s		现场	问题分析	实际接收	问题分析
过流 I	未知	未知	1916	$0.04 \sim 0.12$	未知	分闸	现场该开关发生了分闸。下游友谊分支开关过流 I 段出口开关跳闸，下游 4 号箱 2 号分支开关过流 I 保护出口动作。因此，可以判定本开关启动无延时的过流 I 段保护而跳闸。因为若本开关启动有延时的保护，下游开关无延时保护动作跳闸切除故障后，上游有延时的保护就会返回，就不会发生跳闸，而本开关发生了跳闸，因此启动的必然是 0s 的过流 I 段保护而分闸	开关未接入配自系统，故障前后，该开关在主站中位置为合闸状态	由于该开关是未接入主站的非实测型开关，因此主站接收不到该开关任何保护和分闸信号属于正常
过流 II	未知	未知			未知				
过流 III	未知	未知			未知				

（3）54 号分段开关。该开关是接入配自系统的实测开关，根据通道的投退记录分析，发生故障前后，FTU 以及通道运行正常。依据存档定值单的数据以及现场分闸情况分析见表 3。

表 3   54 号分段开关保护动作与主站 FA 分析

定值单（投信号）			通过短路电流		保护动作分析	开关动作分析		主站告警分析	
	电流/A	延时/s	幅值/A	时间/s		现场	问题分析	实际接收	问题分析
过流Ⅰ	2500	0	1916	0.04～0.12	不启动	未分闸	短路电流大于该过流Ⅲ段定值，短路电流持续时间大于等于定值延时 0.06s，因此开关启动了过流Ⅲ段保护，并不会发生保护返回，但因该开关配置为只投信号，因此开关不分闸	未收到该开关任何相关保护动作信号	按此定值单分析，过流Ⅲ段保护动作，发出动作信号，但实际没有收到，故障当时通信正常，因此，可能存在定值错误的问题
过流Ⅱ									
过流Ⅲ	500	0.06			启动-发信，投信号，不出口				

经过远程调取该开关终端实际定值，截图如图 4 所示。

属性	值	备注
线路保护定值		
线路0		
低压闭锁		
低压闭锁定值	220.00	范围：0-380,单位：电压(V)
低压闭锁投退标志	退出	
过负荷		
过负荷定值	3.470	范围：0-99,单位：电流(A)
过负荷检故障时间	5.000	范围：0-60,单位：秒(s)
过负荷跳闸等待时间	2.000	范围：0-60,单位：秒(s)
过负荷跳闸投入标志	退出	
过负荷告警投入标志	投入	
过流Ⅰ段		
过流Ⅰ段定值	20.830	范围：0-99,单位：电流(A)
过流Ⅰ段检故障时间	0.000	范围：0-60,单位：秒(s)
过流Ⅰ段跳闸等待时间	0.000	范围：0-60,单位：秒(s)
过流Ⅰ段跳闸投退标志	投入	
过流Ⅰ段告警投退标志	投入	
过流Ⅱ段		
过流Ⅱ段定值	4.170	范围：0-99,单位：电流(A)
过流Ⅱ段检故障时间	0.600	范围：0-60,单位：秒(s)
过流Ⅱ段跳闸等待时间	0.000	范围：0-60,单位：秒(s)
过流Ⅱ段跳闸投退标志	投入	
过流Ⅱ段告警投退标志	投入	
零序Ⅰ段		

图 4   54 号分段开关终端实际定值截图

可以看出，该开关与存档定值单不相符，过流Ⅰ、Ⅱ保护终端实际投跳闸，对应定值单中过流Ⅲ的终端过流Ⅱ段动作延时为 0.6s，非定值单的 0.06s。按照该终端实际定值分析，本次短路电流 1916.8A，小于该终端实际过流Ⅰ段 20.83×120＝2499A，大于该终端实际过流Ⅱ段 4.17×120＝500A，所以，开关不会启动无延时的过流Ⅰ段，启动了延时为 0.6s 延时的过流Ⅱ段。这样问题就明白了，因下游友谊分支开关 0s 延时过流Ⅰ动作切除故障，该开关检测到故障电流持续时间约为 0.04～0.12s，启动的延时为 0.6s 的过流Ⅱ段保护返回，所以不会上报信号，故障当时通信正常，主站也无法收到该开关的变位信息。

（4）友谊分支开关。该开关是接入配自系统的实测开关，根据通道的投退记录分析，发生故障前后，FTU 以及通道运行正常。依据存档定值单的数据以及现场分闸情况分析见表 4。

表 4　　　　　　　　　　　　友谊分支开关保护动作与主站 FA 分析

定值单（投跳闸）		通过短路电流		保护动作分析	开关动作分析		主站告警分析	
	电流/A	延时/s	幅值/A	时间/s		现场	问题分析	实际接收	问题分析
过流 I	1000	0			启动-出口-发信		保护启动过流 I 段并出口，因此，开关发生分闸，这与现场实际相符	主站收到了该开关的保护动作和分闸信号，截图如图 5 所示	对比 SOE 信息和保护告警信息，主站收到的信息全面及时
过流 II			1916	0.04～0.12		分闸			
过流 III	200	0.6			启动-返回				

如图 5 所示，开关启动了过流 I 段保护，但主站收到的告警是 A、C 相过流告警，经查主站数据库和图模数据可知，主站的过流告警信号对应终端过流 I 段保护动作信号。

126铁西线	2019年06月03日13时51分14秒	126铁西线 91号 杆友谊1分支开关C相过流告警信号 动作
126铁西线	2019年06月03日13时51分14秒	126铁西线 91号 杆友谊1分支开关事故总信号 动作
126铁西线	2019年06月03日13时51分14秒	126铁西线 91号 杆友谊1分支开关A相过流告警信号 动作
127西南线	2019年06月03日13时51分14秒	127西南线 126铁西线91号 杆友谊分支开关 分闸

图 5　主站收到的友谊分支开关分闸与保护动作信号截图

（5）苏榆线 4 号箱 2 号分支开关。在故障发生前，该开关处于分闸状态，由于通信卡欠费，通道处于断网状态。依据存档定值单的数据以及现场分闸情况分析见表 5。

表 5　　　　　　　　　　　4 号箱 2 号分支开关保护动作与主站 FA 分析

定值单		通过短路电流		保护动作分析	开关动作分析		主站告警分析	
	电流/A	延时/s	幅值/A	时间/s		现场	问题分析	实际接收	问题分析
过流 I	750	0			启动-出口-发信	原本处于分闸，故障时未分闸	因短路电流流过了电流互感器，所以该开关检测到了故障电流。开关启动的是过流 I 段保护，因在故障之前就处于分闸位置，所以保护出口，开关没有发生变位，这符合现场保护终端显示内容	主站未收到该开关的保护动作信号	故障当天，该 DTU 终端的 GPRS 卡欠费断网，因此，主站没有收到该开关发生故障的任何信息。断网之后，运维人员在运行方式调整过程中曾操作过该开关，将原开关合位变位分位，但没有通知主站进行该开关的分合遥信置数，发生故障时，主站记忆的是该开关断网前的合闸位置
过流 II			1916	0.04～0.12					
过流 III	150	0.1			启动-返回				

2.3　主站集中型 FA 程序启动分析

主站的 FA 启动记录如图 6 所示。

2019年06月03日13时51分14秒　　127西南线 126铁西线91号杆友谊分支开关 分闸
2019年06月03日13时51分15秒　　126铁西线91号杆友谊分支开关 下游线路故障，系统等待10秒接收故障信号
2019年06月03日13时51分25秒　开关126铁西线91号杆友谊分支开关的DA运行状态转为退出状态
2019年06月03日13时51分26秒　126铁西线91号杆友谊分支开关 跳闸！DA启动分析！
2019年06月03日13时51分26秒　开关126铁西线91号杆友谊分支开关的DA运行状态转为投入状态
2019年06月03日13时51分26秒　跳闸开关126铁西线91号杆友谊分支开关 对应线路带电，疑似重合闸成功！停止本次分析！
2019年06月03日13时51分26秒　疑似 126铁西线91号杆友谊分支开关 上游另有开关跳闸，停止本次分析！

图6　主站的有关 10kV 铁西线 FA 记录

从图 6 中可知，友谊分支开关发生跳闸后，主站收到了开关分闸和保护动作信号，启动了 FA 分析，但最终疑似重合闸成功停止分析。

对于 1 号分段开关来讲，故障发生时，保护动作开关分闸，但因未接入主站，主站收不到该开关分闸信号，主站存储的该开关位置一直为合位。

对于苏榆线 4 号箱 2 号开关来讲，故障发生之前，运维人员曾操作该开关，实际位置由合位变为分位，故障发生后，该开关的过流 I 段保护动作出口，因 DTU 无线模块 GPRS 卡欠费断网，无法上传变位和保护动作信号，主站存储的该开关位置仍然为合位。

因为上述两个因素，导致主站分析认定，该线路的拓扑接线为双电源合环运行方式。友谊分支开关保护动作开关分闸之后，该开关两侧仍然正常带电，主站给出的分析结论是疑似重合闸成功，从而停止了分析。

3　上下游开关保护配合分析

依据 10kV 铁西线各开关实际定值，见表 6，采用短路电流定值图和短路电流区间表分析法，对本次故障涉及的 5 台开关保护定值的配合情况进行分析，10kV 铁西线各开关实际定值见表 6。

表6　　　　　　　　　　　　　10kV 铁西线各开关终端实际定值

开关与保护定值	过流 I 段		过流 II 段		过流 III 段		投退情况
	一次值/A	时限/s	一次值/A	时限/s	一次值/A	时限/s	
出线开关	2711	0	1110	0.4	543	1.1	投跳闸
1 号分段开关	2400	0			400	0.8	投跳闸
54 号分段开关	2500	0			500	0.6	投跳闸
友谊分支开关	1000	0			200	0.6	投跳闸
4 号箱 2 号分支开关	750	0			150	0.1	投跳闸

依据各开关的实际定值，绘制如图 7 所示的短路电流定值图。

依据图 7，发现各开关不完全配合情况，包括多级跳闸和越级跳闸，下面采用短路电流区间表进行进一步分析。

（1）假定故障发生在 1 号分段开关之后的直接控制区，则保护不能实现配合的情况见表 7。

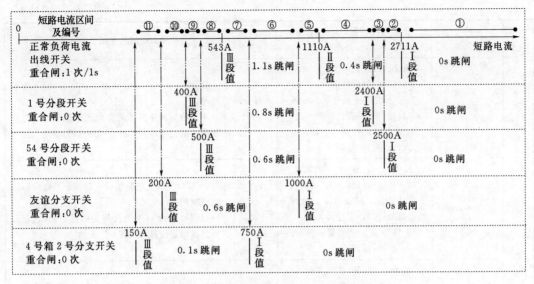

图 7　10kV 铁西线各开关短路电流定值图

表 7　　　　　　　　　　　　1 号分段开关之后故障保护不配合分析

区间编号	短路电流区间	保护启动、返回以及发送信号情况	发生分闸开关	开关跳闸与主站 FA 结果
①	(∞~2711]	出线：过流Ⅰ，2711A－0s，启动-出口-发信。 1 号分段：过流Ⅰ，2400A－0s，启动-出口-发信	出线 1 号分段	两级开关发生跳闸。 主站收到两级开关的保护动作信号，可定位故障，通过遥控操作补救前级越级跳闸
④	(2400~1110]	出线：过流Ⅱ，1110A－0.4s，启动-出口。 1 号分段：过流Ⅲ，400A－0.8s，启动-返回	出线	1 号分段开关该跳闸未跳闸，导致出线开关发生越级跳闸。 主站收不到 1 号分段开关的保护动作信号，无法提出正确的 FA 定位、隔离等方案

（2）假定故障发生在 54 号分段开关之后的直接控制区，则保护不能实现配合的情况见表 8。

表 8　　　　　　　　　　　　54 号分段开关之后故障保护不配合分析

区间编号	短路电流区间	保护启动、返回以及发送信号情况	发生分闸开关	开关跳闸与主站 FA 结果
①	(∞~2711]	出线：过流Ⅰ，2711A－0s，启动-出口-发信。 1 号分段：过流Ⅰ，2400A－0s，启动-出口-发信。 54 号分段：过流Ⅰ，2500A－0s，启动-出口-发信	出线 1 号分段 54 号分段	三级开关 0s 同时分闸，出线、1 号分段是越级跳闸。 主站收到三级开关的保护动作信号，可定位故障，通过遥控操作补救前两级越级跳闸

续表

区间编号	短路电流区间	保护启动、返回以及发送信号情况	发生分闸开关	开关跳闸与主站 FA 结果
②	(2711～2500]	出线：过流Ⅱ，1110A - 0.4s，启动-返回。 1 号分段：过流Ⅰ，2400A - 0s，启动-出口-发信。 54 号分段：过流Ⅰ，2500A - 0s，启动-出口-发信	1 号分段 54 号分段	两级开关 0s 同时分闸，1 号分段是越级跳闸。 主站收到两级开关的保护动作信号，可定位故障，通过遥控操作补救前级越级跳闸
③	(2500～2400]	出线：过流Ⅱ，1110A - 0.4s，启动-返回。 1 号分段：过流Ⅰ，2400A - 0s，启动-出口-发信。 54 号分段：过流Ⅲ，500A - 0.6s，启动-返回	1 号分段	54 号分段开关该跳闸而未跳闸，1 号分段是越级跳闸。 主站收不到 54 号分段开关的保护动作信号，无法准确定位故障区段
④	(2400～1110]	出线：过流Ⅱ，1110A - 0.4s，启动-出口-发信。 1 号分段：过流Ⅲ，400A - 0.8s，启动-返回。 54 号分段：过流Ⅲ，500A - 0.6s，启动-返回	出线	54 号分段开关该跳闸而未跳闸，出线是越级跳闸。 主站收不到 1 号、54 号分段开关的保护动作信号，无法准确定位故障区段

在留存定值单中，54 号分段开关投跳闸，过流Ⅱ段延时为 0.06s，若按此设置，则定值太小太过灵敏，可能躲不过正常大负荷启动，同时为下级开关预留动作时间太小，使下级开关无法配合。

（3）假定故障发生在友谊分支开关之后的直接控制区，则保护不能实现配合的情况见表 9。

表 9　　　　　　　　　　　　友谊开关之后故障保护不配合分析

区间编号	短路电流区间	保护启动、返回以及发送信号情况	发生分闸开关	开关跳闸与主站 FA 结果
①	(∞～2711]	出线：过流Ⅰ，2711A - 0s，启动-出口-发信。 1 号分段：过流Ⅰ，2400A - 0s，启动-出口-发信。 54 号分段：过流Ⅰ，2500A - 0s，启动-出口-发信。 友谊：过流Ⅰ，1000A - 0s，启动-出口-发信	出线 1 号分段 54 号分段 友谊	四级开关 0s 同时分闸，出线、1 号、54 号分段开关是越级跳闸。 主站收到四级开关的保护动作信号，可定位故障，通过遥控操作补救前三级越级跳闸
②	(2711～2500]	出线：过流Ⅱ，1110A - 0.4s，启动-返回。 1 号分段：过流Ⅰ，2400A - 0s，启动-出口-发信。 54 号分段：过流Ⅰ，2500A - 0s，启动-出口-发信。 友谊：过流Ⅰ，1000A - 0s，启动-出口-发信	1 号分段 54 号分段 友谊	三级开关 0s 同时分闸，1 号、54 号分段、友谊开关是越级跳闸。 主站收到三级开关的保护动作信号，可定位故障，通过遥控操作补救前两级越级跳闸

续表

区间编号	短路电流区间	保护启动、返回以及发送信号情况	发生分闸开关	开关跳闸与主站 FA 结果
③	(2500～2400]	出线：过流Ⅱ，1110A - 0.4s，启动-返回。 1 号分段：过流Ⅰ，2400A - 0s，启动-出口-发信。 54 号分段：过流Ⅲ，500A - 0.6s，启动-返回。 友谊：过流Ⅰ，1000A - 0s，启动-出口-发信	1 号分段 友谊	两级非连续的开关 0s 同时分闸，1 号分段开关是越过 54 号分段开关跳闸。 主站收到两级开关的保护动作信号，可定位故障，通过遥控操作补救前级越级跳闸
⑥ ⑦ ⑧	(1000～500]	出线：过流Ⅲ，1110A - 1.1s，区间 6 - 7 启动-返回，区间 8 - 不启动。 1 号分段：过流Ⅲ，400A - 0.8s，启动-返回。 54 号分段：过流Ⅲ，500A - 0.6s，启动-出口-发信。 友谊：过流Ⅲ，200A - 0.6s，启动-出口-发信	54 号分段 友谊	两级开关 0.6s 同时分闸，54 号分段开关是越过 54 号分段开关跳闸。 主站收到两级开关的保护动作信号，可定位故障，通过遥控操作补救前级越级跳闸

（4）假定故障发生在 4 - 2 号分支开关之后的直接控制区，则保护不能实现配合的情况见表 10。

表 10　4 - 2 号分支开关之后故障保护不配合分析

区间编号	短路电流区间	保护启动、返回以及发送信号情况	发生分闸开关	开关跳闸与主站 FA 结果
①	(∞～2711]	出线：过流Ⅰ，2711A - 0s，启动-出口-发信。 1 号分段：过流Ⅱ，2400A - 0s，启动-出口-发信。 54 号分段：过流Ⅰ，2500A - 0s，启动-出口-发信。 友谊：过流Ⅰ，1000A - 0s，启动-出口-发信。 4 - 2 号：过流Ⅰ，750A - 0s，启动-出口-发信	出线 1 号分段 54 号分段 友谊 4 - 2 号	五级开关 0s 同时分闸，出线、1 号、54 号分段、友谊开关是越级跳闸。 主站收到五级开关的保护动作信号，可定位故障，通过遥控操作补救前四级越级跳闸
②	(2711～2500]	出线：过流Ⅱ，1110A - 0.4s，启动-返回。 1 号分段：过流Ⅰ，2400A - 0s，启动-出口-发信。 54 号分段：过流Ⅰ，2500A - 0s，启动-出口-发信。 友谊：过流Ⅰ，1000A - 0s，启动-出口-发信。 4 - 2 号：过流Ⅰ，750A - 0s，启动-出口-发信	1 号分段 54 号分段 友谊 4 - 2 号	四级开关 0s 同时分闸，1 号、54 号分段、友谊开关是越级跳闸。 主站收到四级开关的保护动作信号，可定位故障，通过遥控操作补救前三级越级跳闸

区间编号	短路电流区间	保护启动、返回以及发送信号情况	发生分闸开关	开关跳闸与主站 FA 结果
③	(2500～2400]	出线：过流Ⅱ，1110A－0.4s，启动-返回。 1 号分段：过流Ⅰ，2400A－0s，启动-出口-发信。 54 号分段：过流Ⅲ，500A－0.6s，启动-返回。 友谊：过流Ⅰ，1000A－0s，启动-出口-发信。 4－2 号：过流Ⅰ，750A－0s，启动-出口-发信	1 号分段 友谊 4－2 号	三级非连续的开关 0s 同时分闸，1 号分段、友谊开关是越过 54 号分段开关跳闸。 主站收到三级开关的保护动作信号，可定位故障，通过遥控操作补救前两级越级跳闸
④-⑤	(2400～1000]	出线：区间 4，过流Ⅱ，1110A－0.4s，启动-返回。 区间 5，过流Ⅲ，543A－1.1s，启动-返回。 1 号分段：过流Ⅲ，400A－0.8s，启动-返回。 54 号分段：过流Ⅲ，500A－0.6s，启动-返回。 友谊：过流Ⅰ，1000A－0s，启动-出口-发信。 4－2 号：过流Ⅰ，750A－0s，启动-出口-发信	友谊 4－2 号	两级开关 0s 同时分闸，友谊开关是越级跳闸。 主站收到两级开关的保护动作信号，可定位故障，通过遥控操作补救前级越级跳闸

4　暴露问题及处理措施

（1）保护配合不合理，导致开关该跳不跳上级开关越级跳，进而影响主站 FA 的故障定位、隔离、恢复供电方案。依据公司保护整定方案（作者著的另一论文论述），应该采用出线、首分段、分支、用户四级开关投跳闸，实现不完全配合的跳闸模式，因为出线开关 0s 速断保护不能取消，在出线启动 0s 速断保护跳闸的短路情况下，故障就近的投跳闸开关及其与出线开关之间的流过故障的投跳闸开关实现上下级保护多级同时跳闸，出线、首分段开关投重合闸，对瞬时性故障和支线故障导致主线停电问题进行补救，允许多级同时跳闸，但不能出现本级该跳不跳上级越级跳的情形。这样，对于主线故障导致的多级开关跳闸，出线、首分段投重合闸，及时纠正瞬时性故障跳闸，对于支线故障导致主线开关多级跳闸，在支线开关跳闸隔离故障后，发生跳闸的出线、首分段启动重合闸恢复主线和未故障跳闸的支线供电，减少了停电范围。除了出线、首分段、分支、用户等开关之外的其余实测开关配置为信号型，信号型开关设置故障检测定值和过负荷定值，过负荷电流定值要小于故障检测电流定值。

（2）保护定值计算不合理，设定不正确，导致开关终端检测不到故障短路发生，出现越级跳闸或无法上报保护动作信号。依据公司保护整定方案（作者著的另一论文论述），可采用简易定值计算法，以出线开关的三个一次电流定值为基数，分段、分支和用户开关保护定值也必须设置 0s 的速断保护，且速断保护电流值小于出线开关速断保护定值，非速断保护电流区段，下游开关需比上级开关动作延时更短。在按照保护整定方案计算定值后，绘制短路电流定值图，假定故障发生在某开关之后位置，让短路电流由大变小变化，从而直观的检查发现配合存在问题。

（3）通信故障等问题，导致保护动作和开关位置等信号无法及时上传，进而导致主站分析所采用的馈线拓扑接线与现场接线方式不符合，进而影响 FA 分析与策略结果，如 4-2 号分支开关。因此，必须及时修复通信故障，保持合理的终端在线率，这是集中型 FA 启动的基础。对于一时不能修复通信问题的实测开关，若进行了人工现场分合操作，则第一时间通知调度人员，采用遥信置数的方式，使主站的开关分合位置与现场一致，保证图模数据的及时更新。

（4）对于未接入主站的非实测开关，如在之后有接入主站的实测开关，则该非实测开关保护投跳闸，发生故障后，一旦该非实测开关跳闸，因无法上报分合位置，导致主站拓扑和带电状态与现场实际情况不相符合，进而影响 FA 分析与策略结果。因此，只建议将处于末级的非实测开关投跳闸，处于中间级，即之后有接入主站的实测开关的非实测开关不投跳闸。如 1 号分段开关因是非实测开关，保护不投跳闸，可设置保护，只用来事故分析。

（5）主站告警窗和间隔图中，显示的保护动作信号名称不规范。如主站显示的过流告警信号，实际上是过流 I 段动作告警信号。

（6）主站与各 DTU 及其保护终端的对时功能存在问题。如故障发生时间，4 号箱 2 号分支开关保护记录实际与主站记录时间不相符。

5　总结

主站集中型 FA 启动和成功定位故障的前提是，各终端能检测到故障，并将保护动作和分闸等信号在规定时间内上传到主站。配电终端保护定值正确、通信系统运行正常、主站的馈线拓扑接线与现场一致是 FA 成功的必要条件，所以必须做好如下工作。

（1）经常检查主站的拓扑与现场是否一致。现场接线方式变更后，要及时更新主站的单线图。对于通信中断的开关和非实测开关，在现场操作变位后，要及时与主站联系，通过遥信置数等操作，使主站和现场状态相吻合。

（2）对于配置为信号型的开关，过流延时时间设置为 40ms 为宜，不可设置过长延时，否则可能由于保护返回功能，检测不到故障。定值设置不合理，当下游开关启动速断保护跳闸，上游开关不能启动速断保护，可启动的其他过电流保护动作延时若大于 40ms 以上，则不能检测到故障电流。

（3）不建议接入主站的实测开关之前的、未接入主站的开关配置保护投跳闸。

（4）要规范和统一主站中各种开关、遥信的名称，使用规范统一的开关名称有助于理解和分析，减少出错。

（5）每次跳闸后，必须分析短路电流大小、保护启动情况，主站告警情况，以便总结经验和发现问题。

（6）推荐将开关保护的整组启动动作信号作为遥信上送给主站，以便运维人员及时知道保护启动和返回的时间，进行更深入的分析。